高等学校新工科应用型人才培养系列教材·计算机类

C/C++语言程序设计案例教程

张卫国　朱宁洪　编著

西安电子科技大学出版社

内 容 简 介

本书是编者在多年教学改革试点的基础上，采用案例驱动式教学方式编写的。本书基于 C/C++的特点，从面向问题出发，给出了大量实用教学案例，引导学生进行基础知识的学习，注重培养学生程序设计的思维方式和技巧，可为其学习后续课程打下扎实的基础。

本书共 12 章。前 8 章主要介绍 C 语言相关的基础知识和程序设计方法，其目的是使学生能迅速了解和掌握 C 语言的简单运用。这部分内容包括：C/C++ 语言程序设计概述、数据类型和表达式、控制结构、数组、函数、指针、结构体、编译预处理、文件等。后 4 章主要介绍 C++ 语言面向对象程序设计的主要概念、方法和应用。这部分内容包括：类与对象、静态成员、友元、运算符重载、继承和多态、模板等。

本书适合作为高等院校“C/C++ 语言程序设计”课程的教材，也适合作为程序设计初学者自学用书和成人教育及在职人员的培训用书，还适合作为全国计算机等级考试应试者的参考书。

图书在版编目(CIP)数据

C/C++语言程序设计案例教程 / 张卫国，朱宁洪编著.
—西安：西安电子科技大学出版社，2021.1(2025.1 重印)
ISBN 978–7–5606–5952–7

Ⅰ. ①C…　Ⅱ. ①张…　②朱…　Ⅲ. ①C 语言—程序设计—教材　Ⅳ. ①TP312

中国版本图书馆 CIP 数据核字(2020)第 252073 号

策　　划　李惠萍
责任编辑　曹　攀　马晓娟
出版发行　西安电子科技大学出版社(西安市太白南路 2 号)
电　　话　(029)88202421　88201467　　邮　　编　710071
网　　址　www.xduph.com　　电子邮箱　xdupfxb001@163.com
经　　销　新华书店
印刷单位　西安日报社印务中心
版　　次　2021 年 1 月第 1 版　　2025 年 1 月第 3 次印刷
开　　本　787 毫米×1092 毫米　1/16　印　张　20.5
字　　数　487 千字
定　　价　46.00 元
ISBN 978-7-5606-5952-7

XDUP 6254001-3

前 言

C 语言是当前全球应用最广的计算机语言之一。C 语言具有简洁、紧凑、灵活、实用、高效、可移植性好等优点，也是高校讲授程序设计课程的首选语言。随着程序设计方法的改进，面向对象的程序设计已成为主流，C++ 语言也应运而生并日益流行，学习并熟练掌握 C 语言和 C++ 语言是学生掌握程序设计语言的关键。

本书采用“案例驱动式”教学方式编写，同时也注重基础知识和基本语法的讲解；既强调基础知识，又加强实践应用，目的就是让学生在掌握 C/C++语法知识的基础上更好地学习程序设计的思维方式，培养学生理论联系实际的能力。

本书主要具有以下特点：

(1) 以案例驱动教学。

本书在介绍基础知识之前进行案例编程，案例应用了将要学习的语法知识，引导学生对新知识进行学习。每一个案例都是编者精心设计的，具有很强的实践性和启发性。

(2) 重点突出，难点分散。

本书遵循面向应用的教学目标，重点突出，难点分散。例如：在指针概念的讲解上，首先将指针看作一种数据类型，在第二章引入，其余相关的指针概念和用法分散到相关章节讲授，由浅入深、循序渐进，让学生逐步接受指针的概念和用法，将难点分散讲授。

(3) 紧跟时代要求，适用面广。

本书根据国家计算机等级考试的现状，采用 Visual Studio 2010 软件作为程序调试器，学生在学习的同时，能够提前熟悉国家计算机等级考试的平台。

书中还提供了大量的例题，每章末尾都附有一定数量的习题。全书文字叙述简练，风格统一，图文并茂，且所给例题和案例程序均在计算机上调试通过。

本书共 12 章，分为两大部分：第一部分(第一至八章)是 C 语言的基础知识和程序设计方法；第二部分(第九至十二章)是 C++语言面向对象的程序设计方法及应用。每一部分内容又分成不同的模块，具体如下所述：

第一部分：C 语言的基础知识(第一至三章)；C 语言的主要内容(第四至六章，第八章)；C 语言的编译预处理(第七章)。

第二部分：C++的主要特性(第九至十一章)；模板(第十二章)。

本书由西安科技大学张卫国、朱宁洪任主编，西安科技大学李占利、李立红、宇亚卫、陶溪、李娜参编。其中，张卫国编写了第十章，朱宁洪编写了第九、十二章和第六章的 6.5～6.7 节，李占利编写了第十一章，李立红编写了第一、四、五章，宇亚卫编写了第三章，陶溪编写了第六章的 6.1～6.4 节和第七、八章，李娜编写了第二章。

由于时间仓促，加之编者水平有限，书中不妥或错误之处敬请读者批评、指正。

编　者

2020 年 11 月

目　　录

第一章　程序设计概述

1.1　C/C++ 语言的起源与发展

1.1.1　计算机语言及发展

自 1946 年第一台电子计算机问世以来，计算机已广泛应用于生产、生活的各个领域，推动着社会的进步与发展。特别是 Internet 出现后，传统的信息收集、传输及交换方式发生了革命性的改变。计算机科学的发展依赖于计算机硬件和软件技术的发展，硬件是计算机的躯体，软件是计算机的灵魂。没有软件的计算机称为“裸机”，它什么也不能干。有了软件，计算机才有“思想”，才能做相应的事。软件是用计算机语言编写的。

计算机语言是人与计算机之间通信的语言，它主要由一些指令组成，这些指令是由数字和符号按一定的语法组成的，编程人员可以通过指令指挥计算机进行各种工作。计算机语言的发展经历了从机器语言、汇编语言到高级语言的历程。

1. 机器语言

电子数字计算机的基本原理是“存储程序、自动执行”。由于二进制的优势，计算机都是用二进制的形式将程序代码和数据存放在计算机的内部存储器中，以便计算机控制其自动执行，完成相应任务。在计算机发展的早期，计算机程序都是用“0”“1”组成的二进制串，这种有规则的二进制数组成的指令集，就是机器语言。

不同系列 CPU 的计算机，具有不同的机器语言，机器语言是计算机唯一能识别并直接执行的语言，与汇编语言或高级语言相比，其执行效率高。但其形式抽象，可读性差，不易记忆；编写程序既难又繁，容易出错；程序调试和修改难度巨大，不容易掌握和使用。此外，因为机器语言直接依赖于中央处理器，所以用某种机器语言编写的程序只能在相应的计算机上执行，无法在其他型号的计算机上执行，也就是说，机器语言可移植性差。

2. 汇编语言

为了降低使用机器语言编程的难度，20 世纪 50 年代初出现了汇编语言。汇编语言用比较容易识别、记忆的助记符替代特定的二进制字符串。例如下面是几条 Intel 80x86 的汇编指令：

ADD AX, BX 表示将寄存器 AX 和 BX 中的内容相加，结果保存在寄存器 AX 中。

SUB AX，NUM 表示将寄存器 AX 中的内容减去 NUM，结果保存在寄存器 AX 中。

MOV AX，NUM 表示把数 NUM 保存在寄存器 AX 中。

通过助记符，人们就能较容易地读懂程序，调试和维护也更加方便。但这些助记符计

算机无法识别，需要一个专门的程序将其翻译成机器语言，这种翻译程序称为汇编程序。汇编语言的一条汇编指令对应一条机器指令，与机器语言性质上是一样的，只是表示方式做了改进，其可移植性与机器语言一样不好。另外，不同型号的计算机的机器语言和汇编语言是互不通用的，是面向机器的语言，故又称为低级语言。由于计算机不能直接识别汇编语言中的助记符等信息，需要一个称之为汇编程序的软件将其翻译成计算机能直接识别的机器语言。不过由于汇编语言是符号化的语言，其执行效率接近机器语言，因此，汇编语言至今仍是一种常用的软件开发工具。

3. 高级语言

1954 年，第一个高级语言 FORTRAN 问世了。高级语言是一种用能表达各种意义的“词”和“数学公式”，按一定的“语法规则”编写程序的语言，也称为高级程序设计语言或算法语言。半个多世纪以来，有几百种高级语言问世，影响较大、使用较普遍的有 FORTRAN、ALGOL、COBOL、BASIC、LISP、SNOBOL、PL/1、Pascal、C、PROLOG、Ada、C++、Visual C++、Visual Basic、Delphi、Java、Python 等。

高级语言的发展经历了从早期语言到结构化程序设计语言再到面向对象程序设计语言的过程。高级语言与自然语言和数学表达式相当接近，不依赖于计算机型号，通用性较好。高级语言的使用，大大提高了程序编写的效率和程序的可读性。

与汇编语言一样，计算机无法直接识别和执行高级语言，必须翻译成等价的机器语言程序(称为目标程序)才能执行。高级语言源程序翻译成机器语言程序的方法有“解释”和“编译”两种。“解释”采用的是边翻译边执行的方法，如早期的 BASIC 语言即采用解释方法。“编译”则是用编译程序，先把源程序编译成指定机型的机器语言目标程序，然后再把目标程序和各种标准库函数连接装配成完整的可执行程序，最后在相应的机型上运行这个执行程序。C、C++、Visual C++ 及 Visual Basic 等均采用编译的方法。编译方法比解释方法的效率更高。

1.1.2 C 语言及其特点

C 语言是一门非常优秀的结构化程序设计语言，它具有简洁、高效、灵活、可移植性好的优点，从硬件驱动程序到系统应用软件都可以用 C 语言进行开发，因而受到广大编程人员的喜爱，并得到广泛应用。

1. C 语言的诞生

1973 年，美国贝尔实验室的丹尼斯·里奇(Dennis M. Ritchie)在 B 语言的基础上设计出了一种新的语言，即 C 语言。

1978 年，布赖恩·凯尼汉(Brian W. Kernighan)和丹尼斯·里奇出版了第一版《The C Programming Language》，从而使 C 语言成为目前世界上流传最广泛的高级程序设计语言。

2. C 语言标准

随着微型计算机的普及，许多 C 语言版本相继出现。由于一些新的特性不断被各种编译器实现并添加，这些 C 语言之间出现了一些不一致的地方。为了建立一个“无歧义，与具体平台无关”的 C 语言体系，美国国家标准学会(ANSI)为 C 语言制定了一套标准，即 AN 标准。

1989 年美国国家标准学会(ANSI)通过的 C 语言标准 ANSI X3.159-1989，被称为 C89。

之后《The C Programming Language》第二版开始出版发行，书中根据 C89 进行了更新。1990 年，国际标准化组织(ISO)批准 ANSI C 成为国际标准，于是 ISO C 诞生了，该标准被称为 C90。这两个标准只有细微的差别，因此，通常认为 C89 和 C90 指的是同一个版本。

之后，ISO 于 1994 年、1996 年分别出版了 C90 的技术勘误文档，更正了一些印刷错误，并在 1995 年通过了一份 C90 的技术补充，对 C90 进行了微小的扩充，经扩充后的 ISO C 被称为 C95。

1999 年，ANSI 和 ISO 又通过了 C99 标准。C99 标准相对 C89 做了很多修改，例如变量声明可以不放在函数开头，支持变长数组等。但由于很多编译器仍然没有对 C99 提供完整的支持，因此本书依然按照 C89 标准来进行讲解。

3. C 语言的特点

C 语言是一种通用的、面向过程的程序语言，语言简洁、丰富的运算符、直接访问物理地址、结构化、可移植性好等诸多特点使它得到了广泛应用。

(1) C 语言简洁、紧凑，使用方便、灵活，具有丰富的运算符和数据结构。C 语言一共有 32 个关键字、9 种控制语句、34 种运算符。C 语言把括号、赋值、强制类型转换等都作为运算符处理，其运算类型更为丰富，表达式类型更加多样化。C 语言的数据类型有基本类型和自定义等，能用来实现各种复杂的数据结构运算。

(2) C 语言允许直接访问物理地址，进行位操作，可以直接对硬件进行操作，兼具高级语言和低级语言的特点，能实现汇编语言的大部分功能。C 语言既是成功的系统描述语言，又是通用的程序设计语言，能开发基于网络和单机的各种形式的程序，在目前高级语言的市场占有率方面名列前茅。

(3) C 语言具有结构化的控制语句(如 if…else 语句、while 语句、do…while 语句、switch 语句、for 语句等)，它用函数作为程序模块以实现程序的模块化，是结构化的理想语言，符合现代编程风格的要求。

(4) C 语言语法限制不严格，程序设计自由度大。例如对变量的类型使用比较灵活，整型数据与字符型数据以及逻辑型数据可以通用。一般的高级语言语法检查比较严，能检查出几乎所有的语法错误；而 C 语言允许程序编写者有较大的自由度，因此放宽了语法的检查。 程序员要自己保证所写程序的正确性，不能过分依赖 C 编译程序去检查错误。

(5) C 语言编写的程序可移植性好(与汇编语言相比)。在某一系统下编写的程序，基本上不做修改就能在其他类型的计算机和操作系统上运行。

(6) C 语言生成目标代码质量高，程序执行效率高，一般只比汇编程序生成的目标代码效率低 10%～20%。

尽管 C 语言具有很多的优点，但和其他任何一种程序设计语言一样，它也有其自身的缺点，如代码实现周期长；C 语言程序设计过于自由，经验不足的程序员易出错；对平台依赖较多等。但总的来说，C 语言的优点远远超过了它的缺点。

1.1.3 从 C 到 C++

C 语言是结构化和模块化的语言，它是面向过程的。在处理较小规模的程序时，程序员用 C 语言较为得心应手。但是当问题比较复杂、程序的规模比较大时，结构化程序设计

方法就显出它的不足。C 程序的设计者必须细致地设计程序中的每一个细节，准确地考虑到程序运行时每一时刻发生的事情，例如各个变量的值是如何变化的，什么时候应该进行哪些输入，在屏幕上应该输出什么等。这对程序员的要求是比较高的，如果面对的是一个复杂问题，程序员往往感到力不从心。当初提出结构化程序设计方法的目的是解决软件设计危机，但是这个目标并未完全实现。为了解决软件设计危机，20 世纪 80 年代人们提出了面向对象的程序设计(Object Oriented Programming，OOP)思想，需要设计出能支持面向对象的程序设计方法的新语言。在这种情况下 Smalltalk 等面向对象的语言纷纷涌现。不过在实践中人们发现由于 C 语言是如此深入人心，使用如此广泛，面对程序设计方法的革命，最好的办法不是另外发明一种新的语言去代替它，而是在它原有的基础上加以发展。在这种形势下，C++ 语言应运而生。C++ 语言是由 AT&T Bell(贝尔实验室)的 Bjarne Stroustrup 博士及其同事于 20 世纪 80 年代初在 C 语言的基础上成功开发的。C++ 语言保留了 C 语言原有的所有优点，并增加了面向对象的机制。由于 C++ 语言对 C 语言的改进主要体现在增加了适用于面向对象程序设计的类(class)。后来为了强调它是 C 语言的增强版，用了 C 语言中的自加运算符“++”，改称为 C++。

C++ 是由 C 发展而来的，与 C 兼容。用 C 语言编写的程序基本上可以不加修改地用于 C++。C++ 可以看作是 C 的超集，C++ 既可用于面向过程的结构化程序设计，又可用于面向对象的程序设计。C++ 增添了类的概念，有人又称 C++ 语言是带类的 C 语言，是一个功能强大的混合型的程序设计语言。

C++ 对 C 的增强， 表现在两个方面：

(1) 在原来面向过程的机制基础上，对 C 语言的功能做了不少扩充。

(2) 增加了面向对象的机制。

面向对象程序设计是针对开发较大规模的程序而提出来的，目的是提高软件开发的效率。只有编写过大型程序的人才会真正体会到 C 的不足和 C++ 的优点。

1.2　程序设计方法

用计算机语言为解决一个问题编写计算机程序的过程，我们称之为程序设计。程序设计需要有一定的方法来指导，例如，有些问题算法比较简单，我们可以直观得到，如一元二次方程求解的算法；而对于较为复杂的问题，则需要对问题进行分解，如字符串的处理就要复杂一些，涉及字符串的合并、拷贝、比较等，不是一个简单算法能够表达的。对问题如何进行抽象和分解，对程序如何进行组织与设计，使得程序的可维护性、可读性、稳定性、效率等更好，这些都是程序设计方法研究的问题。目前，有两种重要的程序设计方法：结构化的程序设计和面向对象的程序设计。

1.2.1　结构化的程序设计方法

1. 结构化程序设计的基本概念

结构化程序设计(Structured Programming，SP)方法是由 E. Dijkstra 等人于 1972 年提出来的，它建立在 Bohm、Jacopini 证明的结构定理的基础上。结构定理指出：任何程序逻辑都可以用顺序、选择和循环等三种基本结构来表示。这三种基本结构如图 1.1 所示。在结构定理的基础上，Dijkstra 主张避免使用 goto 语句(goto 语句会破坏这三种结构形式)，而仅仅用上述三种基本结构反复嵌套来构造程序。在这一思想指导下，进行程序设计时，可以用所谓“自顶向下，逐步求精”的方式对问题进行分解和处理。

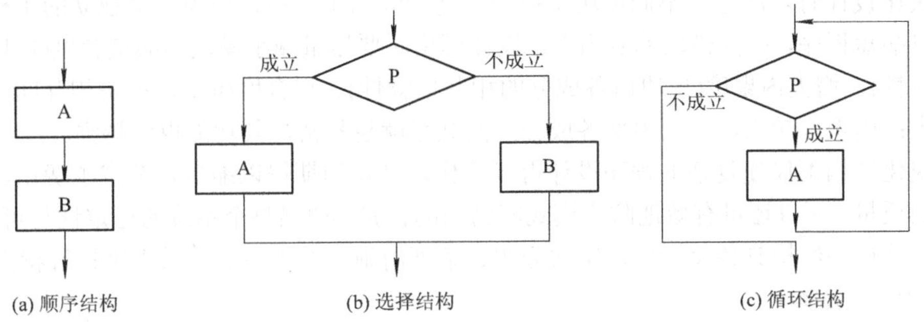

图 1.1　程序的顺序、选择和循环三种基本结构

用结构化方法设计的程序只存在三种基本结构，程序代码的空间顺序和程序执行的时间顺序基本一致，程序结构清晰。一个结构化程序应符合以下标准：

(1) 程序仅由顺序结构、选择结构和循环结构三种基本结构组成，基本结构可以嵌套。

(2) 每种基本结构都只有一个入口和一个出口，即一端进，一端出。这样的结构置于其他结构之间时，程序的执行顺序必然是从前一结构的出口到本结构的入口，经本结构内部的操作，到达本结构的唯一出口，体现出流水化特点。

(3) 程序中没有死循环(不能结束的循环叫死循环)和死语句(程序中永远执行不到的语句叫死语句)。

2. 结构化程序设计方法遵循的原则

结构化程序设计强调程序设计风格和程序结构的规范化，提倡清晰的流程结构。如果面临一个复杂的问题，是难以一下子写出一个层次分明、结构清晰、算法正确的程序的。结构化程序设计方法的基本思路是，把一个复杂问题的求解过程分阶段(流水作业)进行，每个阶段处理的问题都控制在人们容易理解和处理的范围内。

具体来说，就是采取以下方法保证得到结构化的程序。

1) 自顶向下，逐步细化

这种方法抓住整个问题的本质特性，采用自顶向下逐层分解的方法，对问题进行抽象，划分出不同的模块，形成不同的层次概念。把一个较大的复杂问题分解成若干相对独立而又简单的小问题，只要解决了这些小问题，整个问题也就解决了。实际上其中每一个小问题又可进一步分解为若干更小的问题，一直重复下去，直到每一个小问题足够简单，便于编程为止。

这种方法便于检查算法的正确性，在上一层正确的情况下向下细分，如果每层都没有问题，整个算法就是正确的。由于每层细化时都相对比较简单，因而容易保证算法的正确性。检查时也是自顶向下逐层进行，思路清晰，既严谨又方便。

2) 模块化设计

模块化设计是把复杂的算法或程序分解成若干相对独立、功能单一，甚至可供其他程

序调用的模块。在引入结构化程序设计之后，这些模块与通常所说的子算法、子程序或子过程有着相似的概念，是一种可供调用、相对独立的程序段。整个系统犹如积木一般，由各个模块组合而成。各模块之间相互独立，每个模块可以独立地进行分析、设计、编程、调试、修改和扩充，而不影响其他模块或整个程序的结构。

模块化设计时，注意在不同模块中提取功能相同的子模块，作为一个独立的子模块。这样可以缩短程序，提高模块的复用率。设计模块时要尽量减小模块间的耦合度(模块间的相互依赖性)，增大内聚度(模块内各成分的相互依赖性)。耦合度越小，模块相互间的独立性就越大；内聚度越大，模块内部各成分间的联系就越紧密，其功能也就越强。

模块化结构不仅使复杂的程序设计得以简化，开发周期得以缩短，节省了费用，提高了软件的质量，而且还可有效地防止模式间错误的扩张，增强整个系统的稳定性与可靠性。同时，还使程序结构具备灵活性、层次分明、条理清晰、便于组装、易于维护等特点。

3) 结构化编码

所谓结构化编程，是指利用高级语言提供的相关语句实现三种基本结构，每个基本结构具有唯一的出口和入口，整个程序由三种基本结构组成，程序中不使用 goto 之类的语句。

3. 结构化程序设计过程

程序设计的过程分为三个基本步骤：分析问题(Question)、设计算法(Algorithm)及编写程序(Program)，简称 QAP 方法。

1) 分析问题

首先定义与分析问题：

(1) 作为解决问题的一种方法，确定要产生的数据(称为输出)，定义表示输出的变量。

(2) 确定需要进行输入的数据(称为输入)，定义表示输入的变量。

(3) 研制一种算法，从有限步的输入中获取输出。这种算法定义为结构化的顺序操作，以便在有限步内解决问题。就数字问题而言，这种算法包括获取输出的计算，但对非数字问题来说，这种算法可能包括许多文本和图像处理操作。

2) 设计算法

设计算法即设计程序的轮廓(结构)并画出程序的流程图。

(1) 对一个简单的程序来说，通过列出程序顺序执行的动作，便可直接画出程序的流程。

(2) 对于复杂的程序，使用自上而下的设计方法，把程序分割为一系列的模块，形成一张结构图。每一个模块完成一项任务，再对每一项任务进行逐步求精，描述这一任务中的全部细节，最终将结构图转变成为流程图。

3) 编写程序

编写程序即采用一种计算机语言(如使用 C 语言)实现算法编程。

(1) 编写程序：将前面步骤中描述性的语言转换成 C 语句。

(2) 编辑程序：测试和调试程序。

(3) 获取结果：提供数据输出结果。

结构化的程序设计仍然是广泛使用的一种程序设计方法，但是它也有一些缺点：

首先，恰当的功能分解是结构化程序设计的前提。然而对于用户需求来讲，变化最大的部分往往就是功能的改进、添加和删除。结构化程序要实现这种功能变化并不容易，有时甚至要重新设计整个程序的结构。

其次，在结构化程序设计中，数据和对数据的操作(即函数)分离，函数依赖于数据类型的表示。数据的表示一旦发生变化，与之相关的所有函数就均要修改，使得程序维护量增大。

另外，结构化的程序代码复用性较差，通常也就是调用一个函数或使用一个公共的用户定义的数据类型而已。由于数据结构和函数密切相关，使得函数并不具有一般特性。例如，一个求方程实数根的函数不能应用于求解复数的情形。

1.2.2　面向对象的程序设计方法

面向对象的程序设计是另一种重要的程序设计方法，它能够有效地改进结构化程序设计中存在的问题。面向对象的程序与结构化的程序不同，由 C++ 编写的结构化的程序是由一个个的函数组成的，而由 C++ 编写的面向对象的程序是由一个个的对象组成的，对象之间通过消息可以相互作用。

在结构化的程序设计中，我们要解决某一个问题，就是要确定这个问题能够分解为哪些函数，数据能够分解为哪些基本的类型，如 int、double 等。也就是说，思考方式是面向机器结构的，不是面向问题的结构，需要在问题结构和机器结构之间建立联系。面向对象的程序设计方法的思考方式是面向问题的结构，它认为现实世界是由一个个对象组成的。面向对象的程序设计方法解决某个问题时，要确定这个问题是由哪些对象组成的。

客观世界中任何一个事物都可以看作一个对象。或者说，客观世界是由千千万万个对象组成的，它们之间通过一定的渠道相互联系。例如一所学校是一个对象，一个班级也是一个对象。实际生活中，人们往往在一个对象中进行活动，或者说对象是进行活动的基本单位。例如在一个班级中，学生上课、休息、开会和进行文娱活动等。作为对象，它应该至少具有两个因素：一是从事活动的主体，例如班级中的若干名学生；二是活动的内容，如上课、开会等。

从计算机的观点看，一个对象应该包括两个因素：一是数据，相当于班级中的学生；二是需要进行的操作，相当于学生进行的各种活动。对象就是一个包含数据以及与这些数据有关操作的集合。图 1.2 表示了一个对象是由数据和操作组成的集合。

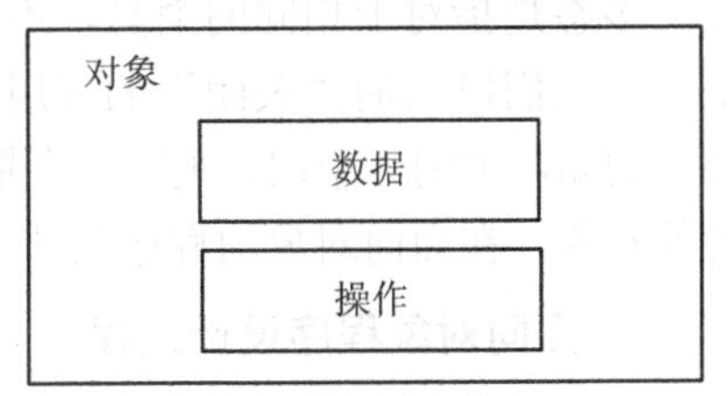

图 1.2　对象的组成

单个对象的用处并不大，程序往往通过对象之间的交互作用，获得更高级的功能和更复杂的行为。例如，一辆汽车停在路边，本身并不能动作，仅当另一个对象(一个司机)和它交互(开车)时才有用。

对象之间的相互作用是通过消息进行通信。当对象 A 要执行对象 B 的方法时，对象 A 发送一个消息到对象 B。接收对象需要有足够的信息，以便知道要它做什么。

消息由三个部分组成：接收消息的对象；要执行的函数的名字；函数需要的参数。

例如，教师要一个学生完成 5 的阶乘计算这一项任务，则这个教师可能会说：“张三，5 的阶乘是多少？”这句话就是教师向学生张三发出的消息。其中教师是发送消息的对象，张三是接收消息的对象，教师调用张三计算阶乘的函数并发送了参数 5。

面向对象的程序设计有三个主要特征，它们是：封装、继承和多态，下面对这几个特征仅作一个简单的介绍，具体内容将在后续章节中详细叙述。

1. 封装

在现实世界中，常常有许多相同类型的对象。例如，张三的汽车只是世界上许多汽车中的一个。如果我们把汽车看作一个大类，那么张三的汽车只是汽车对象类中的一个实例。汽车对象都有同类型的数据和对数据的操作行为，但是，每一辆汽车的数据又是独立的。根据这个事实，制造商建造汽车时，用相同的蓝图建造许多汽车。在面向对象的程序设计中，我们把这个蓝图称之为类。也就是说，类是定义某种对象共同的数据和操作的蓝图或原型。在 C++ 中，封装是通过类来实现的。数据成员和成员函数可以是公有的或私有的。公有的成员函数和数据成员能够被其他的类访问。如果一个成员函数是私有的，它仅能被该类的其他成员函数访问，私有的数据成员仅能被该类的成员函数访问。因而，它们被封装在类的作用域内。封装是一个有用的机制，具体表现为：

(1) 可以限制未经许可的访问；

(2) 可使信息局部化。

2. 继承

一般地，对象是根据类来定义的。我们也可以用一个类来定义另一个类。例如，波斯猫和安哥拉猫都是猫的一种。用面向对象的术语来说，它都是猫类的子类(或派生类)，而猫类是它们的父类(基类或超类)。它们的关系如图 1.3 所示。

每一个子类继承了父类的数据和操作，但是，子类并不仅仅局限于父类的数据和操作，它还可以扩充自己的内容。继承的主要益处是可以复用父类的程序代码。

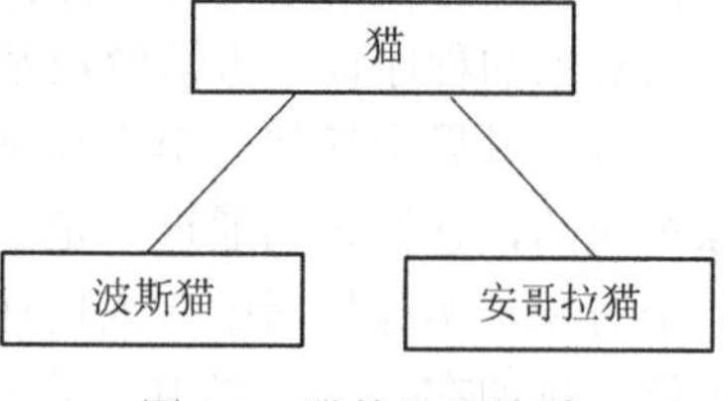

图 1.3　猫的继承关系

3. 多态

多态是指对于相同的消息，不同的对象具有不同的反应能力。多态在自然语言中应用很多，我们以动词“关闭”的应用为例，同一个“关闭”应用于不同的对象时含义就不相同。例如，关闭一个门、关闭一个银行账户或关闭一个窗口。精确的含义依赖于执行这种行为的对象。在面向对象的程序设计中，多态意味着不同的对象对同一消息具有不同的解释。

4. 面向对象程序设计过程

面向对象程序设计方法是遵循面向对象方法的基本概念而建立起来的，它的设计过程主要包括面向对象的分析(Object Oriented Analysis，OOA)、面向对象的设计(Object Oriented Design，OOD)、面向对象的实现(Object Oriented Implementation，OOI)三个阶段。

(1) 面向对象的分析(OOA)。OOA 的主要目的就是自上而下地进行分析，即将整个软件系统看作是一个对象，然后将这个大的对象分解成具有语义的对象簇和子对象，同时确定这些对象之间的相互关系。

(2) 面向对象的设计(OOD)。OOD 的任务是将对象及其相互关系进行模型化，建立分类关系，解决问题域中的基本构建。在这个阶段确定对象及其属性，以及影响对象的操作并实现每个对象。

(3) 面向对象的实现(OOI)。OOI 是软件具体功能的实现，是对对象的必要细节加以刻画，是面向对象程序设计由抽象到具体的实现步骤，即最终用面向对象的编程实现建立在前面 OOA 基础上的模型。

通过上面的介绍我们可以看出，面向对象的程序设计完全不同于结构化的程序设计。后者是将问题进行分解，然后用许多功能不同的函数来实现，数据与函数是分离的；前者是将问题抽象成许多类，将数据与对数据的操作封装在一起，各个类之间可能存在着继承关系，对象是类的实例，程序是由对象组成的。面向对象的程序设计可以较好地克服结构化程序设计存在的问题，使用得好，可以开发出健壮、易于扩展和维护的应用程序。

1.3　C/C++ 语言程序的结构

每一种程序设计语言都具有自己的语法规则和特定的表达方法。一个程序只有严格按照语言规定的语法和表达方式编写，才能保证编写的程序在计算机中正确地执行。

1.3.1　C 语言程序实例

为了理解 C 语言的基本程序结构和语法规则，首先分析几个简单的程序。由于还没有学习语法规则，所以在此忽略程序的意义，只是通过观察这个程序的构成，从而理解和分析 C 语言程序的结构。

例 1.1　最简单的 C 语言程序。

```
#include<stdio.h>                              /*预处理命令*/
void main( )                                   /*主函数*/
{
    printf("这是我的第一个 C 语言程序!\n");    /*输出双引号中的内容*/
}
```

这是一个最简单的 C 语言程序，运行结果是在屏幕上显示一行信息：这是我的第一个 C 语言程序!

一个计算机高级语言程序均由一个主程序和若干个(包括 0 个)子程序组成，程序的运行从主程序开始，子程序由主程序或其他子程序调用执行。在 C 语言中，主程序和子程序都称之为函数，规定主函数必须以 main 命名。因此一个 C 语言程序必须由一个名为 main 的主函数(而且只能有一个)和若干个(包括 0 个)函数组成，程序的运行从 main 函数开始，其他函数由 main 函数直接或间接调用执行。例如例 1.1 中，程序的第 1 行#include 是编译程序的预处理指令，末尾不能加分号。stdio.h 是 C 编译程序提供的系统头文件(或称为包含文件)，当在程序中调用标准输入输出函数时，应在调用之前写上#indude<stdio.h>。

在 C 语言程序中每一句语句占一行(也可若干条语句在同一行，但为了阅读方便，建议一条语句占一行)，语句右边“/*…*/”是注释，“/*”是注释的开始符号，“*/”是注释的结束符号，注释符号之间的文字是注释内容。注释的作用是对程序功能、被处理数据或处理方法的说明，注释部分仅供程序员阅读，不参与程序运行，所以注释内容不需要遵守 C 语言的语法规则，编译时被过滤掉，不增加程序在编译后占用空间的大小。例如例 1.1 中，“/*输出双引号中的内容*/”注明了“printf("这是我的第一个 C 语言程序!\n");”语句的作用。

下面再来看几个例子。

例 1.2　求两个整数之和。

```
#include<stdio.h>
main()                    /*主函数*/
{
    int a, b, sum;        /*设置变量数据类型*/
    a=1;                  /*给变量赋初值*/
    b=2;
    sum=a+b;              /*加法运算*/
    printf("sum=%d\n", sum);
}
```

程序运行结果如下：

```
sum=3
```

程序从主函数 main 开始，大括号之间的内容为主函数的函数体部分，在函数体中，第一句为变量说明语句，说明 a、b 和 sum 为整型变量，存放整数，分别代表加数 a、b 和变量 sum。语句 a=1 和 b=2 的作用是给变量 a、b 赋值为 1 和 2。这样就可以通过 sum=a+b 计算 a+b 的值为 3，最后程序输出 a 加 b 的和值。

例 1.3　修改例 1.2，整数的加法功能由函数 add 实现，在主函数中调用 add 函数以求两个整数之和。

```
#include<stdio.h>
int add(int x, int y)     /*定义一个加法子函数 add*/
{
    return(x+y);
}
main( )                   /*主函数*/
{
    int a, b, sum;
    a=1;
    b=2;
    sum=add(a, b);        /*调用 add 函数*/
    printf("sum=%d\n", sum);
}
```

本程序除了主函数 main 外，另外定义了一个 add 函数，add 函数作用是求 x 和 y 之和，通过 return 语句计算 x 和 y 的和值并返回给主函数 main。主函数中第四句为调用函数 add 语句，在调用时将 a、b 的值传递给 add 函数中的 x 和 y，经过执行 add 函数，x 和 y 的和值作为返回值送回给主函数的调用语句处，并把这个值赋值给变量 sum，然后输出 sum 的值。

例 1.3 程序的运行结果与例 1.2 完全相同，但特点是实现了整数加法运算的通用化。

从例 1.3 我们可以看出，在 C 语言中，一个问题能够分解成若干个子问题，将子问题用独立的函数来实现，然后通过函数调用把整个程序组织起来，实现了程序的模块化，从而实现对复杂问题的解决。

通过对上面 3 个程序的分析，我们了解到 C 语言程序结构具有以下特点：

(1) C 语言程序是由函数构成的。函数是 C 语言程序的基本单位。一个 C 语言程序可以由一个或多个函数构成，但其中必须有而且只能有一个主函数 main，主函数是 C 语言程序运行的起始点，每次执行 C 语言程序时都要从主函数开始执行。

(2) 除了主函数之外，其他函数的运行都是通过函数调用实现的。在一个函数中可以调用另外一个函数，这个被调用的函数可以是用户定义的函数，也可以是系统提供的标准库函数(比如 printf 和 scanf)。使用函数时，建议读者尽量使用库函数，这样不仅能够缩短开发时间，也能提高软件的可靠性，从而开发出可靠性高、可读性强以及可移植性好的程序。

(3) 函数定义的一般形式如下：

```
函数返回值类型　函数名(形式参数表)
{
    数据说明部分
    执行语句部分
}
```

(4) 可以在程序的任何位置给程序加上注释，注释的形式为/*注释内容*/，注释是为了提高程序可读性的一个手段，它对程序的编译和运行没有任何影响，可以注释一行，也可以注释多行。对于 C++，注释内容可以写在“//”之后。

(5) C 语言程序的书写格式非常自由，一条语句可以在一行内书写，也可以分成多行书写，而且一行可以书写多条语句。尽管这样，我们还是建议在一行只写一条语句，而且采用逐层缩进的形式，这样使得程序的逻辑层次一目了然，便于对程序的阅读、理解和修改。

(6) C 语言中每条语句都以分号结尾，分号是 C 语言语句的必要组成部分。

(7) C 语言本身没有输入输出语句。输入和输出操作由标准库函数 scanf 和 printf 等函数来完成，所以注意在使用之前程序最前面要加上预处理语句#include<stdio.h>，因为这两个函数是在 stdio.h 文件中定义的。

1.3.2　C++ 程序实例

在了解了 C 语言程序结构之后，来看一个 C++ 程序实例。例 1.4 是一个面向过程的 C++ 程序。

例 1.4　简单的 C++ 程序。

```
#include <iostream.h>
void main()
{
    cout<<"Hello! My first C++ program! \n";
    cout<<"Welcome to C++!\n";
}
```

程序运行结果如下：

```
Hello! My first C++ program!
Welcome to C++!
```

这里，main()是主函数名，函数体用一对大括号括住。函数是 C++ 程序中最小的功能单位。在 C++ 中，必须有且只能有一个名为 main()的函数，它表示程序执行的起始点。main()之前的 void 表示 main()函数没有返回值(关于函数返回值将在第五章介绍)。程序由语句组成，每条语句由分号“;”作为结束符。cout 是一个输出流对象，它是 C++ 系统定义的对象，其中包含了许多有用的输出功能。输出操作由操作符“<<”来表达，其作用是将紧随其后的双引号中的字符串输出到标准输出设备(显示器)上。

程序的第一条语句“#include <iostream.h>”指示编译器在对程序进行预处理时，将文件 iostream.h 中的代码嵌入到程序中该指令所在的地方，其中#include 被称为预编译指令。文件 iostream.h 中声明了程序所需要的输入和输出操作的有关信息。cout 和“<<”操作的有关信息就是在该文件中声明的。在 C++ 程序中如果使用了系统中提供的一些功能，就必须嵌入相关的头文件。

当我们编写完程序文本后，C 的源程序被存储为后缀是 .c 的文件(C++ 源程序的后缀名为 .cpp)，再经过编译系统的编译、连接后，生成后缀为 .exe 的可执行文件。

1.4　C/C++ 语言程序上机实践

由于 C 或 C++ 源程序一般是由 ASCII 代码构成的，计算机不能直接执行源程序。要使 C 或 C++ 源程序在计算机上运行，必须将 ASCII 代码的程序翻译成机器能够执行的二进制目标程序，通常需要一种特定的软件工具，我们称这种软件工具为编译程序，而把这种转换工作称为程序编译。例如一个编写完成的 C 源程序在成功运行之前，一般经过编辑源代码、编译、链接、运行四个步骤。为方便读者上机练习，下面给出在 Microsoft Visual Studio 2010 集成环境下开发 C 和 C++ 程序的步骤。

下面我们以例 1.1 为例，给出程序上机实践步骤。

(1) 启动 Visual Studio 2010 编译环境，如图 1.4 所示。

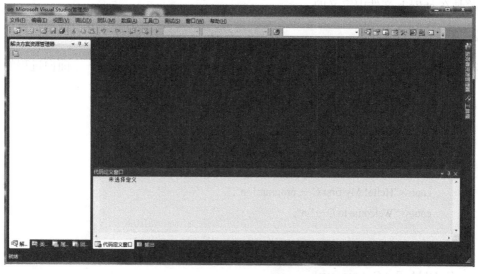

图 1.4　Visual Studio 2010 编译环境窗口

(2) 单击主窗口菜单栏中的“文件”菜单项，弹出如图 1.5 所示的下拉式菜单。单击下拉式菜单中的选项“新建”→“项目”，可以打开新建项目对话框。

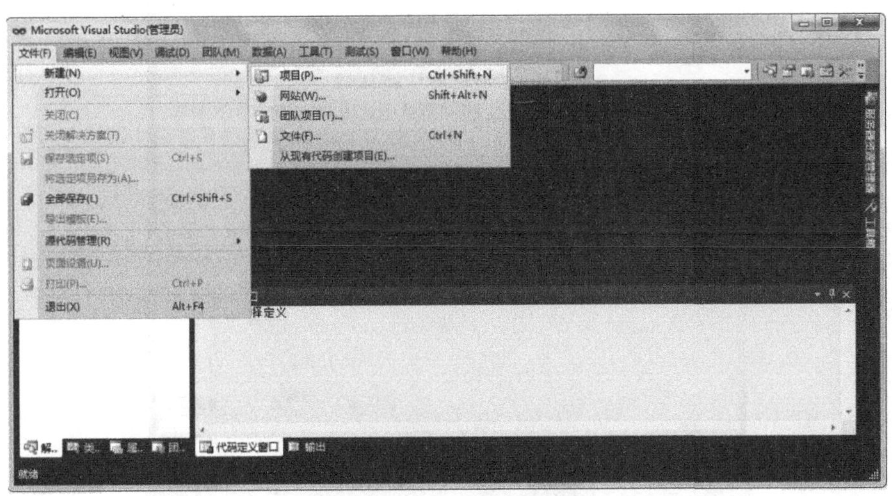

图 1.5　文件菜单下的选项

(3) 在新建项目对话框中，如图 1.6 所示。选择“Win32 控制平台应用程序”，然后在窗口下方的对话框中输入项目名称和保存位置，本案例中名称为“Test1”，保存位置为“d:\”。设置完成后点击“确定”按钮进入 Win32 应用程序向导对话框。

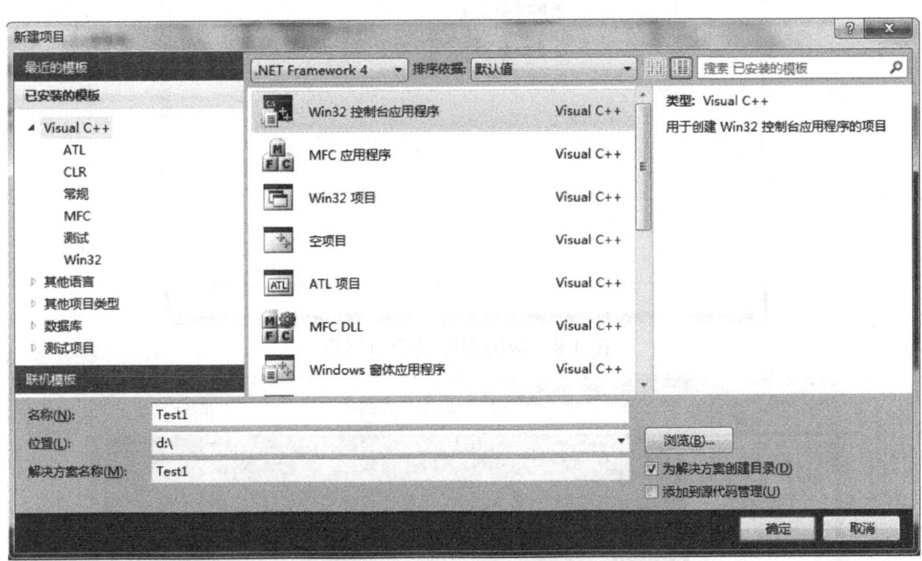

图 1.6　新建项目对话框

(4) 在“Win32 应用程序向导”对话框中，如图 1.7 所示。点击“下一步”，进入应用程序设置对话框。

(5) 在“应用程序设置”对话框中，如图 1.8 所示，在“附加选项”中选择“空项目”，然后点击“完成”按钮。完成项目的建立后显示如图 1.9 窗口。

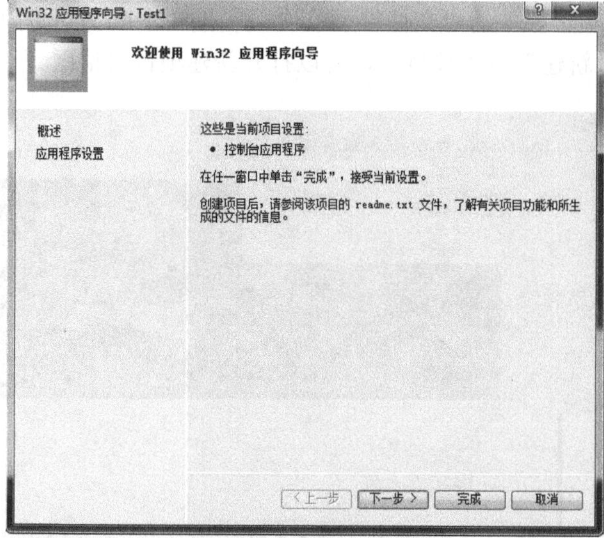

图 1.7　Win32 应用程序向导对话框

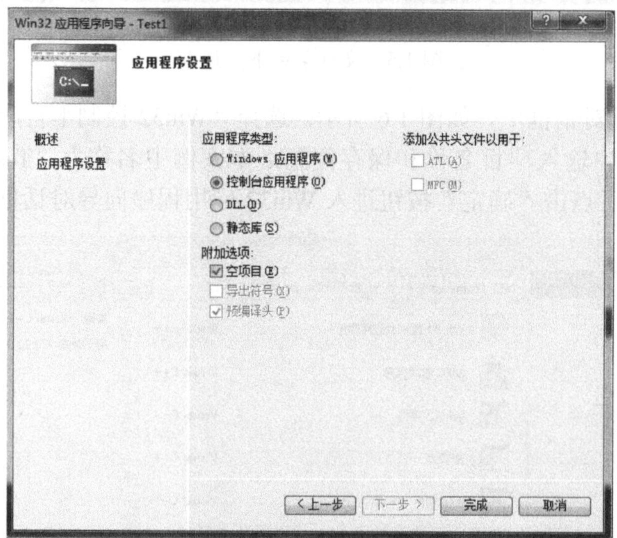

图 1.8　应用程序设置对话框

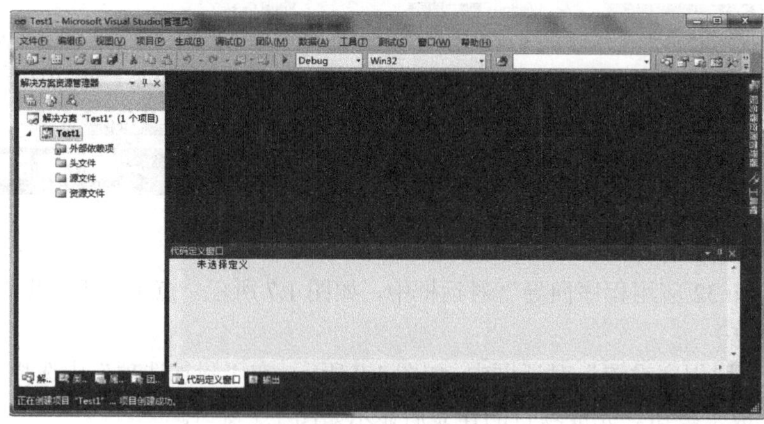

图 1.9　项目建立完成窗口

(6) 在图 1.9 所示窗口中，在源文件文件夹上单击鼠标右键，在弹出菜单中选择“添加”→“新建项”，如图 1.10 所示。

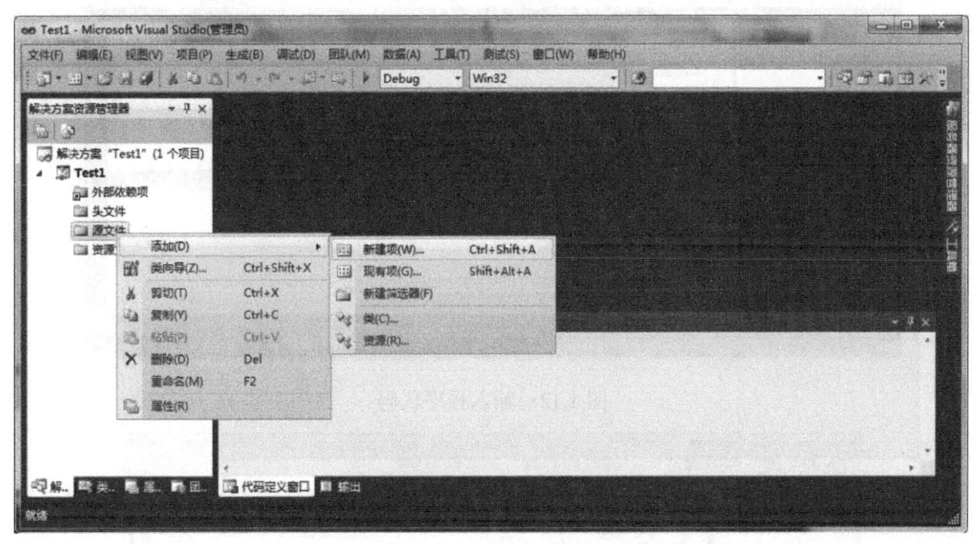

图 1.10　添加新建项目对话框

(7) 在“添加新项”对话框中，输入 C++ 文件，在对话框下面输入文件名，然后点击“添加”按钮，如图 1.11 所示。

图 1.11　添加新建项目对话框

(8) 在文件窗口中输入例 1.1 的程序代码，如图 1.12 所示。

(9) 完成代码输入后，先保存源程序，然后单击主窗口菜单栏中的“调试”菜单项，弹出如图 1.13 所示的下拉式菜单。单击下拉式菜单中的选项“启动调试”菜单项，对程序进行调试。如果显示无错误，表示调试通过，可以进行下一步操作；如果有错误，需对程序进行修改然后再次调试，直到调试通过。

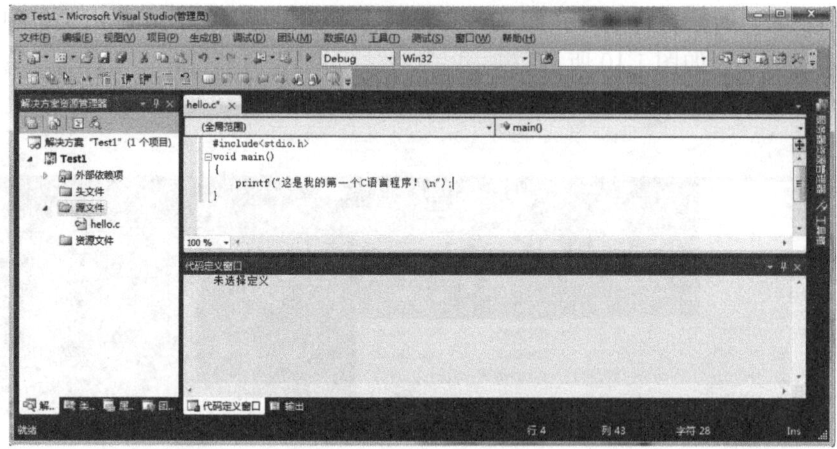

图 1.12　输入程序代码

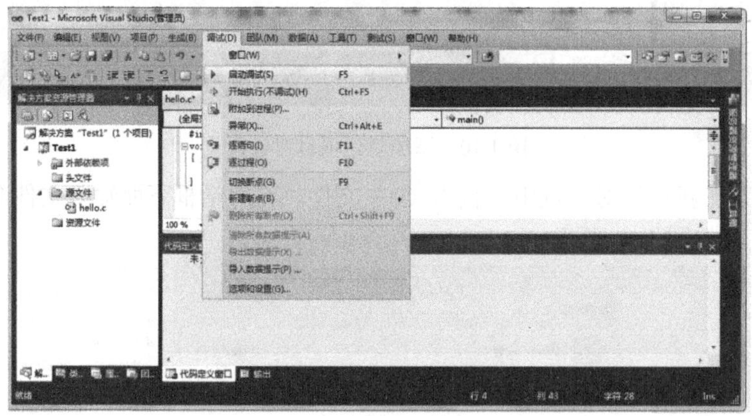

图 1.13　程序调试菜单

(10) 调试通过后，单击主窗口菜单栏中的“调试”菜单项，弹出如图 1.14 所示的下拉式菜单。单击下拉式菜单中的选项“开始执行”菜单项，运行程序后就可以得到程序运行结果。本程序运行结果如图 1.15 所示。

图 1.14　程序运行菜单

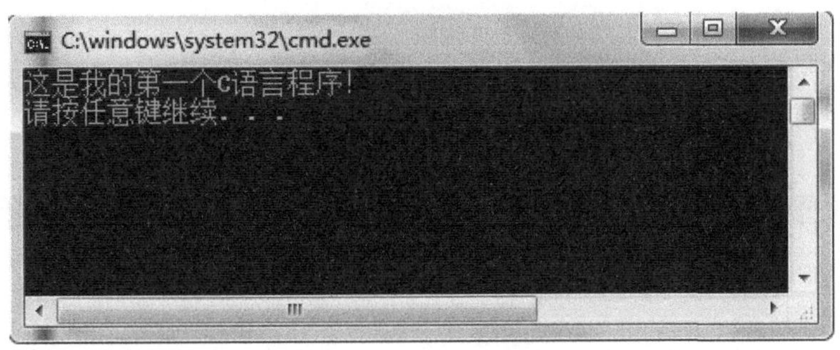

图 1.15　程序运行结果

本章小结

本章主要介绍了计算机语言的发展阶段、C/C++ 语言的基本知识与特点、程序设计的两种方法：面型对象程序设计和面向过程程序设计，以及 C/C++ 程序结构与上机调试方法和步骤，通过本章的学习，可以使读者对程序设计的概念、方法和步骤有一个全面的认识，能够掌握 C/C++ 语言程序的调试方法。

习　题　一

1. 计算机语言经历了哪几代？各具有哪些特点？
2. 简述计算机程序设计的概念。目前程序设计分哪两种类型？各自的特点是什么？
3. 计算机程序结构有几种？各自的特点是什么？
4. 什么是对象？请举例说明。
5. 简述面向对象程序设计方法中的封装、继承和多态概念的主要特征。
6. 简述 C 语言与 C++ 语言的关系与特点。
7. 仿照例 1.1 编写一个 C 语言程序，输出自己的学号、姓名、年龄等信息，并上机调试运行。

第二章　数据类型和表达式

案例一　数据类型的定义和使用

1. 问题描述

设计程序实现不同类型数据的定义、赋值、输出比较，对强制类型转换进行验证，验证所使用的系统中的不同数据类型的描述精度和占用的字节数。

2. 问题分析

程序应实现不同类型数据的定义、赋值、输出比较，观察不同类型数据输出格式的不同、数据所占字节数、不同类型数据之间相互赋值的情况，以及强制类型转换的使用方法。

3. C 语言代码

```
/*本程序实现不同类型数据的定义、赋值、输出和比较，注意数据类型的描述范围和字节数*/
#include "stdio.h"
void main()
{   int x;              /*int 为定义基本整型变量的关键字，x 是整型变量名字*/
    long y;             /*long 为定义长整型变量的关键字，y 是长整型变量名字*/
    short z;            /*short 为定义短整型变量的关键字，z 是短整型变量名字*/
    char ch;            /*char 为定义字符型变量的关键字，ch 是字符型变量名字*/
    float f;            /*float 为定义单精度浮点型变量的关键字，f 是单精度浮点型变量名字*/
    double d;           /*double 为定义双精度浮点型变量的关键字，d 是双精度浮点型变量名字*/
    x=100;              /*x 赋值为 100*/
    y=65486l;           /*y 赋值为 65486，后面的 l 表示长整型*/
    z=32767;            /*z 赋值为 32767*/
    ch='a';             /*ch 赋值为字符'a'*/
    f=31478.5692;       /*f 赋值，注意输出时的精度*/
    d=314786666666.56785643;     /*d 赋值，注意输出时 d 的有效数字位数*/
    printf("x(十进制)=%d, x(十六进制)=%x, x(八进制)=%o, 基本整型 x 的字节数%d\n", x, x, x,
sizeof(x));  /*sizeof()是计算数据字节数的运算符，注意里面参数；\n 表示回车换行*/
    printf("ch=%c, ch=%d，字符型 ch 的字节数=%d\n", ch, ch, sizeof(ch)); /*注意输出格式与对应
的表达式*/
    printf("y=%ld, y=%d, y=%hd，长整型 y 的字节数=%d\n", y, y, y, sizeof(y));
    printf("z=%d, z=%hd, z+1=%d, z+1=%hd，短整型 z 的字节数=%d\n", z, z, z+1, z+1, sizeof(z));
    printf("f=%f，单精度 f 的字节数=%d，2.5 的字节数为%d\n", f, sizeof(f), sizeof(2.5));
```

```
    printf("d=%lf，双精度 d 的字节数=%d\n", d, sizeof(double));
    f=2.5; x=f;          /*不同类型数据赋值转换*/
    printf("f=%f, x=%d\n", f, x);
    x=(int)f;            /*强制类型转换*/
    printf("f=%f, x=%d\n", f, x);
}
```

4. 程序运行结果

```
x(十进制)=100, x(十六进制)=64, x(八进制)=144, 基本整型 x 的字节数 4
ch=a, ch=97，字符型 ch 的字节数=1
y=65486, y=65486, y=-50，长整型 y 的字节数=4
z=32767, z=32767, z+1=32768, z+1=-32768，短整型 z 的字节数=2
f=31478.568359，单精度 f 的字节数=4，2.5 的字节数为 8
d=314786666666.567870，双精度 d 的字节数=8
f=2.500000, x=2
f=2.500000, x=2
```

著名计算机科学家沃思(Nikiklaus Wirth)提出过一个公式：程序=数据结构+算法。进行程序设计包括两方面的工作：一方面是对数据进行描述，另一方面是对操作进行描述。数据是程序加工的对象，数据描述通过数据类型完成；操作描述通过语句完成，表达式完成操作的基本描述。

C 语言提供多种数据类型：基本数据类型包括整型、浮点型、字符型；构造类型有数组类型、结构体类型、共用体类型、枚举类型；处理地址数据的指针类型；空类型。数据类型中的整型、浮点型、字符型、空类型由系统预先定义，又被称为标准类型；构造类型可以灵活定义，后续章节介绍。表达式是由运算符和操作数组成的式子。

本章介绍基本数据类型和指针类型的概念、定义和用法，并在此基础上介绍常量、变量定义的方法、运算符及其规则以及表达式的组成、书写、分类和相关计算特性。

2.1 词法构成

在 C 语言程序设计中使用到的词汇有标识符、关键字(保留字)、运算符、分隔符、常量和注释符等，它们各自具有严格的语法规则，下面主要介绍字符集、标识符、关键字和注释符 4 类的基本语法部分。

2.1.1 字符集

字符是可以区分的最小元素，字符集是字符的集合，字符集构成语言与程序的原始基础。C 语言的字符集是 ASCII 字符集的一个子集，由字母、数字、标点符号和特殊字符构成，包括：

(1) 英文字母：a～z，A～Z。

(2) 数字：0～9。

(3) 空格符、制表符、换行符：它们只在字符常量和字符串常量中起作用，在其他地方出现时，只起间隔作用。

(4) 特殊字符：

① 标点符号：+、–、*、/、^、=、&、!、|、.、，、：、<、>、？、'、"、(、)、[、]、{、}、~、%、#、;、_。(注意：所有标点符号均为英文半角字符。)

② 转义字符：利用反斜杠符号“\”后加上一个字母或1～3位八进制数或x加两位十六进制数的字符组合来表示这些字符。表2.1列举了常用的转义字符。

表2.1　常用转义字符

名　称	符　号	名　称	符　号
空字符	\0	换行	\n
换页	\f	回车	\r
退格	\b	响铃	\a
水平制表	\t	垂直制表	\v
反斜线	\\	问号	\?
单引号	\'	双引号	\"
1到3位八进制数所表示的字符	\ddd	1到2位十六进制数所表示的字符	\xhh

转义字符有特定的含义，用于描述特定的控制字符(不可显示与打印的ASCII码)。例如，表2.1中涉及的字符“\n”，目的是用于控制输出时的换行处理；而“\0”则代表ASCII码值为0的字符，即输出为空白(即什么也不输出，也不占用输出位)。

例2.1　转义字符的使用。

```
#include "stdio.h"
void main()
{
    printf("    ab c\t de\rf\tg\n");
    printf("h\ti\b\bj k\n");
}
```

程序运行结果如下：

```
f□□□□□□□gde
h□□□□□□j□k
```

“□”表示空格。请注意其中的“转义字符”。第一个printf函数先在第一行左端开始输出“   ab c”，然后遇到“\t”，它的作用是“跳格”，即跳到下一个“制表位置”，系统中默认一个“制表区”占8列。“下一制表位置”从第9列开始，故在第9～11列上输出“ de”。下面遇到“\r”，它代表“回车”(不换行)，返回到本行最左端(第1列)，输出字符“f”，然后遇“\t”再使当前输出位置移到第9列，输出“g”。最后是“\n”，作用是“使当前位置移到下一行的开头”。第二个printf函数先在第1列输出字符“h”，后面的“\t”使当前位置跳到第9列，输出字母“i”，然后当前位置应移到下一列(第10列)准备输出下一个字符。遇到两个“\b”，“\b”的作用是“退一格”，因此“\b\b”的作用是使当前位置回退到第8列，接着输出字符“j k”。

程序运行时在打印机上得到以下结果：

fab□c□□□gde

h□□□□□□jik

注意在显示屏上最后看到的结果与上述打印结果不同，这是由于“\r”使当前位置回到本行开头，自此输出的字符(包括空格和跳格所经过的位置)将取代原来屏幕上该位置上显示的字符。所以原有的“ ab c 　　”被新的字符“f 　　　g”代替，其后的“de”未被新字符取代。换行后先输出“h 　　　i”，退两格后，再输出“j k”，j 后面的“ ”将原有的字符“i”取而代之。因此屏幕上看不到“i”。实际上，屏幕上完全按程序要求输出了全部的字符，只是因为在输出前面的字符后很快又输出后面的字符，在人们还未看清楚之前，新的已取代了旧的，所以误以为未输出应输出的字符。而在打印机输出时，不像显示屏那样会“抹掉”原字符，留下了不可磨灭的痕迹，它能真正反映输出的过程和结果。

2.1.2　标识符

通常在程序中使用的常量、变量、函数、类型和标号等实体，需要先对其进行命名。用来标识变量、常量、函数等的字符序列称为标识符(类似于自然语言中各种事物的名字)。有一些标识符是系统指定的，如系统为用户提供的关键字、库函数的函数名称、宏命令等，称为标准标识符；其余未经系统规定的实体名称则由用户自行定义，称为自定义标识符，自定义标识符不得和系统关键字同名。C 语言规定，标识符只能是字母(A～Z，a～z)、数字(0～9)、下划线(_)组成的字符串，并且第一个字符必须是字母或下划线。

例如以下标识符是合法的：

i，j_1，A1，a1，name_1，sun，day6，ELSE，If。

以下标识符是不合法的：

a.1，6boys，name-1，π，if，#33，x to y。

使用标识符应该注意以下几点：

(1) C 语言中标识符严格区分大小写，即 A 和 a 是不同的标识符。习惯上，符号常量用大写字母表示，变量名则用小写字母表示。

(2) ANSI C 没有规定标识符的字符个数，一般有效长度为 8 个字符，但各个 C 编译系统都有自己的规定，例如 Turbo C 中标识符最大长度为 32 个字符，超过 32 位以后的字符将被系统忽略，即系统认为这类字符是不存在的。因此，为了程序的移植方便，建议标识符长度不超过 32 个字符。

(3) 标识符用来标识某个实体，命名应该尽量有相应的意义，最好能“见名知义”，以便阅读理解，但不要和 C 语言本身所使用的保留字、函数名以及类型名重名。

(4) 在 C 语言程序中，所用到的变量名都要“先定义，后使用”。这样做的目的是：

① 未被事先定义的，不作为变量名，这就能保证程序中变量名使用的正确性；

② 每一个变量被指定为一个确定的类型，在编译时就能为其分配相应的存储单元；

③ 每一个变量都属于一个特定类型，便于在编译时据此检查该变量所进行的运算是否合法。

2.1.3　关键字

关键字也称为保留字，它们是 C 语言中预先规定的具有固定含义的一些单词，在 C 语

言编译系统中赋有专门的含义，用户只能原样使用它们而不能重新定义它们。

ANSI C 定义的关键字共 32 个，根据关键字的作用，可将其分为数据类型关键字、控制语句关键字、存储类型关键字和其他关键字四类。

(1) 数据类型关键字(12 个)：char、int、float、double、void、struct、union、enum、long、short、signed、unsigned。

(2) 控制语句关键字(12 个)：goto、if、else、switch、case、default、break、do、for、while、continue、return。

(3) 存储类型关键字(4 个)：auto、extern、register、static。

(4) 其他关键字(4 个)：const(常量修饰符)、volatile(易变量修饰符)、sizeof(编译状态修饰符)、typedef(数据类型定义)。

不同的编译系统在 ANSI C 的基础上扩充的关键字不同，使用不同的编译系统时要注意了解其规定，以免出现自定义标识符与关键字相同而出错的情况。

2.1.4 注释符

C 语言的注释符是以“/*”开头，并以“*/”结尾，其间的内容为注释文本，一般出现在程序语句行之后，用来帮助阅读程序。它既可以一次注释一行，也可以一次注释多行。

注释是给阅读程序的人看的，注释对程序的执行没有任何影响，因为程序编译时，对注释忽略，不增加目标程序大小。注释也可以出现在程序的任何位置，它一般是向用户提供或解释程序的功能、参数的意义等，增强程序的可读性。编写程序时要养成写注释的习惯，便于交流，同时对自己日后阅读程序有帮助。

2.2 数据类型

在程序中使用的数据要区分类型。数据区分类型的目的是便于系统为数据分配空间和检查对其操作的合法性。在 C 程序中，每个数据都属于一个确定的、具体的数据类型。

不同类型的数据在其表示形式、合法的取值范围、占用内存的空间大小以及可以参与运算的种类等方面均有所不同。

C 语言具有丰富的数据结构，其数据类型分类如下：

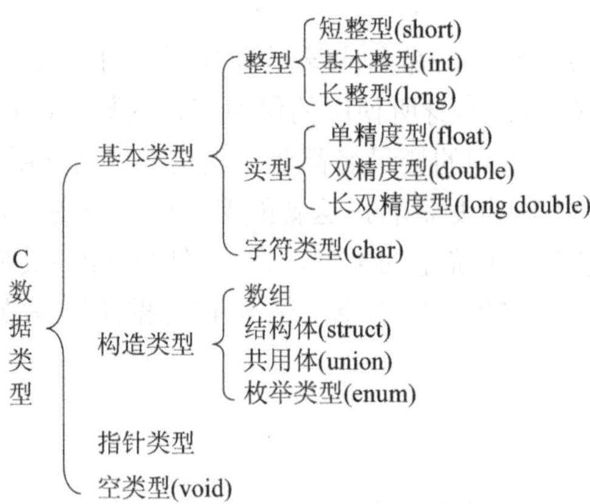

2.2.1 整数类型

C 语言从整型数据的表示范围上划分，可将其分为基本整型、短整型和长整型三类；从整型数据是否带符号上划分，可其分为带符号整数和无符号整数两类。

1. 基本类型定义

类型说明符：int。

例如，“int x, y, z;”说明变量 x、y、z 被同时定义为基本整型数据类型。

上述整型称为基本整型数据类型。此外 C 语言还通过类型修饰符 short(缩短数值所占字节数)、long(扩大数值所占字节数)、unsigned(无符号位)、signed(有符号位，缺省方式)来扩展整数的取值范围，扩展后的整型数分为短整型、长整型和无符号整型。

短整型的类型名称：short int 或 short。在 Turbo C 2.0 中短整型等同于基本整型，占两个字节。

长整型的类型名称：long int 或 long。长整型的运算与基本整型相同，在 Visual C 中，int 等同于 long int 类型。数据类型所占字节数随机器硬件、软件的不同可能不同。依 ANSI C 规定，不同整型数占有字节数的关系为：short≤int≤long。编程人员可用 sizeof(类型标识符)测量各种类型数据所占有的字节数。

无符号的基本整型的类型名称：unsigned int 或 unsigned。

无符号的短整型的类型名称：unsigned short int 或 unsigned short，其存储、取值、运算规则基本与无符号基本整型相同。

无符号的长整型的类型名称：unsigned long int 或 unsigned long。

2. 整型数据的存储与取值范围

整型数据在内存中是以二进制形式存放的，实际上，数值是以补码的形式表示的。在机器中用最高位表示数的符号，正数符号用 0 表示；负数符号用 1 表示。在计算机中整数是按补码方式存放的。(正数的补码和原码相同，而负数的补码=该数绝对值的原码按位取反再加“1”。)

例如，求 -7 的补码(假设整数以两个字节进行存储)：

7的原码：	0	0	0	0	0	0	0	0	0	0	0	0	0	1	1	1
按位取反：	1	1	1	1	1	1	1	1	1	1	1	1	1	0	0	0
再加1，得-7的补码：	1	1	1	1	1	1	1	1	1	1	1	1	1	0	0	1

在 PC 机上，如果用 2 个字节存储一个基本整型数据，取值范围：-32 768～32 767，即 $-2^{15}\sim2^{15}-1$；长整型数据的存储占 4 个字节，取值范围：-2 147 483 648～2 147 483 647，即 $-2^{31}\sim2^{31}-1$。

由于无符号数是相对于有符号数将最高位不作符号处理，所以表示的数的绝对值是对应的有符号数的 2 倍，若无符号数的基本整型存储占 2 个字节，则取值范围为 0～65 535，即 $0\sim2^{16}-1$；无符号数的长整型存储占 4 个字节，取值范围为 0～4 294 967 295，即 $0\sim2^{32}-1$。

无符号数经常用来处理超大整数和地址数据。表 2.2 为 Visual Studio 2010 环境中整型数据的属性。

表 2.2　Visual Studio 2010 环境中整型数据属性

数据类型	占用字节数	二进制位长度	值　域
int	4	32	-2 147 483 648～2 147 483 647
short [int]	2	16	-32 768～32 767
long [int]	4	32	-2 147 483 648～2 147 483 647
[signed] int	4	32	同 int
[signed] short [int]	2	16	同 short
[signed] long [int]	4	32	同 long
unsigned [int]	4	32	0～4 294 967 295
unsigned short [int]	2	16	0～65 535
unsigned long [int]	4	32	0～4 294 967 295

表中方括弧内的部分是可以省略的。在不同的编译系统中，整型数据所占字节数有所不同。

3. 整型数据的表示形式

C 语言允许使用十进制(Decimal)、八进制(Octal)和十六进制(Hexadecimal)三种形式表示整数，十进制整数由 0~9 的数字序列组成，数字前可以带正负号；八进制整数由前导数字 0 开头，后面跟 0～7 的数字序列组成；十六进制整数以 0x(数字 0 和字母 x)开头，后面跟 0~9、A～F(大小写均可)的数字序列组成。例如：

十进制整数：258、-128、0 都是正确的，而 256.0、017、83B 是非法的。

八进制整数：011、-017 都是正确的，它们分别代表十进制整数 9、-15，而 081 是非法的(8 不属于 0～7，不是八进制有效字符)。

十六进制整数：0xe2、0x2F 都是正确的，它们分别代表十进制整数 226、47。

2.2.2　实数类型

实型数(Real Number)也称为浮点型数(Floating Point Number)，即小数点位置可以浮动，如 9.8、-0.35 等。浮点数主要分为单精度型(float)、双精度型(double)和长双精度型(long double)。

1. 基本类型定义

类型说明符：float(单精度型)、double(双精度型)、long double(长双精度型)。

2. 浮点数存储与取值范围

在计算机中，实数是以浮点数形式存储的，所以通常将单精度实数称为浮点数。例如单精度实型数据在计算机中的存放形式见图 2.1 所示。其中，阶符用来表示指数的正负；阶码用来存放指数数值，位数越多存放数据的绝对值越大；数符用来存放数的正负，尾数用来存放小数部分，位数越多实型数据的有效数字(从一个数的左边第一个非 0 数字起，到末位数字止，所有的数字都是这个数的有效数字)就越多，数据的精度就越高。

1位	7位	1位	23 位
阶符	阶码	数符	尾数
指数部分		小数部分	

图 2.1 单精度实型数据在计算机中的存放形式

在一般系统中，一个单精度浮点型数据在机器中存储占 4 个字节(32 位)，一个双精度浮点型数据存储占 8 个字节(64 位)。单精度实数提供 6～7 位有效数字，双精度实数提供 15～16 位有效数字，其取值范围为随机器和系统而异。在初学阶段，对 long double 型用得较少，因此我们不准备作详细介绍。读者只要知道有此类型即可。Microsoft C 中实型数据属性如表 2.3 所示。

表 2.3 Microsoft C 中实型数据属性

数据类型	比特数(字节数)	有效数字	数的范围
float	32(4)	6～7	−3.4E+38～3.4E+38
double	64(8)	15～16	−1.7E+308～1.7E+308
long double	64(8)	18～19	−1.7E+308～1.7E+308

3. 浮点数的表示形式

在 C 语言中，实数只采用十进制。它有两种形式：十进制小数形式和指数形式。

1) 十进制小数形式

十进制小数形式由整数、小数部分和小数点组成，整数和小数都是十进制形式。例如，0.123、−123.468、.78、80.0 等都是合法形式。小数点前后全是 0 的，0 可以省略，但不能同时省略。如 0.5 可写作 .5，10.0 可以写作 10.；但是 0 不能写作 .，可以写作 .0，或 0.，或 0.0。

2) 指数形式

指数形式由尾数、指数符号 e 或 E 和指数组成。尾数必须有，不能省略；指数是十进制整数，正的指数前面的符号+可以省略。指数形式用于表示较大或者较小的实数。例如，0.00000532 可以写成 5.32e−6，也可以写成 0.532e−5，也可以写成 53.2e−7；45786.54 可以写成 4.578654e+4 等。而 e5，1e2.5 都是不合法的表示形式。

特别注意，太大或太小的数据若超出了计算机中数的表示范围则称为溢出，溢出发生时表示计算出错，需要做适当的调整。

2.2.3 字符类型

C 语言中的字符数据分为字符和字符串数据两类。字符数据是指用单引号括起来的单个普通字符或转义字符，如 'A'、'0'、'\101'、'\x41' 等，字符串数据是指由双引号括起来的一串字符序列，如 "china"、"0110"、"w1"、"a" 等。

1. 基本类型定义

类型说明符：char。

2. 字符型数据存储与取值范围

字符型数据的取值范围为：ASCII 码字符集中的可打印字符范围。一个字符数据存储占 1 个字节，存储时实际上存储的是对应字符的 ASCII 码值(即一个整数值)。

3. 字符型数据的表示方法

字符型数据在计算机中存储的是字符的 ASCII 码值的二进制形式，一个字符的存储占用一个字节。因为 ASCII 码形式上就是 0～255 之间的整数，因此 C 语言中字符型数据和整型数据可以通用。与整型数进行运算，可以与整型变量相互赋值，也可以将字符型数据以字符或整数两种形式输出。以字符形式输出时，先将 ASCII 码值转换为相应的字符，然后再输出；以整数形式输出时，直接将 ASCII 码值作为整数输出。

(1) 字符数据：指用单引号括起来的单个字符数据，如 'a'、'%'、'：'、'9' 等。而 '12' 或 'abc' 是不合法的字符数据。

(2) 字符串数据：指用双引号括起来的零个或一串字符数据，如 "love"、"0102"、"w1"、"a" 等。注意 "a" 是字符串数据而不是字符数据。

为了便于 C 程序判断字符串是否结束，系统对每个字符串数据存储时都在末尾添加一个结束标志——ASCII 码值为 0 的空操作符 '\0'，它既不引起任何动作也不会显示输出，所以存储一个字符串的字节数应该是字符串的长度(字符串长度是指从字符串左侧开始到第一个 '\0' 所经过的有效字符的个数)加 1。

例如，"china" 在计算机中的表示形式如图 2.2 所示。

'c'	'h'	'i'	'n'	'a'	'\0'
99	104	105	110	97	0

图 2.2　"china"在计算机中的存储示意图

2.3　常量与变量

C 语言处理的数据包括常量和变量两类，数据的属性可以通过它们的数据类型和存储类型来描述。对于常量来说，它的属性由其取值形式表明，而变量的属性则必须在使用前明确地加以说明。

2.3.1　常量

1. 常量的数据类型

常量是一种在程序运行过程中保持不变的数据形式。C 语言中使用的常量有数值型常量、字符型常量、符号型常量等多种形式。整型、实型常量统称为数值型常量。字符型常量包括字符常量和字符串常量。常量的值域与相应类型的变量相同，常量的类型和实例如见表 2.4 所示。

表 2.4　常量的数据类型和实例

数据类型	含　义	常量实例
char	字符型	'A'，'/'，'0'，'\n'，'x41'，'\101'，'\0'
int	整型	1, 234, 35000, −235, 071, 0xfb8
long int	长整型	65280L, −304L
unsigned int	无符号整型	65535, 7800
float	单精度实性型	123.45, 123456, 1e−6
double	双精度实性型	1.23456789, −1.98765432e20

2. 常量的表示方法

(1) 数值常量的书写方法和其他高级语言基本相同：整型数值常量有十进制表示方法、八进制表示方法(以 0 开头)和十六进制表示方法(以 0x 开头)，例如 65、0101 和 0x41 都是十进制的 65。长整型常量通常要在数字后面加字母 l 或 L。而字符常量则是用单引号括起来的单个字符，例如 'A'、'/'、'\n'、'\x41' 和 '\101' 等；字符常量也可以用一个整数表示，例如 65、0101、0x41 都是表示字母常量 A。

(2) 常量也可以用标识符来表示，称为符号常量。如编译预处理中用 #define 命令定义 PI 为 3.1415926，则程序中所出现的符号常量 PI 就代表 3.1415926，详细内容参考 7.1 节宏定义部分。例如：

```
#define PI 3.1415926
```

符号常量也可以用关键字 const 来定义，例如：

```
const float PI=3.1415926;
```

符号常量通常用大写的标识符来表示。符号常量可以像普通常量那样参加运算，但是符号常量的值在程序执行中不允许被修改，也不能再次赋值。

(3) 字符串常量是用双引号括起来的一串字符，如 "I Love China! "。系统在存储时自动在字符串的结束处加上终止符 '\0'，即字符串的储存要多占一个字符。因此 'A' 和 "A" 是不同的。字符串往往是用字符数组来处理的，这将在后面的章节中进一步讨论它。

(4) 常量的长度、值域根据其类型不同而不同，如表 2.3 和表 2.4 所示。

(5) 空类型没有常量。

例 2.2　符号常量的应用。求圆的周长和面积，程序代码如下：

```
#define PI 3.14                /*定义符号常量 PI*/
#include "stdio.h"
void main()
{
    float r, s, area; r=10.0;  /*定义圆的半径 r、周长 s、面积 area 为浮点数，r 赋值为 10.0*/
    s=2*PI*r;                  /*计算圆周长*/
    area=PI*r*r;               /*计算圆面积*/
    printf("圆周长=%6.2f; 圆面积=%6.2f\n ", s, area);
         /*输出圆周长和面积，%6.2f 表示以单精度方式输出后面的 s、area，数据不少于 6 位，
```

```
小数点后保留两位数字，不够就补足 0 */
    }
```

程序运行结果如下：

```
圆周长= 62.80；圆面积=314.00
```

引入符号常量有两方面的作用：一是增加程序的可读性，定义符号常量名时“见名知义”；二是便于修改程序，在需要改变一个常量时能做到“一改全改”，如果程序中圆周率的精度要提高，只要修改常量定义，而不需要在程序中做多处修改。例如：

```
# define PI 3.1415926
```

在程序中所有以 PI 代表的圆周率全将自动改为 3.1415926。

2.3.2 变量

在程序运行中其值会被改变的量称为变量。一个 C 程序中可能有许多变量被定义，用来表示各种类型的数据。每个变量都有一个名字，称为变量名；一个变量根据数据类型不同会在内存中占据不同字节的存储空间，称为存储单元；在该存储单元中存放对应变量的值。变量名、变量值和存储单元(存储单元的首字节地址又称变量地址)是不同的概念，其相互关系如图 2.3 所示。

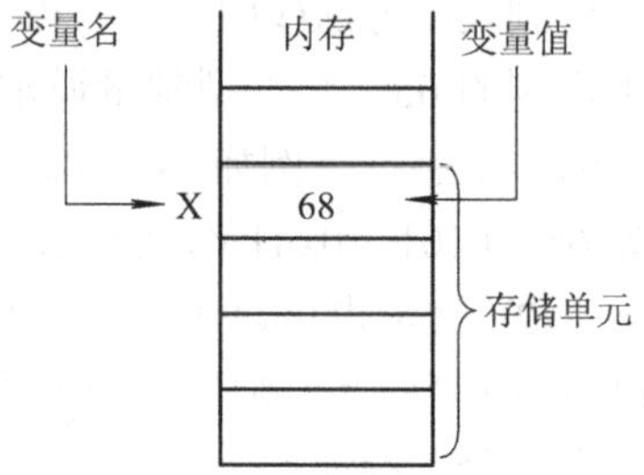

图 2.3　变量与存储的关系

1. 变量的类型

变量的基本类型有：字符型、整型、单精度实型、双精度实型等，它们分别用 char、int、float 和 double 来定义，空类型用 void 来定义。

字符型变量用于存储 ASCII 字符，也用于存储 8 位二进制整数；整型变量用于存储整数；单精度型变量和双精度型变量用于存储实数。

空类型有两个用途。第一个用途是明确表示一个函数不返回任何值或函数参数为空；第二个用途是表示空类型的指针。相关用途将在后面的章节中介绍。

2. 变量定义的方法

C 语言规定任何程序中的所有对象，如函数、变量、符号常量、数组、结构体、联合体、指针、标号及宏等，都必须先定义后使用。变量也必须遵守先定义后使用的原则，变量的定义可以在程序中的 3 个地方出现：在函数内部、在函数的参数中或在所有函数的外部，由此定义的变量分别称为局部变量和全局变量。变量定义的一般形式如下：

[类型修饰符] 数据类型 变量表；

其中，数据类型必须是 C 语言有效的数据类型；变量表可以是一个以逗号分隔的标识符的列表。例如：

```
int i, j, k;                  /*定义 i、j、k 为整型变量*/
short int si;                 /*定义 si 为短整型变量*/
unsigned int ui, uj;          /*定义 ui、uj 为无符号整型变量*/
double score, average;        /*定义 score、average 为双精度型变量*/
```

特别值得注意的是：

(1) 分号是语句的组成部分，C 程序的任何语句都是以分号结束的；

(2) 在函数或复合语句中必须把需要定义的变量全部定义，ANSI C 要求在所有的执行语句前必须把用到的所有变量先定义。

3. 类型修饰符

除了空类型外，基本数据类型可以带有各种修饰前缀以进行数据的扩展。修饰符明确了基本数据类型的含义，以准确地适应不同情况下的要求。类型修饰符有如下 4 种形式：

signed(有符号)、unsigned(无符号)、long(长)、short(短)。

4. 变量的初始化

在定义变量的同时给它赋予一个初值的过程叫作变量的初始化。它的一般形式是

[类型修饰符] 数据类型 变量名 1=常量 1[，变量名 2 = 常量 2，…]；

例如：

```
#include "stdio.h"
void main()
{
        unsigned char ch='x';          /*赋予字符变量 ch 初值为字符 x*/
        int ia=1, ib=1, ic=1;          /* 赋予整型变量 ia、ib、ic 初值为 1*/
        float fx=13.14;                /*赋予变量 fx 初值为 13.14*/
        …                              /*执行语句*/
}
```

案例二　指针变量的定义与使用

1. 问题描述

设计程序实现变量与指针指向变量的值的比较，并通过指针间接访问变量，观察指针的地址和指针的值和指针指向的变量的值。

2. 问题分析

注意掌握变量与指针的定义方法，变量与指向变量的值的比较，区分指针的地址和指针的值及指针指向的变量的值，掌握通过指针间接访问变量的方法。

3. C 语言代码

```
/*本程序实现变量与指向变量的指针的比较，并通过指向变量的指针间接访问变量*/
#include "stdio.h"
void main()
{
      int x, y, *Pint;            /*Pint 是指向整型变量的指针*/
      printf("x 的地址=%x，x 的值=%d，Pint 的地址=%x，Pint 的值=%x\n", &x, x, &Pint, Pint);
      x=10; Pint=&x;              /*Pint 指向整型变量 x*/
      printf("x 的地址=%x，x 的值=%d，Pint 的地址=%x，Pint 的值=%x，Pint 指向的值=%d\n", &x,
```

```
x, &Pint, Pint, *Pint);
        x=x+1;            /*Pint 指向整型变量 x，它的值是的 x 地址，Pint 指向的值是 x 的值*/
        printf("x 的地址=%x, x 的值=%d, Pint 的地址=%x, Pint 的值=%x, Pint 指向的值=%d\n", &x, x,
&Pint, Pint, *Pint);
        y=100;
        printf("y 的地址=%x， y 的值=%d\n", &y, y);
        Pint=&y;*Pint=100+1;  /*Pint 指向整型变量 y，通过 Pint 间接访问 y*/
        printf("y 的地址=%x，y 的值=%d，Pint 的地址=%x，Pint 的值=%x，Pint 指向的值=%d\n", &y,
y, &Pint, Pint, *Pint);
    }
```

4. 程序运行结果

```
x 的地址=12ff7c，x 的值=-858993460，Pint 的地址=12ff74，Pint 的值=cccccccc
x 的地址=12ff7c，x 的值=10，Pint 的地址=12ff74，Pint 的值=12ff7c，Pint 指向的值=10
x 的地址=12ff7c，x 的值=11，Pint 的地址=12ff74，Pint 的值=12ff7c，Pint 指向的值=11
y 的地址=12ff78，y 的值=100
y 的地址=12ff78，y 的值=101，Pint 的地址=12ff74，Pint 的值=12ff78，Pint 指向的值=101
```

2.4 指针类型

指针是 C 语言的特色之一，是 C 语言中一种重要的数据类型。正确灵活运用指针，可以使程序编写简洁、紧凑、高效。利用指针变量可以有效表示各种复杂的数据结构，如队列(Queue)、栈(Stack)、链表(Linked Table)、树(Tree)、图(Graph)等等，并提高数据传输效率。另外，指针使用不当会引起很多错误，因此，熟练掌握和正确使用指针对一个成功的 C 语言程序设计人员来说是十分重要的。

2.4.1 指针的概念

1. 变量的地址与变量的内容

在计算机中，所有的数据都是以二进制形式存放在内存储器(简称内存)中的。一般把内存中的一个字节称为一个内存单元，不同的数据类型所占用的内存单元数不等。为了正确地访问这些内存单元，必须为每个内存单元编号。根据一个内存单元的编号(编号采用十六进制的整数表示)即可准确地找到该内存单元所在位置，把该内存单元的编号叫作内存地址。

C 语言中的每个变量在内存中都要占有一定字节数的存储单元，C 编译系统在对程序编译时会自动根据程序中定义的变量类型在内存中为其分配相应字节数的存储空间，用来存放变量的数值。把变量在内存单元中存放的数据称为变量的内容(Content)，而把存放该数据所占的存储单元的首字节的编号称为变量的地址(Address)，也称为变量的指针。各种类型的数据在计算机内存中的存储形式如图 2.4 所示。

当编译系统读到说明语句“short a=8;”时，则给变量 a 分配两个字节(即两个存储单元)的内存空间，假设它们的字节编号是 0x6000 和 0x6001，则变量 a 的地址是 0x6000。

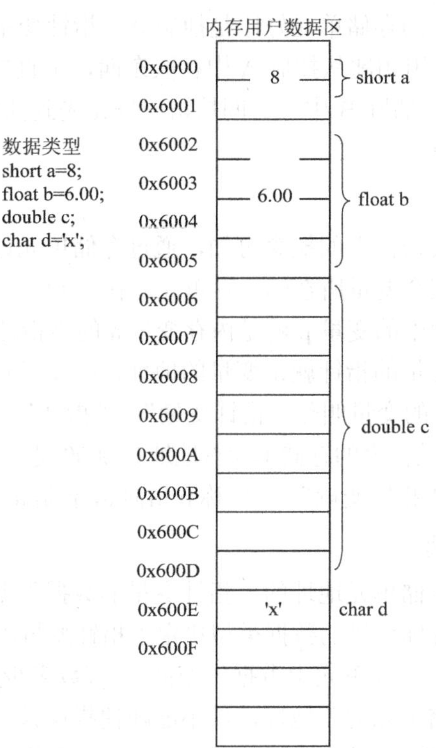

图 2.4　各种类型的数据在计算机内存中的存储形式

同样地，说明语句“float b=6.00;”被分配到的内存地址是 0x6002 到 0x6005(占四个字节单元)；“double c;”被分配到的内存地址是 0x6006 到 0x600D(占八个字节单元，注意地址编号用十六进制整数)；“char d='x';”分配的内存地址是 0x600E(占一个字节单元)。

特别注意，变量 a、b、d 在分配内存单元的同时也赋予了相应的初始值数据，而变量 c 只是定义了双精度实数类型，没有给变量赋予初值，编译系统仅为该变量分配了对应的八个字节的内存空间，等待在程序运行过程中存放数据。

2. 直接访问(寻址)与间接访问(寻址)

程序中欲对变量进行操作时，可以直接通过变量地址对其存储单元进行存取操作，把这种按变量地址存取变量值的方式称为“直接访问(寻址)”(也就是通过变量的名字访问变量)方式。只需要使用变量名就可以直接引用该变量在存储单元中的内容。

例如，对于图 2.4 中的变量定义语句：

```
short  a=8;
```

已知编译程序为变量 a 分配了地址从 0x6000 到 0x6001 的两个字节存储单元并被赋予初值 8，变量名 a 的存储单元首地址是 0x6000，那么 a 就代表变量的内容 8。

如果将变量 a 的内存地址存放在另一个变量 p 中，为了访问变量 a，就必须通过先访问变量 p 获得变量 a 的内存首地址 0x6000 后，即经过变量 p“中介”，再到相应的地址中去访问变量 a 并得到 a 的值。把这种间接地得到变量 a 的值的方法称为“间接访问(寻址)”方式，这个专门用来存放内存地址数据的“中介变量 p”就是下面要介绍的指针类型变量，简称为指针变量。

形象地讲，变量 a 所占的存储单元好比是抽屉 A，指针变量 p 所占的存储单元好比是抽屉 B，一种情况是直接使用钥匙从抽屉 A 中存取东西，是直接访问；而另外一种情况是事先把抽屉 A 的钥匙存放在抽屉 B 中，而间接访问好比先到抽屉 B 取得抽屉 A 的钥匙，然后才能打开抽屉 A 存取东西。

3. 指针和指针变量

通过对内存单元“间接访问”的概念可知，通过存储单元地址可以找到所需要的变量单元，即该地址“指向”某个变量所在的内存单元。在 C 语言中，将一个变量的地址称为该变量的“指针”，如上例中的变量 p 就是内存变量 a 的“指针变量”。

“指针”就是地址，变量的指针就是变量的地址，把变量首字节的编号称为变量的地址。存放着其他变量的地址的变量叫作“指针变量”。“指针”和“指针变量”实际上是不同的两个概念。存放变量 a 的内容的存储单元首地址 0x6000 是变量 a 的“指针”，而存放变量 a“指针”的变量 p 叫作“指针变量”，这样称 p 指向 a，p 是 a 的指针，a 是 p 的目标变量。

4. 指针变量的数据类型

指针变量是用来存放存储单元地址的，指针变量的数据类型是它所指向的目标变量的数据类型。因此可以说，目标变量的数据类型决定了指针变量的数据类型。

由于各种类型的数据在内存单元中占据的空间(字节数多少)是不同的，所以指针变量只能是指向某个变量的存储单元的首地址，而不能随便指向该空间的其他地址。例如针对上述语句“short a=8;”的指针变量 p 必须指向变量 a 的内容所在单元的首地址 0x6000。因为当一个指针变量运算时，如执行“p++;”之后，指针变量 p 的值就成了 0x6002，已经指向另一个地址单元了。所以，一个指针变量 + 1 运算后，它会一次性跳过所指向的目标变量的类型所占用内存的全部单元，这个“步长”根据数据类型是可变的，如在 Visual Studio 2010 环境下，针对字符型为 1，短整型为 2，单精度型为 4，双精度型为 8；指针 + 1，所指向地址变大，反之，指针 -1，所指向地址变小。而针对数组、结构型等变量，其步长跟数组元素的大小、长度以及结构体类型变量所占据空间大小有关，这一部分内容将在后续章节讲解。

5. 使用指针变量必须注意的原则

由于指针变量使用上的灵活多样，使用不当时会极易出错，严重时会造成程序的错误甚至瘫痪。因此，使用指针必须注意如下原则：

(1) 指针变量使用前必须确定明确指向，否则会带来安全性问题；

(2) 一种类型的指针变量只能用来指向同一数据类型的目标变量，而且必须指向目标变量所在存储单元空间的首地址，否则会导致编译错误和逻辑错误；

(3) 指针变量指向数组元素时，要注意防止指针指向的元素下标越界；

(4) 分析程序时要特别注意指针变量当前的值，尤其是在指针变量运算后的当前值。

2.4.2　指针变量的定义

指针变量的使用也必须遵守“先定义、后使用”的原则。

1. 指针变量的定义方法

指针变量定义的一般形式为

[类型修饰符] 数据类型　*变量名列表；

例如：

```
int a, b;
int *pa, *pb;
```

定义了两个整型变量 a、b 和两个指针变量 pa、pb，pa、pb 是指向整型变量的指针变量。

可以分别使一个指针变量指向一个整型变量，如下：

```
pa=&a;
pb=&b;
```

指针变量名也是用标识符来命名的，这和变量命名规则相同。

说明：

(1) 变量名前的*号表示该变量为指针变量，以上定义的 pa 和 pb 是指针变量，而不是说*pa 和*pb 是指针变量，但是在使用指针变量时，加在指针变量前的*号是取值运算符号。

(2) 指针变量的类型绝不是指针变量本身的类型，不管是整型、实型还是字符型指针变量，它们都是用来存放地址(整数类型)的，所以指针变量都占用基本整型数所需字节数，这里所说的类型是指它用来指向的目标变量的数据类型。一个类型的指针变量只能用来指向所定义的数据类型的目标变量，例如一个整型指针变量只能指向整型变量而不能指向其他类型的变量。也就是说，只有同一类型变量的地址才能够存放到指向该类型变量的指针变量中。任何指针在内存里面存放的是整数(地址用十六进制整数)，指针本身需要的存储空间就是基本整数所需的空间，在 Visual Studio 2010 环境下就是 4 个字节。例如：

```
int *p;
char *str;
float *q;
```

其中，p 是指向整型数据的指针变量；str 是指向字符型数据的指针变量；q 是指向实型数据的指针变量。

(3) 同一存储属性和同一数据类型的变量、数组、指针等可以在一行中定义。

2. 指针变量的初始化

给指针变量赋予数值的过程称为指针变量初始化。指针变量在定义的同时也可以进行初始化。例如：

```
int *p=&a;
```

说明：

(1) “*”只表示其后面跟的标识符是个指针变量，“&”表示取地址符，取出变量的地址给该指针变量赋值。

(2) 把一个变量的地址作为初始值赋予指针变量时，该变量必须在此之前已经被定义过。因为变量只有在定义后才被分配存储单元。

(3) 指针变量定义时的数据类型必须和它所指向的目标变量的数据类型一致。

(4) 可以用初始化了的指针变量给另一个指针变量进行初始化赋值。例如：

```
int x;
int *p=&x;
```

```
int *q=p;
```

其中用已经赋值的指针变量 p 给另一个指针变量 q 赋值。

(5) 不能用数值作为指针变量的初值，但可以将一个指针变量初始化为一个空指针。例如：

```
int *p=2000;    /*非法*/
int *p=0;       /*合法，将指针变量 p 初始化为空指针，0 代表空指针*/
```

3. 指针变量的引用

关于对指针变量的引用，我们通过上述已经出现的两个有关的运算符进行说明。

(1) *：称为指针取内容运算符或称为“间接访问内存地址”运算符，只能对指针进行运算；在定义时，通过它主要标明某个变量被定义为指针变量，在使用时，*p 则表示 p 所指向的变量的值。

(2) &：称为取地址运算符，我们通过它获得目标变量所在存储单元的首字节地址。

例如：*p 为变量 p 为指针类型；&a 为变量 a 的地址，p=&a 表示把变量 a 的地址赋给了指针变量 p。

例 2.3　指针变量的引用。示例代码如下：

```
#include<stdio.h>
main()
{   int a, b;
    int *pa, *pb;
    a=99;
    b=66;
    pa=&a;                          /*把变量 a 的地址赋给指针变量 pa*/
    pb=&b;                          /*把变量 b 的地址赋给指针变量 pb*/
    printf("%d, %d\n", a, b);       /*直接访问变量 a 和变量 b*/
    printf("%d, %d\n", *pa, *pb);   /*间接访问变量 a 和变量 b*/
}
```

程序运行结果如下：

```
99, 66
99, 66
```

案例三　运算符和表达式的使用

1. 问题描述

设计程序实现常见运算符的使用。

2. 问题分析

通过本例观察常见运算符的意义、运算规则、优先级、使用方法。

3. C 语言代码

```
/*本程序实现常见运算符的使用*/
```

```
#include "stdio.h"
void main()
{
    int x, y, z, k, j, max;                          /*定义整型变量*/
    x=y=z=3;                                         /*连续赋值 */
    printf("x=%d, y=%d, z=%d\n", x, y, z);
    k=x++; j=++z;                                    /*前置和后置++*/
    printf("x=%d, z=%d, k=%d, j=%d\n", x, z, k, j);
    printf("k++=%d, ++j=%d\n", k++, ++j);
    printf("k=%d, j=%d\n", k, j);
    x=3>1;                                           /*关系运算*/
    y=5<3;                                           /*关系运算*/
    max=x>y?x:y;                                     /*条件运算*/
    printf("x=%d, y=%d, max=%d\n", x, y, max);
    x=(1, 3, 5); y=2.5; z=10/3; k=-10%3; j=10%-3;    /*逗号运算符，赋值转换、整除运算、求余运算*/
    printf("x=%d, y=%d, z=%d, j=%d, k=%d\n", x, y, z, j, k);
    x=1&&0; y=2||(z=2);                              /*逻辑运算，逻辑短路*/
    printf("x=%d, y=%d, z=%d\n", x, y, z);
    x=!5;y*=7%4; z=!0;                               /*逻辑非运算，复合赋值运算*/
    printf("x=%d, y=%d, z=%d\n", x, y, z);
    x=1;x<<=2; y=5; y>>=1;                           /*移位运算*/
    printf("x=%d, y=%d\n", x, y, z);
}
```

4. 程序运行结果

```
x=3, y=3, z=3
x=4, z=4, k=3, j=4
k++=3, ++j=5
k=4, j=5
x=1, y=0, max=1
x=5, y=2, z=3, j=1, k=-1
x=0, y=1, z=3
x=0, y=3, z=1
x=4, y=2
```

2.5　运算符和表达式

C 语言的表达式是由运算符和括号将操作数(常量、变量、函数调用)连接起来的符合 C 语言语法的式子，操作数描述数据的状态信息，运算符限定了建立在操作数之上的处理动

作及运算次序，括号通常用来改变固有的运算次序。简单的运算符表达式对应着程序设计语言中的一条指令。在表达式后加一个分号“；”就构成表达式语句。

2.5.1　运算符和表达式概述

1. 运算符

运算符，也称操作符，是一种表示对数据进行某种运算处理的符号。C 语言编译器通过识别这些运算符，完成各种算术运算、逻辑运算、位运算等。在 C 语言中，除了输入、输出以及程序流程控制操作以外的所有基本操作都作为运算处理。如：赋值运算符“=”、逗号运算符“,”、括号运算符“()”等。参加运算的数据就称为操作数。

C 语言的运算符按所完成的运算操作性质可以分为算术运算符、关系运算符、逻辑运算符、赋值运算符和其他运算符五类；按参与运算的操作数又可以分为单目运算符、双目运算符与三目运算符。归纳起来 C 语言的运算符主要有以下几大类：

(1) 算术运算符，有：　+、–、*、/、%、++、--。

(2) 关系运算符，有：　<、<=、==、!=、>、>=。

(3) 逻辑运算符，有：　!、&&、||。

(4) 位运算符，有：　<<、>>、~、|、^、&。

(5) 赋值运算符，有：　=、+=、–=、*=、/=、%=。

(6) 条件运算符，有：　？：。

(7) 逗号运算符，有：　,。

(8) 指针运算符，有：　*、&。

(9) 求字节数运算符，有：sizeof。

(10) 强制类型转换运算符，有：(类型)。

(11) 其他运算符有：、→、()、[ ] 等。

运算符具有优先级和结合性。运算符的优先级是指运算符执行的先后顺序。第 1 级优先级最高，第 15 级优先级最低。表达式求值按运算符的优先级别从高到低的顺序进行，通过圆括号运算可改变运算的优先顺序。运算符的结合性是指当一个操作数左右都有同一级别的运算符时，先算左边的还是先算右边的。左结合性就是指先与左边运算符运算，右结合性就是指先与右边运算符运算。例如：一个指针 p，有 *p++ 运算时，* 和 ++ 都是二级运算符，都是右结合性，则表达式相当于 *(p++)，也就是 p++ 先运算，再进行 * 运算(指针的取内容运算)。当一个操作数两侧有两个运算符时，先进行优先级高的运算，再进行优先级低的运算。表 2.5 按运算的优先级(从高到低)列出了 C 语言所有的操作符以及特性。

表 2.5　运算符优先级和结合性

优先级	运算符	名　　称	操作数个数	结合规则
1	( ) [ ] -> .	圆括号运算符 数组下标运算符 指向结构指针成员运算符 取结构成员运算符		从左至右

续表

优先级	运算符	名　称	操作数个数	结合规则
2	! ～ ++ -- – (类型) * & sizeof	逻辑非运算符 按位取反运算符 自增运算符 自减运算符 负号运算符 强制类型转换运算符 取地址的内容(指针运算)运算符 取地址运算符 求字节数运算符	1 (单目运算符)	从右至左
3	* / %	乘法运算符 除法运算符 求余运算符	2 (双目运算符)	从左至右
4	+ –	加法运算符 减法运算符	2 (双目运算符)	从左至右
5	<< >>	左移运算符 右移运算符	2 (双目运算符)	从左至右
6	< <= > >=	小于运算符 小于等于运算符 大于运算符 大于等于运算符	2 (双目运算符)	从左至右
7	== !=	等于运算符 不等于运算符	2 (双目运算符)	从左至右
8	&	按位“与”运算符	2 (双目运算符)	从左至右
9	^	按位“异或”运算符	2 (双目运算符)	从左至右
10	|	按位“或”运算符	2 (双目运算符)	从左至右
11	&&	逻辑“与”运算符	2 (双目运算符)	从左至右
12	||	逻辑“或”运算符	2 (双目运算符)	从左至右
13	?:	条件运算符	3 (三目运算符)	从右至左
14	=　+=　–=　*=　/= %=　>>=　<<=　&= ^=　|=	赋值运算符	2 (双目运算符)	从右至左
15	,	逗号运算符(顺序求值运算符)		从左至右

2. 表达式的组成

表达式是描述运算过程并且符合 C 语法规则的式子，用以描述对数据的基本操作，是程序设计中描述算法的基础。表达式由运算符和操作数组成，操作数是运算符的操作对象，可以是常量、变量、函数和表达式。例如：a*b-10/c+'d' 就是一个合法的 C 语言表达式。

3. 表达式的书写

C 语言的表达式虽然源于数学表达式，是数学表达式在计算机中的表示，但是限于计算机识别文字符号的特殊性，将数学表达式在计算机世界中表示出来需要严格遵循 C 语言表达式书写的原则。

(1) C 语言的表达式采用线性形式书写。

例如：数学表达式 $\frac{1}{8}-i+j^4$ 应该写成 1/8.0-i+j*j*j*j。

(2) C 语言的表达式只能使用 C 语言中合法的运算符和操作数，对于有些操作，必须调用 C 语言提供的标准库函数来完成，而且运算符不能省略。

例如：$2\pi r$ 应该写成 2*3.14159*r；$\sqrt{b^2-4ac}$ 应该写成 sqrt(b*b-4*a*c)；$|z-y|$ 应该写成 fabs(z-y)，其中变量 y 和 z 是 double 型变量；2sinx cosy 应该写成 2*sin(x)*cos(y)。

4. 表达式的分类

C 语言表达式的种类很多，有多种分类方法。一般根据运算的特征将表达式分为：算术表达式、关系表达式、逻辑表达式、赋值表达式、条件表达式、逗号表达式等。下面分别学习各种类型的运算符及表达式。

2.5.2 算术运算符和算术表达式

1. 算术运算符

C 语言中的算术运算符包括基本算术运算符和自增自减运算符。

1) 基本算术运算符

基本算术运算符包括双目的“+”“-”“*”“/”四则运算符和“%”运算符，以及单目的“-”负号运算符。基本算术运算符列表见表 2.5。

说明：

① 基本算术运算符的意义与数学中相应符号的意义是一致的。它们之间的相对优先级关系与数学中也是一致的，即先乘除、后加减，同级运算自左至右进行。

② 两个整数相除的结果仍为整数，自动舍去小数部分的值。若其中一个操作数为实数，则整数与实数运算的结果为 double 型。例如，1/4 与 1.0/4 的运算结果是不同的，1/4 的结果值为整数 0，而 1.0/4 的结果值为实型数 0.25。

③ 运算符“-”除了用作减法运算符之外，还有另一种用法，即用作负号运算符。用作负号运算符时只要一个操作数，其运算结果是取操作数的负值。如 -(3+5)的结果是 -8。

④ 求余运算也称求模运算，即求两个数相除之后的余数。求模运算要求两个操作数只能是整数，如 5.8%2 或 5%2.0 都是不正确的。其中，运算符左侧的操作数为被除数，右侧的操作数为除数(除数不能为 0)，运算结果为整除后的余数，余数的符号与被除数的符号相

同。例如：

12%5=2，12%(−5)=2，(−12)%5=−2。

2) 自增"++"、自减"--"运算符

C 语言有两个自增和自减运算符，分别是"++"和"--"。

① 自增运算符的一般形式为：++。

自增运算符是单目运算符，操作数只能是整型变量，有前置、后置两种方式：

前置：++i，在计算表达式 ++i 的值之前，先使 i 的值增加 1，加 1 后的 i 的值作为表达式的值，先增后用。

后置：i++，先使用 i 的值作为表达式 i++ 的值，然后使 i 的值增加 1，先用后增。这里有一个概念区别：表达式的值和变量 i 的值，两者不是一回事。

例如：

i=2019；　/*为变量 i 赋予初始值 2019*/

j=++i；　/* 先将 i 的值增 1，变为 2020，后作为 ++i 的值。j 的值也为 2020*/

i=2019；j=i++；　/* 先使用 i 的值 2019 作为表达式 i++ 的值，j 的值为表达式 i++ 的值 2019，后增 1，使 i 的值变为 2020 */

自增运算符优先级处于第 2 级，结合自右向左。

② 自减运算符的一般形式为：--。

自减运算符与自增运算符一样也是单目运算符，操作数也只能是整型变量，同样有前置、后置两种方式：

前置：--i，在使用 i 之前，先使 i 的值减 1，先减后用。

后置：i--，先使用 i 的值，然后使 i 的值减 1，先用后减。

例如：

i=2019；

j=--i；/* 先将 i 的值减 1，变为 2018，后将 i 的值作为 --i 的值。j 的值也为 2018 */

i=2019；j=i--；/* 先使用 i 的值 2019 作为表达式 i--的值，j 的值也为 2019，后将 i 减 1，使 i 的值变为 2018 */

自减运算符和自增运算符一样，优先级也处于第 2 级，结合性自右向左。

说明：

① 自增、自减运算符只能用于整型变量，而不能用于常量或表达式。

② 自增、自减运算比等价的赋值语句生成的目标代码更高效。

③ 该运算常用于循环语句中，使循环控制变量自动加、减 1，或用于指针变量，使指针指向下递增或向上递减一个地址。

例 2.4　自增自减运算的应用。

```
#include "stdio.h"
main()
{
  int i, j;
  i=j=3;
  printf ("i++=%d, j--=%d\n", i++, j--);
```

```
        printf ("++i=%d, --j=%d\n", ++i, --j);
        printf ("i++=%d, j--=%d\n", i++, j--);
        printf ("++i=%d, --j=%d\n", ++i, --j);
        printf ("i=%d, j=%d\n", i, j);
    }
```

程序运行结果如下：

```
i++=3, j--=3
++i=5, --j=1
i++=5, j--=1
++i=7, --j=-1
i=7, j=-1
```

2. 算术表达式

算术表达式由算术运算符和操作数组成，相当于数学中的计算公式。算术表达式可以出现在任何值出现的地方，如 a+3*b−4、18/6*(2.5+5)−'c' 等。算术表达式和其他高级语言没有什么区别，这里不再重述了。

2.5.3 关系运算符和关系表达式

关系运算实际上就是将两个值进行比较，根据两个值比较运算的结果给出一个逻辑值(即真假值)。C 语言没有专门提供逻辑类型，而是借用整型、字符型和实型来描述逻辑值，逻辑数据真为 1，逻辑数据假为 0；但在实际中判断一个量是否为“真”时，以 0 代表“假”，以非 0 代表“真”。

1. 关系运算符及其优先次序

C 语言提供了 6 种关系运算符，即“<”“<=”“>”“>=”“==”和“!=”。关系运算符列表见表 2.5。

2. 关系表达式

用关系运算符将两个表达式(可以是算术表达式，关系表达式，逻辑表达式，赋值表达式或者字符表达式等)连接起来的式子，称为关系表达式。关系表达式是逻辑表达式中的一种特殊情况，由关系运算符和操作数组成，关系运算完成两个操作数的比较运算。例如：a/2+3>b、(a=4)>(b=6)、'a' < 'b'、(a==b)<(b<=c)等都是关系表达式。

关系表达式的结果只能有真(true)和假(false)两种可能性。在 C 语言中，true 是不为 0 的任何值，表示其逻辑值为“真”；而 false 是 0，表示其逻辑值为“假”。

例如：若 a=5，b=3，c=1，则

a>b	表达式的值为 1，即代表其逻辑值为“真”
(a>b)==c	表达式的值为 1，即代表其逻辑值为“真”
b+c>a	表达式的值为 0，即代表其逻辑值为“假”
d=a>b	表达式的值为 1，即代表其逻辑值为“真”
f=a>b>c	表达式的值为 0，即代表其逻辑值为“假”

注意：

① 由于关系运算符的结果不是 0 就是 1，因此它们的值也可作为算术值处理。

② 注意与数学式子的区别。

例如：int a=5, b=3, c=2；数学上 a>b>c 成立，但 C 语言的表达式 a>b>c 却不成立，其结果为 0，而不是 1。要写成 a>b&&b>c，结果才是 1。

③ 应避免对实数作相等或不等的判断。

例如：1.0/3.0*3.0==1.0 的结果为 0，可改写为：fabs(1.0/3.0*3.0−1.0)<1e−6。

④ 不能将关系运算符“==”与赋值运算符“=”混为一谈。

2.5.4　逻辑运算符和逻辑表达式

逻辑运算实际上也是比较运算，这种运算将两个操作数的逻辑值进行比较，根据两个逻辑值的运算结果得出一个逻辑值(也是真假值)。

1. 逻辑运算符及其优先次序

C 语言提供了 3 种逻辑运算符，即逻辑非“!”、逻辑与“&&”和逻辑或“||”。逻辑运算符列表见表 2.5。

2. 逻辑表达式

用逻辑运算符将表达式连接起来的式子就是逻辑表达式。逻辑表达式由逻辑运算符和关系表达式或逻辑量组成，逻辑表达式用于程序设计中的条件描述。例如，!a、a+3 && b、x || y、(i>3)&&(j=4)等都是逻辑表达式。

逻辑表达式的结果只能有真(true)和假(false)两种可能性。逻辑运算真值表可参看表 2.6。

例如，对于 a=4，b=5，有：

① !a 表达式的值为 0，即代表其逻辑值为“假”。

② a&&b 表达式的值为 1，即代表其逻辑值为“真”。

③ a || b 表达式的值为 1，即代表其逻辑值为“真”。

④ !a|| b 表达式的值为 1，即代表其逻辑值为“真”。

⑤ 4&&0||2 表达式的值为 1，即代表其逻辑值为“真”。

表 2.6　逻辑运算真值表

a	b	a&&b	a||b	!a	!b
0	0	0	0	1	1
0	非0	0	1	1	0
非0	0	0	1	0	1
非0	非0	1	1	0	0

注意：在计算逻辑表达式时，&&和 || 是一种短路运算。所谓短路运算，是指在计算的过程中，只要表达式的值能确定，便不再计算下去。如逻辑与运算到某个操作数为假，可确定表达式的值为假时，剩余的操作数就不再继续考虑；逻辑或运算到某个操作数为真，可确定表达式的值为真时，剩余的操作数也不再需要考虑。例如：

① 对 e1&&e2，若 e1 为 0，可确定表达式的值为逻辑 0，便不再计算 e2。

② 对 e1||e2，若 e1 为真，则可确定表达式的值为真，也不再计算 e2。

③ 假设有 a=1，b=2，c=3，d=4，m=1，n=1，则表达式(m=a>b)&&(n=c>d)的结果为：m=0，n=1。

2.5.5 条件运算符和条件表达式

1. 条件运算符

(1) 条件运算符用在条件表达式中，能用来代替某些 if-else 形式的语句功能。在 C 语言中，它是一个功能强大、使用灵巧的运算符。

(2) 条件运算符由“？”和“：”联合组成，是唯一一个三目运算符。其一般形式如下：

表达式 1 ？ 表达式 2 ：表达式 3

条件运算符的运算规则是，先计算表达式 1 的值，如果表达式 1 的值为真(非零)，则计算表达式 2 的值，并将它作为整个表达式的值；如果表达式 1 的值为假(零)，则计算表达式 3 的值，并把它作为整个表达式的值。即如果表达式 1 为真，则条件表达式取表达式 2 的值，否则取表达式 3 的值。例如：max=(a>b)？a：b;。如果 a>b 成立的话，max 取 a 的值，否则就取 b 的值。

条件表达式列表见表 2.5。

说明：

① 条件运算符优先级是 13 级。

② 条件运算符是右结合性。例如：a>b？a：c>d？c：d 等价于 a>b？a：(c>d？c：d)。如果 a=1，b=2，c=3，d=4，则条件表达式的值为 4。

③ 表达式 1、2、3 可以是任意类型。

2. 条件表达式

条件表达式由条件运算符和操作数组成，用以将条件语句以表达式的形式出现，完成选择判断处理。它简化了条件判断语句的构造。例如：

条件语句：max=(a>b)？a：b；用 if 语句来写就是

```
if(a>b)
    max=a;
else
    max=b;
```

例 2.5 条件表达式的应用——判断整数的正负。

```
#include "stdio.h"
void main()
{
  int x;
  scanf("%d", &x);
  x>0?printf("%s", "正数"):printf("%s", "非正数");
}
```

2.5.6　逗号运算符和逗号表达式

1. 逗号运算符

逗号运算符又称为顺序求值运算符。逗号运算符只能用于逗号表达式中，其一般形式如下：

表达式 1, 表达式 2, …, 表达式 n

逗号运算符结合性是从左向右；优先级为 15，在所有运算符中最低。逗号运算符列表见表 2.5。

2. 逗号表达式

逗号表达式由逗号运算符和操作数组成，用以将多个表达式连接成一个表达式，也就是将要计算的一些表达式放在一起，用逗号分隔，并以最后一个表达式的值作为整个表达式的最终结果值。

计算时顺序求解表达式 1、表达式 2 直至表达式 n，整个逗号表达式的值等于表达式 n 的值。

例如：逗号表达式“x=a=3, 6*x, 6*a, a+x”的值为 6。

逗号表达式在使用时应注意：

① 圆括号在逗号表达式中的应用有特定含义。例如：下面两个表达式是不相同的：

```
x=(a=3, 6*3)
x=a=3, 6*3
```

前一个是赋值表达式，将逗号表达式的值赋给变量 x，x 的值等于 18；后一个是逗号表达式，它包含一个赋值表达式和一个算术表达式，x 的值是 3，整个表达式的值是 18。

② 逗号表达式可以嵌套。例如：整个表达式“(a=3*5, a*4), a+5”的值为 20。

③ 逗号表达式通常用在循环结构的 for 语句中。

2.5.7　赋值运算符和赋值表达式

赋值运算在程序设计中应用十分频繁，所有的计算都是通过赋值表达式来完成的。

1. 赋值运算符

赋值运算符的一般形式为：=。

赋值运算符用在赋值表达式中，其作用是计算“=”右边表达式的值并存入“=”左边的变量中。

赋值运算符列表见表 2.5。

2. 赋值表达式

赋值表达式由赋值运算符和操作数组成。

赋值表达式的一般形式如下：

<变量名>=<表达式>

赋值运算符的右边是表达式，此表达式可以是常量、变量或具有确定值的数据；左边可以是变量或数组元素。赋值表达式的值等于赋值后右侧变量的值。

赋值表达式的末尾加上分号就是赋值语句。如 i=5；或 j=k+4；就是赋值语句。

3. 复合赋值运算符

(1) 在基本赋值运算符“=”之前加上任一双目算术运算符及位运算符可构成赋值运算符，又称带运算的赋值运算符。

(2) 复合赋值运算符的分类：算术复合赋值运算符有5种，分别为+=、−=、*=、/=、%=；位复合赋值运算符有5种，分别为<<=、>>=、&=、^=、|=。

复合赋值运算符的优先级和结合性同赋值运算符：优先级为14级，结合性从右至左。

4. 复合赋值表达式

复合赋值表达式是由复合赋值运算符将一个变量和一个表达式连接起来的式子。复合赋值运算表达式的一般形式如下：

变量☆=表达式

等价于：

变量=变量☆表达式

其中，☆号代表任一双目算术运算符或位运算符。例如：

① int a=5;

a+=3 等价于 a=a+3，运算结果为 a=8。

② float x=1.2, y=2.3;

y*=x+2.8 等价于 y=y*(x+2.8)，运算结果为 y=9.2。

③ int a=1, b=2;

b/=a+=1 等价于 b=b/(a=a+1), 运算结果为 b=1。

引入复合赋值运算符的目的一是为了简化程序，使程序精炼，二是为了提高编译效率。

例 2.6　赋值运算应用实例。

```
#include "stdio.h"
void main()
{   int i, j;
    float x, y;
    i=j=1;
    x=y=1.1;
    printf ("i=%d, j=%d\n", i, j);
    x=i+j;
    y+=1;
    printf ("x=%4.2f,y=%4.2f\n", x, y);
}
```

程序运行结果如下：

```
i=1, j=1
x=2.00, y=2.10
```

2.5.8　位运算符和位运算表达式

为了接近汇编语言、接近计算机的硬件、编写系统软件，C 语言提供了位运算符和位运算表达式解决二进制数的运算。位运算表达式实际上是一种特殊的算术表达式，位运算仅用于整型数据。

1. 位运算符

位运算符包括位逻辑运算符 4 种：&、|、^、~；位移位运算符 2 种：<<、>>。其具体含义、优先级及结合性见表 2.5。

2. 位运算表达式

位运算表达式由位运算符和操作数组成，对整型数据内部的二进制位进行按位操作。

1) 位逻辑运算

① 按位取反运算～。按位取反运算用来对一个二进制数按位求反，即 1 变为 0，0 变为 1。

假设机器字长为 8 位，对十进制整数 7 进行按位取反运算，7 的二进制数是 00000111(0x07)，按位取反操作后得到的结果是 11111000(0xf8)。同理，~1 的结果是只有最低位为 0 的整数，即 0xfe。

~ 运算还常用于加密子程序。例如，对文件加密时，一种简单的方法就是对每个字节按位取反。例如：

初始字节内容　　00000101
一次取反后为　　11111010
二次取反后为　　00000101

在上述操作中，经连续两次求反后，又恢复了原始初值，因此，第一次求反可用于加密，第二次求反可用于解密。

② 按位与运算&。按位与运算的规则是当两个操作数的对应位都是 1 时，该位的运算结果为 1，否则为 0。

如 0x2a&0x27 的运算，0x2a 与 0x27 的二进制表示为：00101010 与 00100111，按位与运算后的结果为：00100010，即 0x22。

按位与运算的主要用途是清零、指定取操作数的某些位或保留操作数的某些位。例如：

a&0 运算后，将使数 a 清 0。

a&0xF0 运算后，保留数 a 的高 4 位为原值，使低 4 位清 0。

a&0x0F 运算后，保留数 a 的低 4 位为原值，使高 4 位清 0。

③ 按位或运算 | 。按位或运算的规则是当两个操作数的对应位都是 0 时，该位的运算结果为 0，否则为 1。

如 0x2a|0x27 运算的结果为：00101111，即等于 0x2f。

利用或运算的功能可以将操作数的部分位或所有位置为 1。例如：

a|0x0F 运算后，使操作数 a 的低 4 位全置 1，其余位保留原值。

a|0xFF 运算后，使操作数 a 的每一位全置 1。

④ 按位异或运算 ^ 。按位异或运算的规则是当两个操作数的对应位相同时，该位的运算结果为 0，否则为 1，也就是位相异为真，相同为假。

如 0x2a ^ 0x27 运算的结果为：00001101，即等于 0x0d。

利用 ^ 运算的功能可以将数的特定位翻转，保留原值，不用中间变量就可以交换两个

变量的值。例如：

a ^ 0x0F 运算后，将操作数 a 的低 4 位翻转，高 4 位不变。

a ^ 0x00 运算后，将保留操作数 a 的原值。

而实施位运算 a=a ^ b；b=b ^ a；a=a ^ b；后，不用中间变量，就可交换 a 和 b 的值。

2) 移位运算

① 向左移位运算。左移位运算符 <<。

左移位运算的左操作数是要进行移位的整数，右操作数是要移的位数。左移位运算的规则是将左操作数的高位左移后溢出并舍弃，空出的右边低位补 0。

如 14<<2 运算，14 的二进制表示为 00001110，左移 2 位的结果为 00111000，即等于 56。

可见，左移 1 位相当于该数乘以 2，左移 2 位相当于该数乘以 4(2^2)。使用左移位运算可以实现快速乘 2 运算。

② 向右移位运算。右移位运算符 >>。

右移位运算的左操作数是要进行移位的整数，右操作数是要移的位数。右移位运算规则是低位右移后被舍弃，空出的左边高位，对无符号数补入 0。对于带符号数，正数时空出的左边高位补入 0，负数时空出的左边高位补入其符号位的值(算术右移)。

如 15>>2 的运算，15 的二进制表示为 00001111，右移 2 位的结果为 00000011，即运算结果为 3；−15>>2 的运算，−15 的二进制表示为 11110001，右移 2 位的结果为 11111100，即运算结果为 −4。

右移 1 位相当于该数除以 2，右移 2 位相当于该数除以 4(2^2)。使用右移位运算可以实现快速除 2 运算。

例 2.7　取一个正整数 a(用二进制数表示)从右端开始的 4～7 位(最低位从 0 开始)。

分析：

(1) 先使 a 右移 4 位，目的是将要取出的各位移到右端：即 a>>4 的操作；

(2) 设一个低 4 位全为 1、其余的位全为 0 的数：即 ~(~0<<4)的操作；

(3) 将上二者进行与运算：即 a>>4&~(~0<<4)的操作。

程序如下：

```
/* 程序 2.7，取一个正整数 a 从右端开始的 4～7 位 */
#include "stdio.h"
void main()
{
    unsigned int a, b, c, d;
    scanf("%x", &a);  /*十六进制形式输入，四个字节的整数需要不小于 8 位的十六进制数*/
    b=a>>4;           /* a 右移四位 */
    c=~(~0<<4);       /* 得到一个低 4 位全为 1，其余位为 0 的数 */
    d=b&c;            /* 取 b 的 0～3 位，即得到 a 的 4～7 位 */
    printf("十六进制数 a=%x, a(4~7)=%x\n", a, d);
    printf("十进制数 a=%d\n", a);
}
```

程序运行结果如下：

```
9f2deff7
十六进制数 a=9f2deff7, a(4~7)=f
十进制数 a=-1624379401
```

2.5.9　其他运算表达式

其他运算主要介绍取地址运算&、求字节数运算 sizeof 及括号运算 ( ) 和 []，其具体含义、优先级及结合性见表 2.5。

1. 取地址运算符&

取地址运算可以得到变量的地址，其操作数只能是变量。C 语言程序设计中许多场合要使用到地址数据。如输入函数 scanf()，输入参数就要求是地址列表，其操作结果是将读入的数据送到变量对应的存储单元中。例如：

```
scanf("%d, %f", &a, &b);
```

其中，&a、&b 是地址列表，表示输入的数据分别放到 a 和 b 的地址中去。

2. 求字节数运算符 sizeof

求字节数运算的操作数可以是类型名，也可以是变量、表达式，运算后可以求得相应类型或数据所占的字节数，即它返回变量或类型所占有的字节长度。例如：

```
float f;
printf("%d", sizeof(f));        /*输出实型变量 f 所占的存储单元字节个数*/
printf("%d", sizeof(int));      /*输出整型类型所占的存储单元字节个数*/
```

不同的编译环境下，同样类型进行求字节数运算，其结果可能是不同的，如在 Turbo C2.0 环境下，输出结果为 4 和 2，而在 Visual Studio 2010 环境下，输出结果为 4 和 4。

使用 sizeof 的目的是增强程序的可移植性，使之不受计算机固有的数据类型长度的限制。sizeof 用于数据类型时，数据类型必须用圆括号括起来；用于变量时，可以不用圆括号括起来。例如：sizeof(int)；sizeof(f)与 sizeof f 等价。

3. 括号运算符()与下标运算符[]

在其他语言中，括号是某些语法成分的描述符，C 语言中将括号还作为运算符处理。

1) 圆括号运算符 ( )

圆括号运算一方面用来改变运算的优先级顺序，圆括号在运算符优先级内是最高优先级，另一方面可以用来强制进行数据类型转换。例如：

① (double)a 运算是将变量 a 的值强制改变为 double 类型。

② (int)(x+y) 运算是将(x+y)的值强制改变为整型。

③ (float)5/2 运算，本来 5/2 运算结果为 2，属于整型运算，经此强制类型转换后，使 5 变为 5.0，结果为 2.5，等价于：5.0/2。

2) 下标运算符 [ ]

下标运算符又称变址取内容运算符，主要用在数组和指针中，用于得到数组的分量下标对应的值和指针的变址取内容运算。详见有关数组内容章节的介绍。

2.5.10　表达式的类型转换

当不同类型的变量和常量在表达式中混合使用时，它们最终将转换为同一类型。最终类型是表达式中数据取值域最长的类型。C 语言提供了自动类型转换、强制类型转换和赋值表达式中的类型转换三种情况。

1. 自动类型转换

这种转换是编译系统自动进行的。自动类型转换遵循以下规则：

(1) 若参与运算量的类型不同，则先转换成同一类型，然后进行运算。

(2) 转换按数据长度增加的方向进行，以保证精度不降低。如 int 型和 long 型运算时，先把 int 型转成 long 型后再进行运算。

(3) 所有的浮点运算都是以双精度进行的，即使仅含 float 单精度量运算的表达式，也要先转换成 double 型，再作运算。

(4) char 型和 short 型参与运算时，必须先转换成 int 型。

总之，转换的顺序是由精度低的类型向精度高的类型转换，即转换次序是：

```
char->int->unsigned->long->float->double
```

例如，对于表达式 10+'A'+2.5-765.1234*'b'，计算机在执行的过程中从左向右扫描，运算次序为：

① 进行 10+'A'的运算，先将'A'转换成整数 65，计算结果为 75；

② 将 75 转换成 double 型，再与 2.5 相加，结果是 double 型；

③ 由于“*”比“-”优先，故先进行 765.1234*'b' 的运算，计算结果是 double 型；

④ 最后，将两部分的计算结果相减，结果为 double 型。

2. 强制类型转换

通过使用强制类型转换，可以把表达式的值强制转换为另一种特定的类型。其一般的形式如下：

(类型)表达式

其中，类型是 C 语言中的基本数据类型。例如：(float)x/2 取出 x 的值，转化为单精度型参与运算，但 x 维持原来的类型和值不变。

强制类型转换是单目运算符，它与其他单目运算符有相同的优先级。

注意：由于强制运算符的优先级比较高，所被强制部分要用圆括号括起来。另外，被强制改变类型的变量仅在本次运算中有效，其原来的数据类型在内存中保持不变。例如：

```
float x=2.8, y=3.5;
int a, b, c, d;
a=x/y; b=(int)x/y;
c=(int)(x/y); d=(int)(x)/(int)(y);
printf ("x=%f y=%f\n a=%d b=%d c=%d d=%d\n", x, y, a, b, c, d);
```

输出结果：

```
x=2.800000 y=3.500000
a=0 b=0 c=0 d=0
```

可见，x 和 y 只是在计算时被强制为整型，其本身的数据类型并没有被改变。强制类型(type)只是强制其跟随部分的表达式的值，即单个的变量或用圆括号括起来的部分。例如：

```
void main()
{    int i;
     for (i=1; i<=100; i++) printf ("%d/2 is %f", i, (float)i/2);
}
```

如果没有强制类型转换，程序只做整数除法，有了这种强制类型转换后，就可以将计算结果的小数部分也显示在屏幕上。

3. 赋值表达式中的类型转换

当赋值表达式的表达式类型如果和被赋值的变量的类型不一致时，则表达式的类型被自动转换为变量的类型之后再进行赋值。

如果将整数转换为字符或将长整数转换为整数，基本规则是将多出来的高位截去。因此，在进行类型转换时要注意以下几点：

(1) 短的数据转换为长的数据并不增加数据精度，只是改变存储形式；长的数据转换为短的数据可能会造成数据位丢失。

(2) 在将字符型值转换为整型或实型时，Turbo C 2.0 转换时将大于 127 的字符当作负数，而有的 C 编译程序总是把字符当作正数。使用时应该注意，可以加上修饰符，例如：unsigned char。表 2.7 给出了 Visual C 中长数据类型转换为短数据类型时的转换结果。

表 2.7　Visual C 中长数据类型转换为短数据类型时可能丢失的信息

目标变量类型	表达式类型	可能丢失的信息
char	unsigned char	若所赋的值>127，目标变量将为负数
char	int	高 24 位
char	long int	高 24 位
int	long int	无
int	float	小数部分，也许更多
float	double	精度降低，结果四舍五入

例如：

```
int x;
unsigned char ch;
float f;
…
ch=x;      /* 1：把整型变量 x 赋予字符型变量 ch */
x=f;       /* 2：把实型变量 f 赋予整型变量 x */
f=ch;      /* 3：把字符型变量 ch 赋予实型变量 f */
f=x;       /*4：把整型变量 x 赋予实型变量 f */
```

说明：在整形数占用 4 个字节的情况下，在执行语句的第一行中，整型变量 x 的高位被截去，只将其低 8 位赋给 ch。如果 x 的值在 0～255 之间，则 ch 与 x 的值相等，否则 ch

的值只代表了 x 的低 8 位。在第二行中，当 f 的整数部分不超过 32 位的二进制数时，x 只接受了 f 的非小数部分。在第三行中，f 将一个 8 位整数值转换为浮点形式存储。第四行中，将一个 32 位的整数转换为实型形式。

本章小结

本章详细地介绍了计算机程序设计中的词法、句法和语法概念与用途。词法由字符集、标识符、关键字、运算符、常量、注释符构成，它们有严格的使用规定；程序中规定了数据使用的各种类型，如整型、实型(即浮点类型)、字符类型和指针类型等，要求准确理解和掌握其特点和使用限制，随着学习的深入还将出现其他数据类型；常量和变量中重点掌握变量的各种特征和用法；运算符作为连接各种运算对象的纽带，要求掌握其结合性和优先规则；掌握数据类型在表达式中的转换特征；表达式构成计算序列，是程序算法的结果体现，要求掌握各类运算符构成表达式的规则，根据数据对象的属性和运算符的优先级进行准确计算。

习 题 二

一、选择题

1. 以下是正确的 C 语言标识符的是(　　)。

   A. #define　　B. _123　　C. %d　　D. \n

2. 下面各选项组中，均是 C 语言关键字的组是(　　)。

   A. auto，enum，include　　B. switch，typedef，continue

   C. signed，union，scanf　　D. if，struct，type

3. 以下常数表示中不正确的是(　　)。

   A. −0.　　B. '\101'　　C. 0x2f6　　D. '103'

4. 设 a 是整型变量，初值是 2，执行完表达式 a+=a−=a*a 后，a 的值为(　　)。

   A. 4　　B. −4　　C.8　　D.0

5. 在 C 语言中，要求运算数必须是整型的运算符是(　　)。

   A. /　　B. %　　C.<　　D.!

6. 将空格符赋给字符变量 c，正确的赋值语句是(　　)。

   A.c='\0'　　B. c=NULL　　C. c=0　　D. c=32

7. 设有如下定义：int　*ptr; ，则以下叙述中正确的是(　　)。

   A. ptr 是一个整型变量　　B. *ptr 是一个指针变量

   C. ptr 是一个 int 型指针变量　　D. *ptr 是一个 int 型指针变量

8. 关系式 x≥y≥z 的 C 语言表达式是(　　)。

   A. (x >=y) && (y >=z)　　B. (x >=y) AND (y >=z)

   C. (x >= y >= z)　　D. (x >=y) & (y >=z)

9. 设 a、b、c 都是 int 型变量，a=3，b=4，c=5，下列表达式中，值为 0 的表达式是(　　)。

   A. 'a' &&'b'　　B. a< b　　C. a || b + c && b−c　　D. ! ((a>b) && !c ||1)

二、填空题

1. 设 x=2，y=5，则表达式 x=y==5 运算后的值为____________。

2. 若 x，y，z 的初值均为 1，则执行表达式 w=++x || ++y &&++z 后，x，y，z 的值分别为______________。

3. 表示条件：1 < x < 10 或 x < 0 的 C 语言表达式是____________________。

4. 设 ch 是 char 型变量，其值为 'A'，则表达式 ch = (ch >= 'A'&& ch <= 'Z') ? (ch + 32) : ch 的值为__________。

5. 若 a 为浮点变量，b 为整型变量，将 ('4'–'0') – a*b 中所隐含的类型自动转换，改写为其对应的强制类型转换表达式是__________。

6. 数学式子 $\sqrt{s\times(s-a)\times(s-b)\times(s-c)}$ 写成 C 语言表达式是________________。

7. 转义字符是利用 \ 后面加上______________表示这些字符的含义。

8. 若有“char a=3，b=6，c；c=a ^ b >> 2;”，请计算出 c 的二进制数是__________，八进制数是 ________，十六进制数是_________，十进制数是__________。

三、简答题

1. 字符常量与字符串常量有什么区别?

2. 请说明 k++ 与 ++k 的异同。

3. 比较指针、指针变量、指针类型和指针变量初始化的含义。

4. 利用条件运算符的嵌套来完成此题：学习成绩≥90 分的同学用 A 表示，60 分～90 分(含 60 分，不含 90 分)之间的用 B 表示，60 分以下的用 C 表示。

四、写出以下程序的运行结果。

1.
```
#include "stdio.h"
void main()
{    char c1='a', c2='b', c3='c', c4='\101', c5='\116';
     printf("a%c b%c\tc%c\tabc\n", c1, c2, c3);
     printf("\t\b%c %c\n", c4, c5);
}
```

2.
```
#include "stdio.h"
void main()
{
     float x=2.5; int a=7; float y=4.7;
     printf("%f", x+a%3*(int)(x+y)%2/4);


}
```

3.
```
#include "stdio.h"
void main()
{
     float x=3.5; int a=2, b=3; float y=2.5;
     printf("%f", (float)(a+b)/2+(int)x%(int)y);
}
```

第三章　程序设计基础

本章将介绍C语言的主要语句和程序设计的三种基本结构——顺序结构、选择结构和循环结构。把C语言的基本数据类型、运算符、顺序结构、选择结构、循环结构等知识贯穿到案例中，以帮助读者建立程序设计的基本概念和思想。

案例一　计算圆的周长和面积

1. 问题描述

已知圆的半径，求圆的周长和面积。

2. 问题分析

程序 = 数据结构 + 算法，所以，要编写程序，通常要进行算法分析和数据分析，依据算法分析和数据分析画出传统流程图或者N-S流程图，最后根据流程图编写程序。

(1) 算法分析：所谓“算法”，指为解决一个问题而采取的方法和步骤，或者说是解题步骤的精确描述。对同一个问题，可以有不同的解题方法与步骤。在本题中 $l=2\pi r$，$s=\pi r^2$，属于三种控制结构中的顺序结构。

(2) 数据分析：主要分析有哪些输入数据，输出数据，中间数据，分别为什么类型比较合适。例如本题中r为输入数据，l、s为输出数据，都为float类型。

(3) 画出流程图，如图3.1所示。

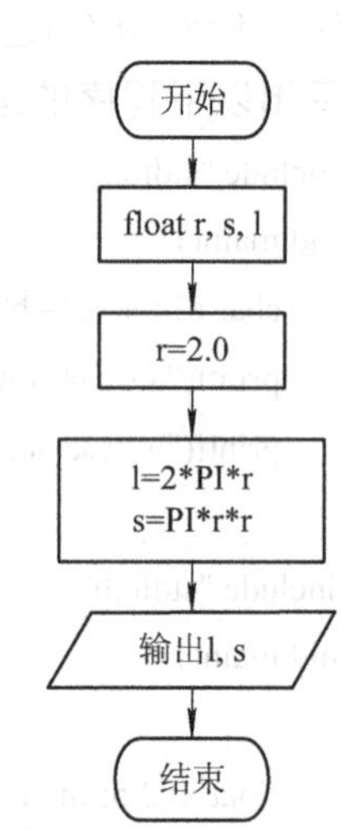

图3.1　计算圆的面积和周长的流程图

3. C语言代码

```
#include <stdio.h>
#define  PI 3.1415926
void main()
{   float r, l, s;                  /*数据定义部分，简单语句*/
    r=2.0;                          /*给变量r赋值为2.0*/
    l=2*PI*r;                       /*计算周长l*/
    s=PI*r*r;                       /*计算面积s */
    printf("l=%f, s=%f\n", l, s);   /*输出周长l和面积s，以上4条全部为执行语句*/
}
```

4. 程序运行结果

l=12.566370, s=12.566370

3.1 算法与流程

3.1.1 算法的特性

算法(algorithm)是指解题方案的准确而完整的描述，是一系列解决问题的清晰指令。

算法具备以下特性：

(1) 有穷性：指算法在执行有限步骤后，自动结束而不会出现死循环，并且每个步骤在可接受的时间内完成。

(2) 确定性：算法中的每一个步骤都应当是确定的，而不是含糊的、模棱两可的。也就是说不应该产生歧义。

(3) 有 0 个或多个输入：所谓输入是指算法执行时从外界获取必要信息(外界是相对算法本身的，输入可以是人工键盘输入的数据，也可以是程序其他部分传递给算法的数据)。

(4) 有 1 个或多个输出：算法的输出就是指该算法得到的结果。算法必须有结果，没有结果的算法没有意义(结果可以是显示在屏幕上或打印的，也可以是将结果数据传递给程序的其他部分)。

(5) 可行性：算法的每一步都必须是可行的，即都可通过执行有限次数完成。

3.1.2 算法的表示形式

常用的算法表示方法有自然语言、传统流程图、结构化流程图(N-S 流程图)、伪代码、计算机语言等。本书将重点讲述传统流程图和 N-S 流程图，在后面的程序算法描述中采用传统流程图，如果读者感兴趣的话，可以将它们转化成为 N-S 流程图。

传统流程图是用一些约定的几何图形来描述算法。用某种图框表示某种操作，用箭头表示算法流程。下面的图例就是美国标准化协会 ANSI 规定了一些常用的流程图符号，如图 3.2 所示，它已为世界各国程序工作者普遍采用的标准。

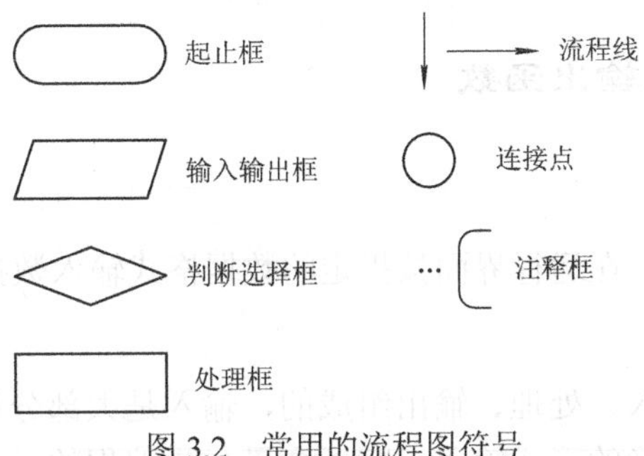

图 3.2　常用的流程图符号

下面分别介绍流程图各图符的作用和含义。

起止框：表示算法的开始和结束。一般内部只写“开始”或“结束”。

输入输出框：表示算法请求输入需要的数据或算法将某些结果输出。一般内部常常填

写“输入…”“打印/显示…”等内容。

菱形框(判断选择框)：作用主要是对一个给定条件进行判断，根据给定的条件是否成立来决定如何执行其后的操作。它有一个入口，两个出口。

处理框：表示算法的某个处理步骤，一般内部常常填写赋值操作或计算表达式。

连接点：用于将画在不同地方的流程线连接起来。同一个编号的点是相互连接在一起的，实际上同一编号的点是同一个点，只是画不下时才分开来画。使用连接点，还可以避免流程线的交叉或过长，使流程图更加清晰。

注释框：注释框不是流程图中必需的部分，不反映流程和操作，它只是对流程图中某些框的操作做必要的补充说明，以帮助阅读流程图的人更好地理解流程图的作用。

N-S 流程图比文字描述直观、形象、便于理解；比传统流程图紧凑易画，尤其是它废除了流程线，整个算法是由各个基本结构按顺序组成的。N-S 流程图的上下顺序就是执行时的顺序，写算法和看算法都是从上到下，十分方便。用 N-S 流程图表示的算法都是结构化算法，它由几种基本结构顺序组成，基本结构之间不存在跳转，流程的转移只存在于一个基本结构范围之内。

3.1.3　C 语言语句概述

C 语言的语句分类如图 3.3 所示。

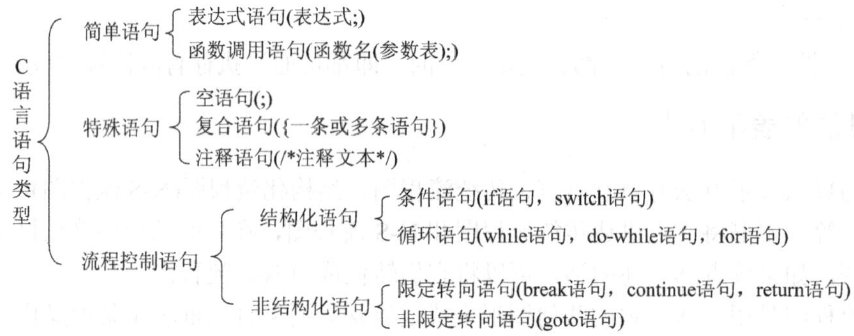

图 3.3　C 语言语句类型

案例二　格式输入输出函数

1. 问题描述

定义不同类型的数据，在运行界面按指定的数据格式输入数据，完成数据赋值。

2. 问题分析

程序大部分都是由输入、处理、输出组成的，输入是大部分程序不可或缺的一部分，在编程时将数据的值以正确的形式输入，赋予变量，是编程的一个基本任务，格式化输入函数主要是 scanf()，它要求在程序运行界面以指定的格式进行输入。

3. C 语言代码

```
#include "stdio.h"                    /*预处理命令*/
```

```
void main( )
{  int   a, b, c;
   long   m;
   float   x;
   double   y;
   printf("input a, b, c, m: ");
   scanf("%d %o %x %ld", &a, &b, &c, &m);
   /*将变量 a, b, c, m 的值分别以十进制整型、八进制、十六进制和长整型的形式输入，中间用
     空白符隔开，空白符常用空格，本章将用□表示一个空格，其他章节则省略*/
     printf("a=%d, b=%d, c=%d, m=%ld\n", a, b, c, m);     /*输出 a, b, c, m 的值*/
     printf("input x, y: ");
     scanf("%f %lf", &x, &y);
     /*将变量 x, y 的值以单精度形式和双精度形式输入，中间用空白符隔开*/
     printf("x=%f, y=%lf\n", x, y);                        /*输出 x, y 的值*/
}
```

4．程序运行结果

```
input a, b, c, m: 10□012□0x1a□100
a=10, b=10, c=26, m=100
input x, y: 6.8□1.2345
x=6.800000, y=1.234500
```

3.2　数据的输入与输出

3.2.1　printf()函数

1．printf()函数

printf()函数的一般格式为：

printf("格式控制字符串"，输出项表);

函数功能：将输出项表中的各个对象的值按格式控制字符串中对应的格式显示在标准输出设备(显示器)上。

例如：

```
printf("sum is %d\n", sum);
```

说明：

(1) 调用 printf()函数时必须至少给出一个实际参数，即格式控制字符串。格式控制字符串是用双引号括起来的字符串，可以包含两类字符：

① 普通字符，是作为输出提示的文字信息，将会进行原样输出。例如：

```
printf("this is an apple! ");
```

输出的结果为：this is an apple!

② 格式说明，由“%”和用来控制对应表达式的输出格式字符组成，如%d，%c 等。它的作用是将内存中需要输出的数据由二进制形式转换为指定的格式输出。

(2) 输出项表是需要输出的数据对象。每个输出的数据是一个值为基本类型或指针类型的表达式，称为实参表达式。输出项表中的各输出项要用逗号隔开。

输出数据项的数目任意，但是格式说明的个数要与输出项的个数相同，使用的格式字符也要与它们一一对应且类型匹配。

例如，对于 printf("%d, %s", n, s)；语句，其中 "%d, %s" 是格式控制字符串，n, s 是输出项表。格式字符 d 与输出项 n 对应，格式字符 s 与输出项 s 对应。

2. 格式字符

每个格式说明都必须用“%”开头，以一个格式字符作为结束，在此之间可以根据需要插入“宽度说明”、左对齐符号“-”、前导零符号“0”等。允许使用的格式字符及其说明如表 3.1 所示。

表 3.1　printf()函数使用的格式字符及其说明

格式字符	说　　明
d 或 i	输出带符号的十进制整数(正数不输出符号)
o	以八进制无符号形式输出整数(不带前导 0)
X 或 x	以十六进制无符号形式输出整数(不带前导 0x 或 0X)。对于 0x 用小写形式 abcdef 输出；对于 0X，用大写形式 ABCDEF 输出
u	按无符号的十进制形式输出整数
c	输出一个字符
s	输出字符串中的字符，直到遇到'\0'，或者输出由精度指定的字符数
f	以[-]mmm.dddddd 带小数点的形式输出单精度和双精度数，d 的个数由精度指定。隐含的精度为 6，若指定的精度为 0，小数部分(包括小数点)都不输出
E 或 e	以[-]m.ddddddE±xxx 或[-]m.dddddde±xxx 的指数形式输出单精度和双精度数。d 的个数由精度指定，隐含的精度为 6，若指定的精度为 0，小数部分(包括小数点)都不输出
G 或 g	由系统决定采用%f 格式还是采用%e 格式，以使输出宽度最小
%	输出一个%

说明：

(1) %d 格式符：输出带符号的十进制整数。

① %d 是按实际长度进行输出。如：

```
printf("x=%d, y=%d", 83, 35);
```

结果为：

```
x=83, y=35
```

② %md 是按照 m 指定的宽度进行输出，且数据右靠齐，不够位左端补空格。如果实际宽度大于 m，则按数据的实际宽度进行输出。如：

```
x=1234; y=123456; printf("x=%5d, y=%5d", x, y);
```

结果为：

x=□1234, y=123456

注意：由于格式字符的控制在输出时会出现空格。

③ %-md 是按照 m 指定的宽度进行输出，只是如果数据的位数小于 m，则数据在宽度内左靠齐，右端补空格。如：

```
x=1234; y=123456; printf("x=%-5d, y=%-5d", x, y);
```

结果为：

x=1234□, y=123456

④ %ld 输出长整型数据。如：

```
x=76543; printf("x=%ld, x=%d", x, x);
```

结果为：

x=76543, x=76543

⑤ %mld 是按照 m 指定的宽度输出长整型数据，且数据右靠齐。如果实际宽度大于 m，则按数据的实际宽度进行输出。如：

```
x=76543; printf("x=%7ld, x=%4ld", x, x);
```

结果为：

x=□□76543, x=76543

(2) %o 格式符：以八进制数形式输出(无符号)整数。如：

```
int a=-1; printf("%d, %o", a, a);
```

结果为：

-1, 37777777777

又如：

```
printf("%lo, %8o", 0xFFFFF, -1);
```

结果为：

3777777, 37777777777

```
printf("%-12o", 0xFFFFF);
```

结果为：

3777777□□□□□

(3) %x 格式符：以十六进制形式输出整数。输出的数据不带符号。如：

```
x=-1; printf("x=%x, x=%d", x, x);
```

结果为：

x=ffffffff, x=-1

同样，%x 也可以使用 l、m、-作为说明符。如：

```
long x=0x9FFFF; printf("%8x, %lx, %8lx, %-8lx", x, x, x, x);
```

结果为：

□□□9ffff, 9ffff, □□□9ffff, 9ffff□□□

(4) %u 格式符：用来以十进制形式输出无符号数据。如：

```
int i=-2;    unsigned int j=65535;
printf("i=%d, %o, %X, %u\n", i, i, i, i);
printf("j=%d, %o, %X, %u\n", j, j, j, j);
```

结果为：

```
i=-2, 37777777776, FFFFFFFE, 4294967294
j=65535, 177777, FFFF, 65535
```

同样，%u 也可以使用 l、m、- 作为说明符。

(5) %c 格式符：用来输出一个字符。

在 0～255 范围的一个整数，可以用字符形式输出，结果为该整数作为 ASCII 码所对应的字符；反之，一个字符也可以用整数形式输出。如：

```
printf("x=%c, y=%c", 'A', 66);
```

结果为：

```
x=A, y=B
```

同样，%c 也可以使用 m 作为说明符。如：

```
printf("x=%5c", 66);
```

结果为：

```
x=□□□□B
```

(6) %s 格式符：用来输出一个字符串。

① %s 是按实际字符串长度进行输出。如：

```
printf("%s", "china");
```

结果为：

```
china
```

② %ms 是按照 m 指定的最小宽度进行输出，且字符数据右靠齐。如果实际长度大于 m，则按字符串的实际长度进行输出。如：

```
printf("%8s", "china");
```

结果为：

```
□□□china
```

③ %-ms 是按照 m 指定的最小宽度进行输出，只是如果字符串的实际长度小于 m，则字符数据左靠齐，右端补空格。如：

```
printf("%-8s%s", "china", "is□good");
```

结果为：

```
china□□□is□good
```

④ %m.ns 是按照 m 指定的最小宽度进行输出，但是只输出字符串从左端开始的 n 个字符。如果 n 小于 m，则字符数据右靠齐，左端补空格；如果 n 大于 m，则突破 m 的限制，保证 n 个字符正常输出。如：

```
printf("%7.2s, %.4s", "china", "china");
```

结果为：

```
□□□□□ch, chin
```

⑤ %-m.ns 如果 n 小于 m，则字符数据左靠齐，右端补空格。如：

```
printf("%-5.3s", "china");
```

结果为：

```
chi□□
```

(7) %f 格式符：用来输出实数，以小数形式输出。

① %f 是整数部分全部输出，小数部分保留 6 位，小数位不够 6 位后面补足 0，多了四舍五入，需注意有效位数！

② %m.nf 指定输出的数据不少于 m 位，小数部分为 n 位。此时，小数点也需占用 1 位。如果实际宽度小于 m，则数据右靠齐，左端补空格。如果实际宽度大于 m，则按数据的实际宽度进行输出。

③ %-m.nf 如果数据的实际宽度小于 m，则数据左靠齐，右端补空格。如：

```
float f=123.456;    printf("%f, %10f, %10.2f, %.2f, %-10.2f\n", f, f, f, f, f);
```

结果为：

```
123.456001, 123.456001, □□□□123.46, 123.46, 123.46□□□□
```

(8) e 格式符：以指数形式输出实数。

① %e 是固定小数部分占 6 位，整数占 1 位，小数点占 1 位，"e"占 1 位，指数占 3 位，指数符号占 1 位。整体共占 13 位。即数值按规范化指数形式输出，小数点前必须有且只有 1 位非零的有效数字。如：

```
printf("%e", 123.456);
```

结果为：

```
1.234560e+002
```

② %m.ne 指定输出的数据共占 m 位，小数为 n 位。如果实际宽度小于 m，则数据右靠齐，左端补空格。如果实际宽度大于 m，则按数据的实际宽度进行输出。

③ %-m.ne 如果数据的实际宽度小于 m，则数据左靠齐，右端补空格。如：

```
float f=123.456; printf("%e, %10e, %10.2e, %.2e, %-10.2e", f, f, f, f, f);
```

结果为：

```
1.234560e+002, 1.234560e+002, □1.23e+002, 1.23e+002, 1.23e+002□
```

(9) g 格式符：自动选择实数输出列数最小的 f 或 e 格式，且不输出无意义的零。如：

```
f=123.456; printf("%f, %e, %g", f, f, f);
```

结果为：

```
123.456001, 1.234560e+002, 123.456
```

(10) %%格式符：作用是输出一个%。如：

```
printf("这个月的出勤率是 96%%");
```

结果为：

```
这个月的出勤率是 96%
```

在使用 printf()函数时还需注意：

- 除了 X，E，G 外，其他格式字符必须用小写字母。
- 格式控制字符串中，可包含转义字符。
- 格式说明必须以“%”开头。
- 欲输出字符“%”，则应在“格式控制字符串”中用连续两个%表示。
- 不同的系统在实现格式输出时，输出结果可能会有一些小的差别。

各种附加格式说明符含义见表 3.2。

表 3.2　附加格式说明符(修饰符)

修饰符	功　能
m	输出数据最小域宽，数据长度＜m，左补空格；否则按实际宽度输出
.n	对实数，指定小数点后位数(位数多了四舍五入，少了后面补零)
	对字符串，指定实际输出位数
-	输出数据在域内左对齐(缺省右对齐)
+	指定在有符号数的正数前显示正号(+)
0	输出数值时指定左面不使用的空位置自动填 0
#	在八进制和十六进制数前显示前导 0，0x
l	在 d, o, x, u 前，指定输出精度为 long 型
	在 e, f, g 前，指定输出精度为 double 型

例 3.1　字符型数据的输出。

```
#include "stdio.h"
void main( )
{   int    n=97;                          /*定义基本整型变量 n，并给其赋值*/
    char   ch='B';                        /*定义字符型变量 ch，并给其赋值*/
    printf("n:   %d     %c\n", n, n);     /*n：原样输出，第一个%d 表示将 n 以十进制整型的形式
                                            输出，第二个%c 表示将 n 以字符形式输出*/
    printf("ch: %d     %c\n", ch, ch);    /*第一个%d 表示将 ch 以十进制整型形式输出*/
    printf("%s\n", "student");            /*将字符串 student 以字符串形式输出*/
    printf("%10s\n", "student");          /*将字符串 student 以字符串形式输出，域宽为 10*/
    printf("%-10s\n", "student");         /*将字符串 student 以字符串形式左对齐输出，域宽为 10*/
    printf("%10.3s\n", "student");        /*10 表示域宽，.3 表示从字符串 student 中从左至右截取
                                            三个字符输出*/
    printf("%.3s\n", "student");          /*.3 表示从字符串 student 中从左至右截取三个字符输出*/
}
```

程序运行结果如下：

```
n:   97     a
ch: 66     B
student
   student
student
       stu
stu
```

3.2.2　scanf( )函数

1. scanf( )函数

scanf( )函数的一般格式为

scanf("格式控制字符串"，输入地址列表);

其中，格式控制字符串和 printf 中的一样，输入地址列表中的各输入项用逗号隔开，各输入项只能是合法的地址表达式，即可以是变量的地址或字符串的首地址等。

例如，对于 scanf("%d%f", &n, &f)；这个语句，"%d%f"是格式控制字符串，&n, &f 是输入项表，n, f 是两个变量，这些变量前的符号“&”是 C 语言中的求地址运算符，&n 就是取变量 n 的地址，&f 则是取变量 f 的地址。也就是说，输入项必须是某个存储单元的地址。同时要注意输入时在两个数据之间要用一个或多个空格分隔，也可以用回车键(用↙表示)、跳格键 Tab。

输入时可以采用：

8□9.2↙或 8□□□9.2↙或 8(按 Tab 键)9.2↙或 8↙9.2↙

2. 格式说明

每个格式说明都必须用“%”开头，以一个“格式字符”作为结束。允许用于输入的格式字符和它们的功能和 printf()函数格式一致。

说明：

(1) %o, %x 用于输入八进制、十六进制的数。例如：

```
scanf("%o%x", &a, &b);     printf ("%d, %d", a, b);
```

若输入为：12□12↙或 012□0x12，则得到结果为：10, 18。

(2) 在格式字符前可以用一个整数指定输入数据所占的宽度，由系统自动截取所需数据。例如：

```
scanf("%3d%3d", &x, &y);
```

若输入为：123456↙，则得到的结果为：x=123, y=456。

系统自动截取前 3 位赋给变量 x，继续截取 3 位赋给变量 y。

(3) 可使用“l”格式控制长型数据的输入，如长整型，双精度类型：

```
scanf("%ld%lo%lx", &x, &y, &z);
scanf("%lf%le", &a, &b);
```

而输入短型数据应用“h”，例如：

```
scanf("%hd%ho%hx", &x, &y, &z);
```

(4) “*”表示空过一个数据。例如：

```
scanf("%d%*d%d", &x, &y);
```

若输入为：3□4□5↙，则得到的结果为：x=3, y=5。

(5) 对于 unsinged 型的可以用%u，%d，%o，%x 输入皆可。

(6) 不可以规定输入数据的精度，即不可以对实数指定小数位的宽度。例如：

```
scanf("%7.2f", &x);
```

若输入为：1234567↙，从而想得到 x=12345.67 是完全错误的！

3. 使用 scanf()时应注意的问题

(1) 输入项表只能是地址，表示将输入的数据送到相应的地址单元中；所以一定要写“&”，而不能直接写变量名。

(2) 当调用 scanf()函数从键盘输入数据时，最后一定要按下回车键(Enter 键)，scanf()

函数才能接受从键盘输入的数据。当从键盘输入数据时，输入的数据之间用间隔符(空格、跳格键或回车键)隔开，间隔符个数不限。

(3) 在“格式控制字符串”中，格式说明的类型与输入项的类型应一一对应匹配。

(4) 在“格式控制字符串”中，格式说明的个数应该与输入项的个数相同。若格式说明的个数少于输入项的个数时，scanf()函数结束输入，多余的数据项并没从终端接受新的数据；若格式说明的个数多于输入项的个数时，scanf()函数同样也结束输入。

(5) 如果在“格式控制字符串”中插入了其他普通字符，这些字符不能输出到屏幕上。但在输入时要求按一一对应的位置原样输入这些字符。例如：

```
scanf("%d, %d", &i, &j);
```

则实现上面赋值的输入数据格式如下：

```
1, 2↙
```

1 和 2 之间的是逗号，而不能是其他字符。例如：

```
scanf("input the number %d", &x);
```

输入形式为 input the number 3 才能使 x 得到 3 这个值。例如：

```
scanf("x=%d, y=%d", &x, &y);
```

输入形式为 x=3, y=4↙

如果想在输入之前进行提示，先用一条 printf()输出提示即可。例如：

```
printf("Input the number:\n");
scanf("%d", &x);
```

(6) 在用“%c”格式输入字符时不能用分隔符将各字符分开。例如：

```
scanf("%c%c%c", &c1, &c2, &c3);
```

若输入 a□b□c↙，则得到：c1='a', c2='□', c3='b'。因为“%c”只要求输入一个单个的字符，后面不需要用分隔符作为两个字符的间隔。可见空格字符、转义字符均为有效字符。

(7) 某一数据输入时，遇到下列输入则认为当前输入结束。

① 遇到空格、回车键、Tab 键时输入结束。

② 到达指定宽度时结束，如%3d，则只取 3 列。

③ 遇到非法输入时，如下面的例子：

```
scanf("%d%c%f", &x, &y, &z);
```

若输入为：1234k543o.22↙，则得到：x=1234, y='k', z=543。遇到 o 认为数据输入到此结束。

3.2.3　字符输入输出函数

1. putchar( )函数

此函数为字符输出函数，其作用是输出给定的一个字符常量或一个字符变量，与 printf()函数中的%c 相当。putchar()函数括号内必须有一个输出项，输出项可以是字符型常量或变量、整型常量或变量、整型或字符型表达式，但输出结果只能是单个字符而不能是字符串。例如：

```
putchar('A');            输出字母 A。
```

```
putchar(65);          输出整数 65 作为 ASCII 码所对应的字符，结果也为字母 A。
putchar(x);           这里 x 可以是整型或字符型变量。
```

例 3.2　字符输出函数 putchar()举例。

```
#include <stdio.h>            /*put char()函数所需的头文件*/
void main()
{  char a, b, c;
   a='C'; b='A'; c='T';
   putchar(a);         /*将变量 a 的值以字符形式输出*/
   putchar(b);         /*将变量 b 的值以字符形式输出*/
   putchar(c);         /*将变量 c 的值以字符形式输出*/
}
```

程序运行结果如下：

```
CAT
```

2. getchar( )函数

此函数为字符输入函数，其作用是运行时在运行界面输入一个字符，该函数返回输入字符的 ASCII 码值。该函数无参数，只能接受一个字符。当调用 getchar()函数时，系统会等待外部的输入。

用 getchar()函数得到的字符可以赋给一个字符型变量或者整型变量，也可以不赋给任何变量，只是作为表达式的一部分。

例 3.3　字符输入函数 getchar()举例。

```
#include "stdio.h"              /*getchar()函数所需的类文件*/
void  main( )
{  char ch;
   ch=getchar( );               /*利用 getchar()函数给 ch 赋值，getchar()函数为无参函数*/
   putchar(ch);                 /*利用 putchar()函数输出变量 ch*/
   printf("\n");
   printf("%c   %d\n", ch, ch);      /*将 ch 的值分别以字符形式和十进制整型形式输出*/
   printf("%c   %d\n\n", ch-32, ch-32); /*将 ch-32 的值分别以字符形式和十进制整型形式输出*/
}
```

如果输入的数据是 a，　程序运行结果如下：

```
a
a   97
A   65
```

案例三　交换两个整型变量的值

1. 问题描述

从键盘输入两个整型变量的值，交换它们的值并输出。

2．问题分析

(1) 算法分析：在计算机中交换两个变量 a 和 b，不能只写 a=b; b=a; 正确的交换方法(借助中间变量)：c=a; a=b; b=c。

(2) 数据分析：输入数据：a，b，int 型；输出数据：a，b，int 型；中间数据：c，int 型。

(3) 该算法的流程图如图 3.4 所示。

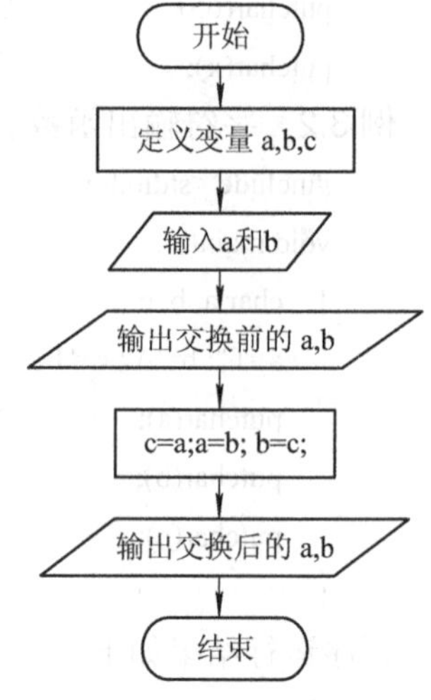

图 3.4　交换两个整型数的流程图

3．C 语言代码

```
#include<stdio.h>
void    main( )
{
    int     a, b, c;
    printf("\ninput a, b: ");
    scanf("%d%d", &a, &b);                          /*以十进制整型形式输入 a 和 b 的值*/
    printf("\nbefore exchange:a=%d   b=%d\n", a, b);   /*输出交换前 a 和 b 的值*/
    c=a; a=b; b=c;                                  /*交换 a 和 b 的值*/
    printf("after exchange: a=%d   b=%d\n", a, b);     /*输出交换后 a 和 b 的值*/
}
```

4．程序运行结果

```
input a, b: 3 5
before exchange:a=3   b=5
after exchange: a=5   b=3
```

3.3　顺序结构程序设计

顺序结构是程序设计语言最基本的结构，其包含的语句是按照书写的顺序执行的，其特点就是其中的语句或结构被连续按顺序执行。

顺序结构的程序流程如图 3.5 所示，程序按书写顺序执行。先执行 A，再执行 B。其中 A、B 可是一条或多条语句，甚至是一个复杂的结构。

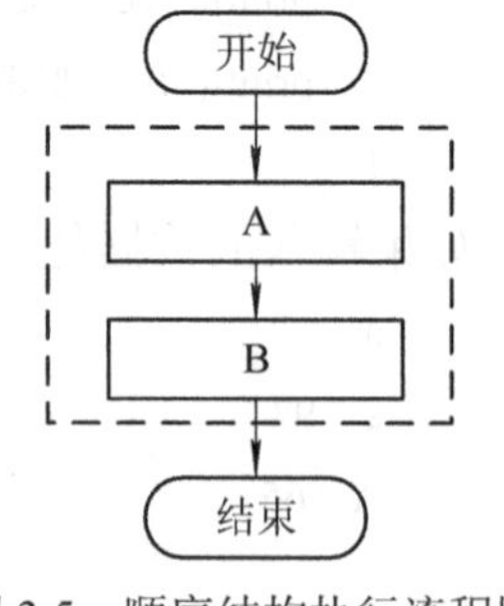

图 3.5　顺序结构执行流程图

例 3.4　编写程序计算圆周长、圆面积、圆球表面积、圆球体积、圆柱体积。

(1) 算法分析。

l=2*PI*r; s= PI* r*r; sq=4*PI*r*r; vq=4.0/3.0*PI*r*r*r; vz=PI*r*r*h;

(2) 数据分析。输入数据：半径 r 和圆柱体的高 h，float 型；输出数据：圆周长 l、圆面积 s、圆球表面积 sq、圆球体积 vq、圆柱体积 vz，float 型。

(3) 该算法的流程图如图 3.6 所示。

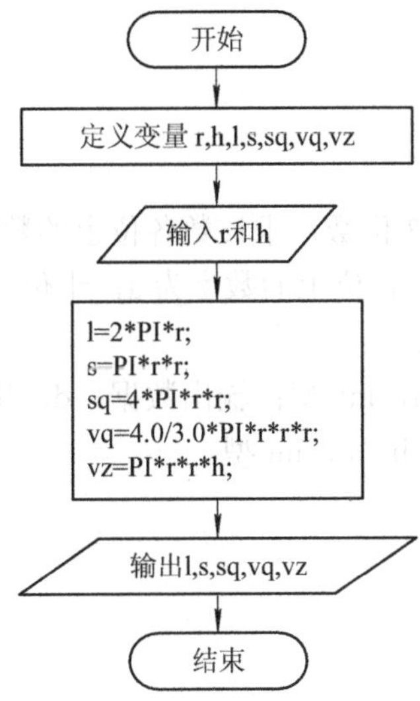

图 3.6　计算球体表面积、体积等的流程图

(4) C 语言代码。

```
#include "stdio.h"
#include "math.h"
#define PI 3.14
void main()
{
    double   r, h, l, s, sq, vq, vz;
    printf("请输入圆半径 r, 圆柱高 h 的值\n");
    scanf("%lf%lf", &r, &h);          /*r 和 h 为双精度，输入时用%lf*/
    l=2*PI*r;                         /*计算周长 l*/
    s=PI*r*r;                         /*计算面积 s*/
    sq=4*PI*r*r;                      /*计算球体表面积 sq*/
    vq=4.0/3.0*PI*r*r*r;              /*计算球体体积*/
    vz=PI*r*r*h;                      /*计算圆柱体体积*/
    printf("圆周长为：l=%6.2f\n", l);
    printf("圆面积为：s=%6.2f\n", s);
    printf("圆球表面积为：sq=%6.2f\n", sq);
    printf("圆球体积为：sv=%6.2f\n", vq);
    printf("圆柱体积为：sz=%6.2f\n", vz);
}
```

(5) 程序运行结果。

```
请输入圆半径 r，圆柱高 h 的值
2.1 3
```

圆周长为：l= 13.19

圆面积为：s= 13.85

圆球表面积为：sq= 55.39

圆球体积为：sv= 38.77

圆柱体积为：sz= 41.54

例 3.5　从键盘上输入一个 3 位数，求该数各位上的数字和。

(1) 算法分析。设该数为 n，百位上的数字为 a，十位上的字为 b，个位上的数字为 c，则 a= n/100, b=n/10%10, c=n%10。

(2) 数据分析。输入数据：n，int 型；输出数据：d，用于存放个位、十位、百位上的数的和，int 型；中间数据： a，b，c，int 型。

(3) C 语言代码。

```
#include"stdio.h"
void main()
{   int n, a, b, c, d;
    printf("输入三位数: ");
    scanf("%d", &n);
    a=n/100;                /*百位数*/
    b=n/10%10;              /*十位数*/
    c=n%10;                 /*个位数*/
    d=a+b+c;                /*百位、十位、个位上的数字和*/
    printf("百位、十位、个位上的数字和=%d", d);
}
```

(4) 程序运行结果。

输入三位数：256

百位、十位、个位上的数字和=13

思考：如果是四位数或者五位数，又应该如何求解？

例 3.6　输入三角形的三边长，求三角形的面积。

(1) 算法分析。已知三角形的三边长 a, b, c，则由海伦公式计算三角形的面积为

$$area = \sqrt{s(s-a)(s-b)(s-c)}$$

其中，s = (a+b+c)/2。

(2) 数据分析。输入数据：三边边长 a，b，c，float 型；输出数据为面积 area，float 型；中间数据为半周长 s，float 型。

(3) 此题为顺序结构程序设计，按照输入数据、计算、输出的思路画出该算法的流程图如图 3.7 所示。

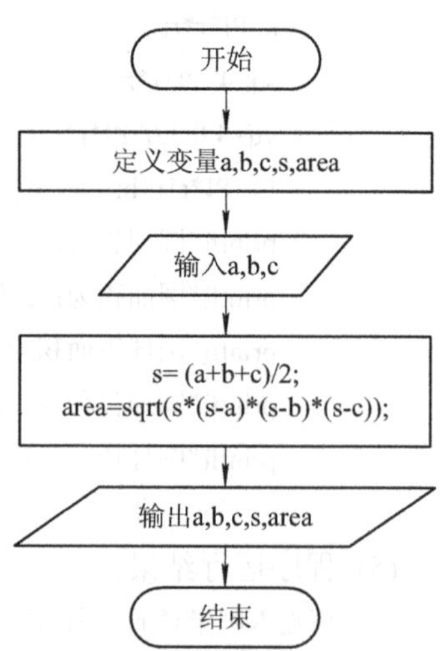

图 3.7　计算三角形面积的流程图

(4) C 语言代码。

```
#include<stdio.h>
#include<math.h>
```

```
void main()
{
    float a, b, c, s, area;
    scanf("%f, %f, %f", &a, &b, &c);           /*输入三边长*/
    s= (a+b+c)/2;                               /*计算半周长 s*/
    area=sqrt(s*(s-a)*(s-b)*(s-c));             /*计算面积 area*/
    printf("a=%7.2f, b=%7.2f, c=%7.2f, s=%7.2f\n", a, b, c, s);
    printf("area=%7.2f\n", area);
}
```

(5) 程序运行结果。

```
3.0, 4.0, 5.0
a=    3.00, b=    4.00, c=    5.00, s=    6.00
area=    6.00
```

由以上例题可知：顺序结构程序设计的一般步骤包括：

(1) 定义所需要的输入、输出和中间变量；

(2) 让输入变量得到值(可以通过赋值、输入函数和初始化等方法完成)；

(3) 依据算法计算所需结果；

(4) 按合适的格式输出结果。

案例四　计算 y=|x|

1. 问题描述

从键盘上输入 x 的值，计算其绝对值。

2. 问题分析

(1) 算法分析。① y=x; ② 如果 y < 0，则执行 y = –x，可以用单分支 if 语句。

(2) 数据分析。输入数据：x，float 型；输出数据：y，float 型。

(3) 此题为选择结构程序设计，按照输入数据，计算、输出的思路画出该算法的流程图如图 3.8 所示。

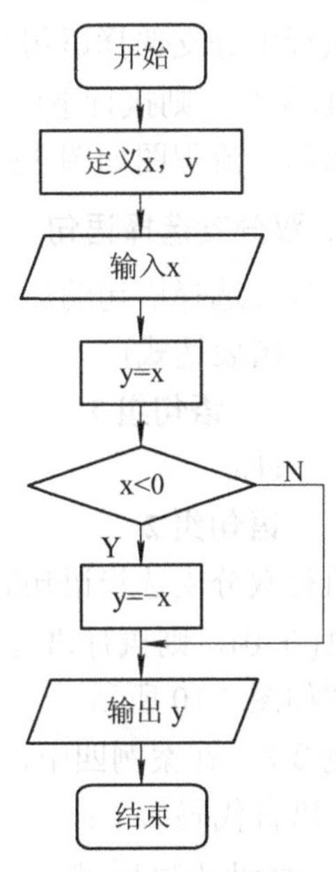

图 3.8　求绝对值的流程图

3. C 语言代码

```
#include"stdio.h"
void main()
{   float x, y;
    printf(" please input x:");
    scanf("%f", &x);
    y=x;
    if(y<0)
```

```
    y=-x;
    printf("y=%f\n", y);
}
```

4. 程序运行结果

```
please input x: -10.3
y=10.300000
```

3.4　选择结构的程序设计

选择结构也称为条件结构或分支结构，通常是在两个或两个以上不同的操作中选择其中的一个进行操作。例如在例 3.6 中，如果输入的 a, b, c 不能构成三角形，则无法计算，所以需要在计算前判断 a, b, c 能否构成三角形，这就需要用选择结构来完成。

在 C 语言中有两种选择控制语句：if 语句和 switch 语句。

3.4.1　if 语句及其三种基本形式

用 if 语句可以构成选择结构。它根据给定的条件进行判断，以决定执行某个分支程序段。C 语言的 if 语句有三种基本形式。

1. 单分支选择语句

单分支选择语句的形式为

if　(表达式)
语句

执行单分支选择语句时，首先判断表达式的值，若为真(非 0)，则执行下面的语句；若为假(0)，则跳过该语句。流程图如图 3.9 所示。

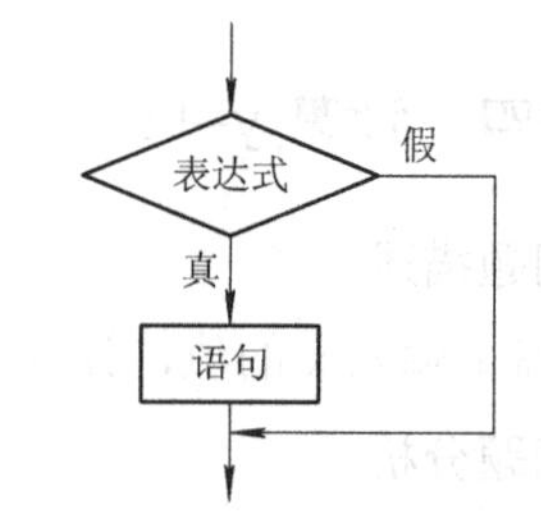

图 3.9　单分支选择结构执行流程图

2. 双分支选择语句

双分支选择语句的形式为

if(表达式)
语句组 1
else
语句组 2

执行双分支选择语句时，首先判断表达式的值，若为真(非 0)，则执行语句组 1；否则执行语句组 2。流程图如图 3.10 所示。

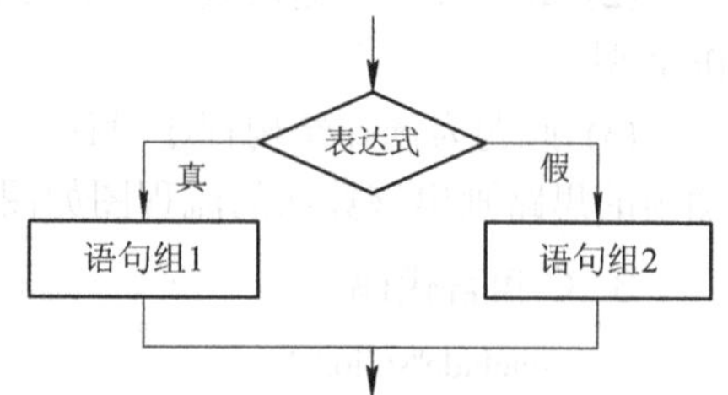

图 3.10　双分支选择结构执行流程图

例 3.7　在案例四中，用双分支选择语句求 x 的绝对值，流程图如图 3.11 所示。

C 语言代码如下：

```
#include"stdio.h"
void main()
```

```
{
    float x, y;
    printf("please intput x:");
    scanf("%f", &x);
    if(x>0)
       y=x;
    else
       y=-x;
    printf("y=%f\n", y);
}
```

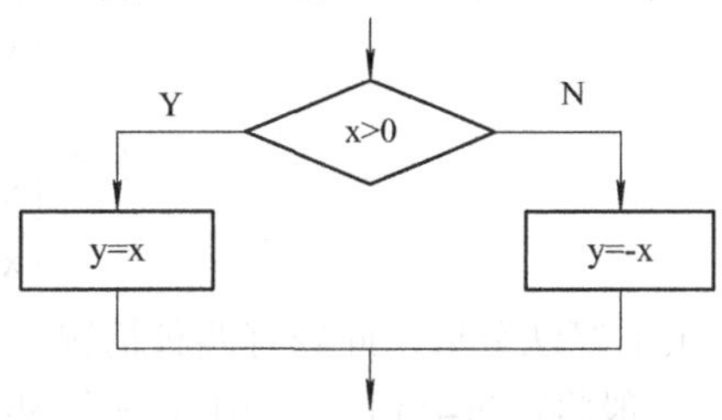

图 3.11　用双分支选择语句实现 x 的绝对值的算法流程图

3. 多分支选择语句

多分支选择语句的形式为

if　(表达式 1)　语句 1
else　if (表达式 2)　语句 2
else　if (表达式 3)　语句 3
…
else　if (表达式 m)　语句 m
else　语句 n

流程图如图 3.12 所示。

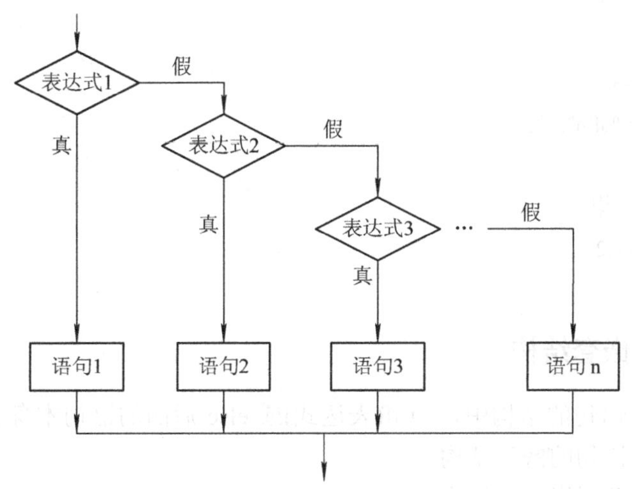

图 3.12　多分支选择语句执行流程图

执行多分支选择语句时，先判断表达式 1 的值，若为真(非 0)，则执行语句 1，然后跳到整个 if 语句之外继续执行下一条语句；若为假(0)，则执行下一个表达式 2 的判断，若表达式 2 的值为真(非 0)，则执行语句 2，然后同样跳到整个 if 语句之外执行 if 语句之后的下一条语句；否则一直这样继续判断，当出现某个表达式的值为真时，则执行其后对应的语句，然后跳到整个 if 语句之外继续执行程序；若所有的表达式均为假，则执行语句 n，然后继续执行后续程序。

例 3.8　从键盘上输入 x 的值，计算 y 的值。

$$y = \begin{cases} x+20, & x>3, \\ x+3, & 0<x\leqslant 3, \\ x-20, & -3<x\leqslant 0, \\ x-3, & x\leqslant -3。\end{cases}$$

(1) 算法分析。此题有四种情况，可以采用多分支 if 语句。在设计时，如果有 n 个分支，一般将前(n–1)个分支用 if 或者 else if 引出，而将最后一个分支用 else 来处理。

(2) 数据分析。输入数据：x，float 型；输出数据：y，float 型。

(3) C 语言代码。

```
#include"stdio.h"
void main()
{   float   x, y;
    printf("please intput x:");
    scanf("%f", &x);
    if(x>3)
        y=x+20;
    else if ( x>0)
        y=x+3;
    else if (x>-3)
        y=x-20;
    else
        y=x-3;
    printf("y=%f\n", y);
}
```

(4) 程序运行结果。

```
please intput x:2
y=5.000000
```

3.4.2　if 语句的嵌套结构

在上述三种 if 语句的结构中，当 if(表达式)或 else 后面的语句本身又是一个 if 语句结构时，就形成了 if 语句的嵌套结构。

例如 if 语句的两层嵌套结构为

```
if ( 表达式 1)
    if ( 表达式 1_1)
        语句 1_1
    else
        语句 1_2
else
    if ( 表达式 2_1)
```

```
        语句 2_1
    else
        语句 2_2
```

一般而言，如果嵌套的 if 语句都带 else 子句，那么 if 的个数与 else 的个数总相等，加之良好的书写习惯，则嵌套中出现混乱与错误的机会就会少一些。但在实际程序设计中常需要使用带 else 子句和不带 else 子句的 if 语句的混合嵌套，在这种情况下，嵌套中就会出现 if 与 else 个数不等的情况，很易于出现混乱的现象。

else 和 if 配对的原则是：缺省 {} 的情况下，else 总是和上方未配过对的最近的 if 配对，同时配对的 else 和 if 之间连线不能出现交叉。例如：

```
if(表达式 1)
    if(表达式 2)  语句 1
else    语句 2
```

从形式上看，编程者似乎希望程序中的 else 子句属于第一个 if 语句，但编译程序并不这样认为，仍然把它与第二个 if 相联系。对于这类情况，C 语言明确规定：if 嵌套结构中的 else 总是属于在它上面的、最近的、又无 else 子句的那个 if 语句。尽管有这类规定，建议还是应尽量避免使用这类嵌套为好。如果必须这样做，应使用复合语句的形式明显指出 else 的配对关系。如可以这样来处理：

```
if(表达式 1)
    { if(表达式 2)  语句 1 }
else    语句 2
```

例 3.9　比较两个整数的关系，讨论它们是大于，小于还是等于关系。

(1) 算法分析。此题有三种情况，可以采用多分支 if 语句或者 if 语句的嵌套，这里采用 if 语句的嵌套，可以这样设计：总体是一个双分支，一个分支处理不等于的情况，另一个分支处理等于的情况，然后在不等于这个分支下嵌套一个双分支，判断是大于还是小于关系。

(2) 数据分析。输入数据：x，y，int 型；输出数据：字符串，不需要定义。

(3) 算法流程图如图 3.13 所示。

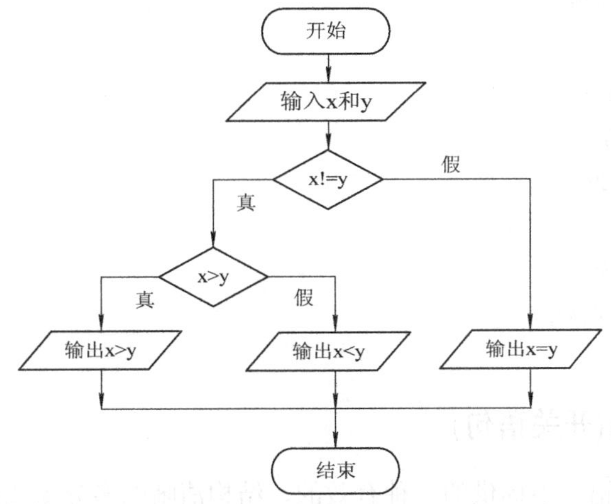

图 3.13　比较两个整数关系的流程图

(4) C 语言代码。

```
#include <stdio.h>
void main( )
{
    int x, y;
    printf("Enter integer x and y: ");
    scanf("%d%d", &x, &y);
    if (x!=y)
        if(x>y)
            printf("x>y\n");          /*注意 else 和它匹配的 if 对齐*/
        else
            printf("x<y\n");
    else
printf("x=y\n");
}
```

(5) 程序运行结果。

```
Enter integer x and y: 3 50
x<y
```

例 3.10 例 3.8 的分段函数用嵌套的 if 语句实现，程序如下：

```
#include"stdio.h"
void main()
{   float   x, y;
    printf(" please intput x:");
    scanf("%f", &x);
    if(x>0)
        if ( x>3)
            y=x+20;
        else
            y=x+3;
    else if (x>-3)
            y=x-20;
        else
            y=x-3;
  printf("y=%f\n", y);
}
```

3.4.3 switch 语句(开关语句)

switch 语句是C语言中提供的一种有效的、结构清晰的多分支选择语句，也称为开关语句。它根据给出的表达式的值，将程序控制转移到某个语句处执行。使用它可以克服嵌套的 if 语句易于造成混乱及过于复杂等问题。C 程序设计中常用它来实现分类、菜单设计等处理。

switch 语句的一般形式为

```
switch (表达式)
{
    case 常量表达式 1: 语句组 1;
    case 常量表达式 2: 语句组 2;
        …
    case 常量表达式 n: 语句组 n;
    default: 语句组 n+1;
}
```

执行 switch 语句时，首先计算表达式的值，然后逐个与 case 后的常量表达式值相比较，当表达式的值与 case 后面某个常量表达式的值相等时，即执行其后的语句，继续执行后面所有 case 后的语句，直到遇到 break 语句或遇到 switch 结构右侧的花括弧结束。如果表达式的值与所有 case 后的常量表达式值均不相同时，则执行 default 后的语句。

例如，要求输入一个数字(1～7)，输出其对应星期几的英文单词。

```
switch (a)
{
    case 1:printf("Monday\n");
    case 2:printf("Tuesday\n");
    case 3:printf("Wednesday\n");
    case 4:printf("Thursday\n");
    case 5:printf("Friday\n");
    case 6:printf("Saturday\n");
    case 7:printf("Sunday\n");
    default:printf("error\n");
}
```

当输入 5 之后，执行了 case 5 以及以后的所有语句，输出了 Friday 及以后的所有单词。因为在 switch 语句中，“case 常量表达式”只相当于一个语句标号，表达式的值和某标号相等则从该标号开始执行，不能在执行完该标号的语句后自动跳出整个 switch 语句，所以出现了继续执行所有后面 case 语句的情况。这是与前面的 if 语句不同的，应该引起注意。

为了避免上述情况，C 语言还提供了一种 break 语句，用于跳出 switch 语句。我们将程序修改如下，在每一 case 语句之后增加 break 语句，使每一次执行之后均可跳出 switch 语句，从而避免输出不应有的结果。

```
switch (a)
{
    case 1:printf("Monday\n"); break;
    case 2:printf("Tuesday\n"); break;
```

```
        case 3:printf("Wednesday\n"); break;
        case 4:printf("Thursday\n"); break;
        case 5:printf("Friday\n"); break;
        case 6:printf("Saturday\n"); break;
        case 7:printf("Sunday\n"); break;
        default:printf("error\n");
    }
```

最后一个分支(default)可以不加 break 语句。

例 3.11　将百分制成绩转换成五分制成绩，转换原则如下：

$$g=\begin{cases}A, & 90\leqslant s\leqslant 100,\\ B, & 80\leqslant s<90,\\ C, & 70\leqslant s<80,\\ D, & 60\leqslant s<70,\\ E, & s<60。\end{cases}$$

(1) 算法分析。此题有五种情况，可以采用多分支 if 语句或 switch 语句，解决这个问题的关键有两个，第一，如何将像 93.6，95.8，96 等这些数值都对应到输出 A 这种分支下，将一个两位数 s 转换成一位数，通常采用(int)(s/10)这种方法。第二，这五个分支如果用 switch 语句，通常可以将前四个分支用 case 来处理，而将最后一个分支用 default 来处理。

(2) 数据分析。输入数据：s，表示百分制成绩，float 型；输出数据为：g，表示五分制成绩，char 型。

(3) C 语言代码。

```
#include <stdio.h>
void main()
{
    float s;
    char g;
    printf("请输入一个 0 至 100 之间的百分制成绩：");
    scanf("%f", &s);
    switch((int)(s/10))
    {
        case 10:
        case 9: g='A'; break;
        case 8: g='B'; break;
        case 7: g='C'; break;
        case 6: g='D'; break;
        default: g='E' ;
    }
    printf("百分制成绩为：%f，五分制成绩为：%c\n", s, g);
}
```

(4) 程序运行结果。

请输入一个 0 至 100 之间的百分制成绩：85.5

百分制成绩为：85.500000，五分制成绩为：B

说明：

(1) switch 后面“表达式”的类型和常量表达式的类型是整型、字符型。

(2) 每一个 case 的常量表达式的值必须互不相同。

(3) 在 case 后允许有多条执行语句，可以不用{}括起来。

(4) 各 case 和 default 子句的先后顺序可以变动，而不会影响程序执行结果。default 子句可以省略不用。

(5) 多个 case 可共用一组执行语句。如例 3.11 中，case 10 和 case 9 后的语句一样，只需要在 case 9 后面写上语句组就行。

3.4.4 选择结构程序举例

例 3.12 从键盘上输入三个数，计算以这三个数为边长，围成的三角形的面积。

(1) 算法分析。在顺序结构程序设计中，我们设计过求三角形面积的程序，没有考虑输入的数据是否可以组成三角形。本例要考虑三角形的三边关系，若 a+b>c&&a+c > b&&b+c>a，则可以构成三角形，所以此题有两个分支，若能够构成三角形，则计算其面积，否则输出数据错误，可以用双分支 if 语句解决。

(2) 数据分析。输入数据：三边长 a，b，c，float 型；输出数据：面积 area，float 型；中间数据：半周长 s，float 型。

(3) C 语言代码。

```
#include<stdio.h>
#include<math.h>
void main()
{    float a, b, c, s, area;
     printf("请输入三个大于 0 的三角形边长");
     scanf("%f, %f, %f", &a, &b, &c);                    /*输入三边长*/
     if(a+b>c&&a+c>b&&b+c>a)                              /*判断能否构成三角形*/
     {  s= (a+b+c)/2;                                     /*计算半周长 s*/
        area=sqrt(s*(s-a)*(s-b)*(s-c));                   /*计算面积 area*/
        printf("a=%7.2f, b=%7.2f, c=%7.2f\n", a, b, c);
        printf("area=%7.2f\n", area);
     }
     else
        printf("输入数据错误");
}
```

(4) 程序运行结果。

请输入三个大于 0 的三角形边长 3.0, 4.0, 5.0

a=   3.00, b=   4.00, c=   5.00

```
area=    6.00
```

例 3.13　从键盘上输入一个年份，编写程序判断该年是否是闰年。

(1) 算法分析。判断一个用整数表示的年份是不是闰年的规则是该数满足以下两个条件之一则为闰年：

① 能被 400 整除；

② 能被 4 整除，但不能被 100 整除。

根据上述规则，我们可用 year 表示年份，flag 为标志变量。是闰年，设置 flag=1，否则设置 flag=0，最后根据 flag 的值进行输出。在是与否的问题中经常设计标志变量。是闰年需满足的条件是表达式(year%400==0)||(year%4==0&&year%100!=0) 的值为真，所以此题可以用双分支 if 语句解决。

(2) 数据分析。输入数据：year，int 型；输出数据：year，int 型；中间数据：flag，int 型。

(3) C 语言代码。

```
#include "stdio.h"
void main()
{
    int year, flag;
    printf("Pleae input a year:");
    scanf("%d", &year);
    if ((year%400==0)||(year%4==0&&year%100!=0))
        flag=1;
    else
        flag=0;
    if (flag==1)
         printf("%d 年是闰年\n", year);
    else
         printf("%d 年不是闰年\n", year);
}
```

(4) 程序运行结果。

```
Pleae input a year:2000
2000 年是闰年
```

例 3.14　从键盘上输入 a，b，c 三个数，求关于 x 的方程 $ax^2+bx+c=0$ 的根。

(1) 算法分析。如果 a 等于 0，是一元一次方程，否则是一元二次方程，所以总体是双分支，当是一元二次方程时，有三种情况，可以用 if 语句的嵌套完成。判别式 $d = b^2 - 4ac$。

当 d = 0 时，方程有两个相等的实根：x1=x2=−b/(2*a)。

当 d > 0 时，方程有两个不相等的实根：x1=(−b+sqrt(d))/(2*a)，x2=(−b−sqrt(d))/(2*a)。

当 d < 0 时，方程有两个虚根：x1=jp+ipi，x2=jp−ipi，实部 jp=−b/(2*a)，虚部 ip= sqrt(−d)/(2*a)。

(2) 数据分析。输入数据：a, b, c，float 型；输出数据：x1, x2, jp, ip，float 型；中间数

据：d，float 型。

(3) C 语言代码。

```
#include "math.h"
#include"stdio.h"
void main( )
{  float   a, b, c, d, x1, x2, jp, ip;
   scanf("%f%f%f", &a, &b, &c);
   printf("the equation ");
   if (fabs(a)<1e-6) printf("is not quadratic");
   else
   {  d=b*b-4*a*c;
      if (fabs(d)<=1e-6)                  /* 相等的实根 */
         { printf("has two equal roots:\n");

           printf("x1=x2=%8.4f\n", -b/(2*a));
         }
      else if (d>1e-6)                    /* 不相等的实根 */
         {   x1=(-b+sqrt(d))/(2*a);
             x2=(-b-sqrt(d))/(2*a);
             printf("has two real roots:\n") ;
             printf("x1=%8.4f, x2=%8.4f\n", x1, x2);
         }
      else                                /* 虚根 */
        {  jp=-b/(2*a);   ip=sqrt(-d)/(2*a);
           printf("has two complex roots: \n");
           printf("x1=%8.4f+%8.4fi\n", jp, ip);
           printf("x2=%8.4f-%8.4fi\n", jp, ip);
        }
   }
}
```

(4) 程序运行结果。

```
1 3 2
the equation has two real roots:
x1= -1.0000, x2= -2.0000
```

案例五　计算 1～100 的累加和

1. 问题描述

编程实现计算 1～100 的累加和。

2．问题分析

(1) 算法分析。设保存和的变量为 sum，每次加上去的数是 i，计算机是这样完成的 sum = sum + 1，sum = sum + 2，sum = sum + 3，…，sum = sum + 99，sum = sum + 100，当要加上去的数 i 是 101 时，算法结束，我们可以看到这些算式有一个共同的特点，可以总结为 sum=sum+i，只不过每次加上去的 i 的值不同罢了，i 每次自增 1，所以可以总结出循环变量为 i，循环体为 sum = sum+i, i = i+1；循环条件为 sum <= 100。

(2) 数据分析。输入数据：无；输出数据：和 sum，int 型；中间数据：i，int 型。

(3) 算法流程图如图 3.14 所示。

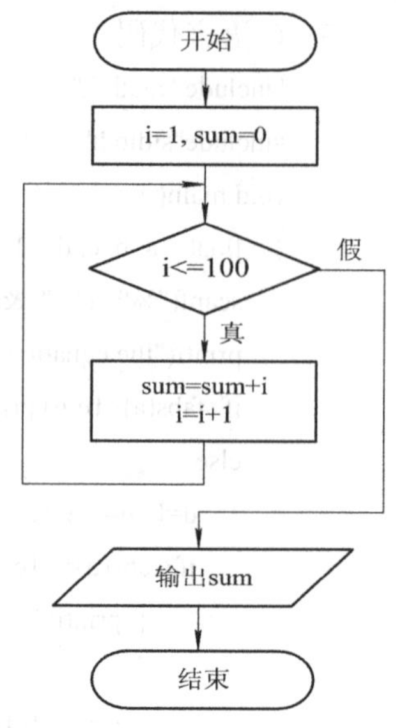

图 3.14　用 while 实现 1～100 的累加求和流程图

3．C 语言代码

```
#include "stdio.h"
void main()
{    int i=1, sum=0; /*初始化循环控制变量 i 和累加器 sum*/
     while(i<=100)              /*循环条件*/
     { sum+= i;                 /*实现累加*/
       i++;                     /*循环控制变量 i 增 1*/
     }
     printf("sum=%d\n", sum);
 }
```

4．程序运行结果

```
sum=5050
```

思考 1：如果要计算 1～100 之间的所有奇数之和，应该怎样修改程序？

分析：奇数之和，每次循环变量加 2，所以只需要将上面程序中的 i++修改为：i=i+2。

思考 2：如果要计算 1～100 之间的所有偶数之和，应该怎样修改程序？

分析：从 2 开始累加，将上面的程序中的循环变量 i 的初值 i=1 改为 i=2，将 i++ 改为 i=i+2。

思考 3：如何求 n!？

3.5　循环结构的程序设计

在现实问题求解中我们往往会按照已定的条件反复执行一定的操作，这种操作我们称为循环。例如，要输入全校学生的成绩；求前 100 名学生的数学平均成绩；迭代求根等。几乎所有实用的程序都包含循环。循环结构是结构化程序三种基本结构之一，它和顺序结构、选择结构共同作为各种复杂程序的基本构造单元。

循环程序结构就是重复执行某一段程序，直到某个条件出现为止。循环程序结构同选择程序结构有相似之处，都是根据条件来实现的。

在循环结构中应明确三个问题：

(1) 循环体：需要重复执行的语句，也包括为控制循环的语句，即使循环条件向不成立的方向转化。

(2) 循环条件：是一个表达式，其值为真时执行循环体、为假时退出循环结构，执行循环结构的下一条语句。

(3) 循环控制：涉及循环条件中的一个或多个变量(循环变量)，以及循环体中对循环变量的改变。同时也涉及对循环初值的设定。

C 语言提供了多种循环语句，可以组成各种不同形式的循环结构。

(1) 用 while 语句；

(2) 用 do-while 语句；

(3) 用 for 语句；

(4) 用 goto 语句和 if 语句构成循环。

3.5.1 while 语句

while 语句用于实现“当型”循环结构，一般形式为

while (表达式)　循环体语句

其中，表达式就是循环条件，当它的值为真(非 0)时，执行 while 语句中的循环体语句。之后继续判断表达式的值是否为真(非 0)，如果为真(非 0)，继续执行循环体语句，再进行判断，如此重复，直到表达式的值为假，则离开循环结构，转去执行 while 语句后的下一条语句。while 循环的执行过程如图 3.15 所示。

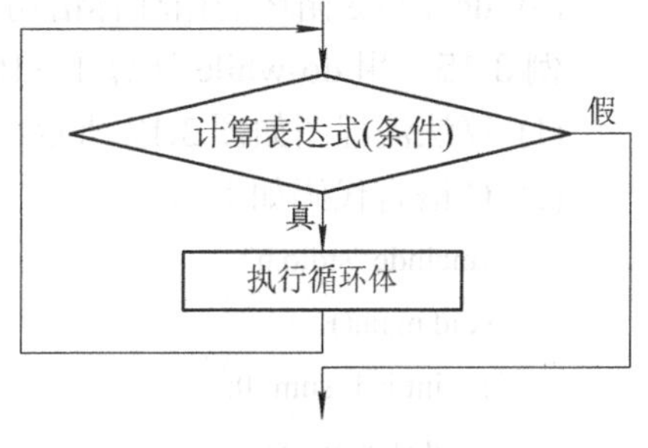

图 3.15　while 循环执行流程图

特点：先判断表达式，后执行语句。

说明：

(1) while 是关键字，“while (表达式)”的意思为“当条件成立时执行”；

(2) “表达式”为任意合法的表达式，其两端的圆括号不能少；

(3) 循环之前循环变量应有值，以便能计算条件(表达式)；

(4) 循环体中应有改变循环变量的语句，以便最后能结束循环，否则会产生死循环；

(5) 注意循环的次数以及循环变量的终止值(该值可能后面的语句会用到)；

(6) 该种循环先判断循环条件，再执行循环体；循环体可能执行多次，也可能一次也不执行；

(7) 循环体语句如果包括有一个以上的语句，则必须用{}括起来，组成复合语句。如果不加{}，则 while 语句的范围只到 while 后面第一个语句结束。

3.5.2　do-while 语句

do-while 语句用于实现“直到型”循环结构，一般形式为

do

{　　循环体语句

} while (表达式);

先执行循环体语句，再判断表达式的值，如果表达式的值为真，继续执行循环体语句，然后再判断表达式的值，如此重复，直到表达式的值为 0 时结束循环，转去执行 do-while 语句后的下一条语句。do-while 循环的执行过程如图 3.16 示。

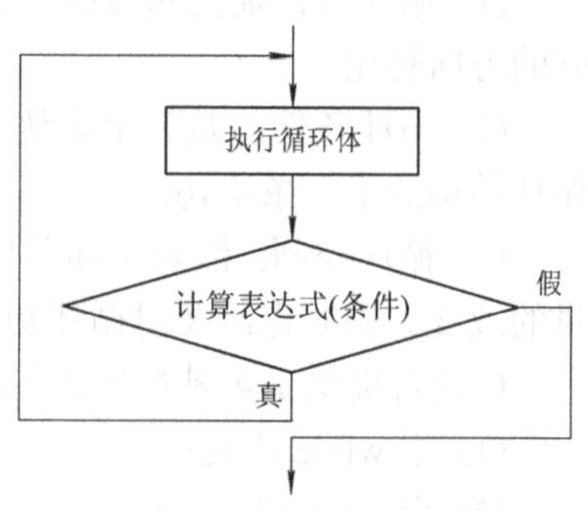

图 3.16　do-while 循环执行流程图

特点：先执行循环体语句，后判断表达式。

说明：

(1) do 和 while 都是 C 语言的关键字；

(2) 循环体是一条语句或复合语句；

(3) "表达式"为任意合法的表达式，两端的圆括号不能少；

(4) 其后的"；"表示 do-while 语句的结束，也不能少；

(5) 同样，循环体中应有改变循环变量的语句，以便能结束循环，否则会产生死循环；

(6) do-while 循环的循环体语句至少执行一次。

例 3.15　用 do-while 计算 1～100 的累计和。

(1) 算法流程图如图 3.17 所示。

(2) C 语言代码如下：

```
#include "stdio.h"
void main()
{   int i=1, sum=0;
    do{ sum+=i;                 /*累加*/
          i++;                  /*循环变量 i 自增*/
      }while(i<=100);           /*循环继续条件：i<=100*/
    printf("sum=%d\n", sum);
}
```

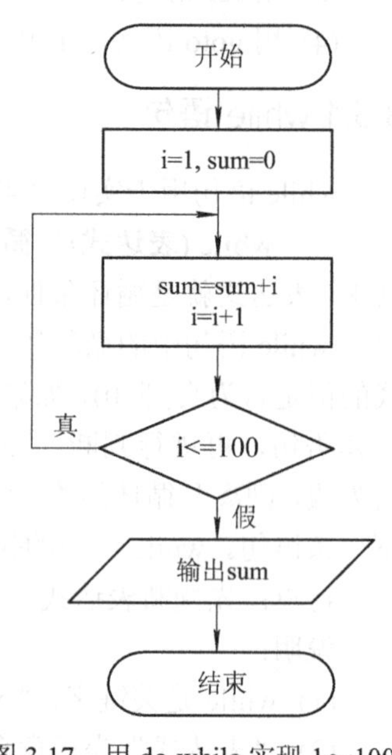

图 3.17　用 do-while 实现 1～100 累加的流程图

3.5.3　for 语句

for 语句的一般形式为

for(表达式 1；表达式 2；表达式 3)　循环体语句

1. for 语句的执行过程

(1) 求解表达式 1。

(2) 求解表达式 2，即计算循环条件表达式。若其值非 0(逻辑真)，则执行 for 语句中指定的循环体语句，然后执行第(3)步；若其值为 0(逻辑假)，则退出循环，继续执行 for 语句的下一条语句。

(3) 求解表达式 3，即改变循环变量的值。然后转回第(2)步继续执行。

for 循环执行流程图如图 3.18 所示。

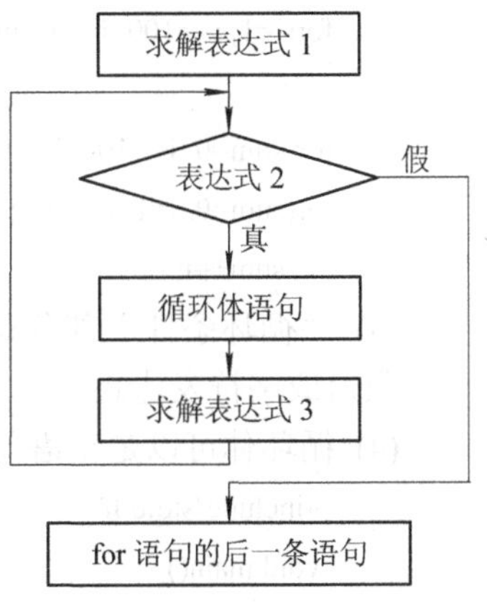

图 3.18　for 循环执行流程图

for 语句最简单的应用形式如下：

for(循环变量赋初值；循环条件；循环变量增值)
循环体语句；

从上述执行过程可知，“循环变量赋初值”表达式只求解 1 次，而“循环条件”“循环变量增值”和“循环体语句”则要执行若干次(具体次数由“循环条件”表达式决定)。例如：

```
for(n=1; n<=100; n++)
  s=s+n;
```

对于 for 循环语句的一般形式，就是如下的 while 循环形式：

```
表达式 1;
while(表达式 2)
    { 循环体语句
      表达式 3;
    }
```

2．关于 for 循环的几点说明

(1) “循环变量赋初值”“循环条件”和“循环变量增值”这三个表达式都可以是逗号表达式，即每个表达式都可由多个表达式组成。三部分均可缺省，甚至全部缺省，但其间的分号不能省略。在循环变量已赋过初值时，可省去表达式 1。如省去表达式 2 表示条件为永真，如果省略表达式 3，循环变量无法变化，也则将造成无限循环，这时应在循环体内设法设置循环变量的递增或递减，以便结束循环。例如：

```
#include"stdio.h"
void main()
{
  int a=0, n;
  printf("\n input n: ");
  scanf("%d", &n);
  for(; n>0;)
  {
    a++; n--;
    printf("%d ", a*2);
  }
}
```

本例中，省略了表达式 1 和表达式 3，由循环体内的 n--语句进行循环变量 n 的递减，以控制循环次数。

(2) “循环变量赋初值”表达式既可以是给循环变量赋初值的赋值表达式，也可以是

与此无关的其他表达式(如逗号表达式)。例如：

```
for(i=1; i<=100; i++) sum+=i;          /*有关的赋值表达式*/
i=1;
for(sum=0; i<=100; i++) sum+=i;        /*sum 为与循环条件无关的赋值表达式*/
for(sum=0, i=1; i<=100; i++)           /*利用逗号表达式给多个变量赋值*/
    sum+=i;
```

(3) “循环条件”部分是一个逻辑量，除了一般的关系表达式或逻辑表达式外，也允许是数值或字符表达式。

(4) 循环体可以是空语句，但“;”不能省。例如：

```
#include"stdio.h"
void main()
{
    int n=0;
    printf("input a string:\n");
    for(; getchar()!='\n'; n++);
    printf("您共输入了%d 个字符\n", n);
}
```

本例中，省去了 for 语句的表达式 1，表达式 3 也不是用来修改循环变量，而是用作输入字符的计数。这样，就把本应在循环体中完成的计数放在表达式中完成了。因此循环体是空语句。应注意的是，空语句就是只有一个分号的语句，如缺少此分号，则把后面的 printf 语句当成循环体来执行。反过来说，如循环体不为空语句时，决不能在表达式的括号后加分号，这样又会认为循环体是空语句而不能反复执行设定的循环体。这些都是编程中常见的错误，要十分注意。

例 3.16　用 for 循环计算 1～100 的累加和。

(1) 算法分析。在 for 语句中，表达式 1 通常用于给变量赋初值，表达式 2 用于设置循环条件，表达式 3 主要用于循环变量改变。算法流程图如图 3.19 所示。

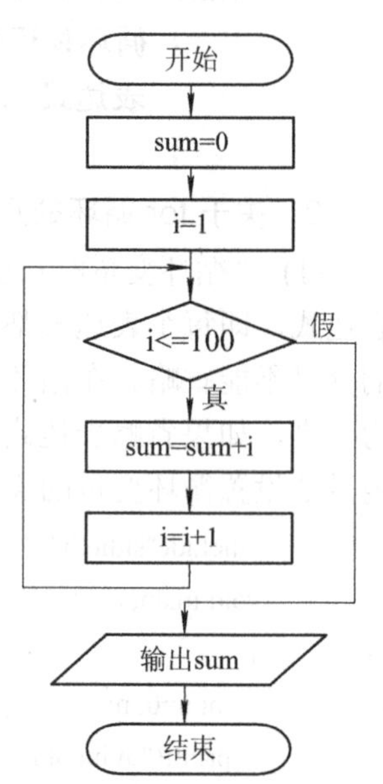

图 3.19　用 for 语句实现 1～100 累加的程序流程图

(2) C 语言代码。

```
#include "stdio.h"
void main()
{
    int i, sum=0;                  /*将累加器 sum 初始化为 0*/
    for(i=1; i<=100; i++)
      /*i=1 为循环变量赋初值，i<=100 为循环条件，i++为改变循环变量的表达式*/
      sum+=i;                      /*实现累加*/
    printf ("sum=%d\n", sum);
}
```

例 3.17　从键盘上输入 n，编程计算 s =1!+ 2!+ … + n!。

(1) 算法分析。设 s 为累加器，初值为 0，累加模型为 s=s+p。s 的计算里包含计算累乘，设置 p 为累乘器，p 的初值为 1，累乘模型为 p = p * i，i 为循环变量，初值为 1。

(2) 数据分析。输入数据：n，int 型；输出数据：s，long int 型；中间数据：p，long int 型。

(3) C 语言代码。

```
#include"stdio.h"
void main( )
{
   int i, n;
   long p, s;
         p=1;
         s=0;
         printf("Enter n:");
         scanf("%d", &n);
         for (i=1; i<=n; i++)
         {
              p = p * i;
              s+=p;
         }
      printf("s = %ld \n", s);
}
```

(4) 程序运行结果。

```
Enter n:5
s = 153
```

案例六　在屏幕上输出下三角的九九乘法表

1. 问题描述

在屏幕上输出下三角的九九乘法表，如下：

```
1*1=1
2*1=2  2*2=4
3*1=3  3*2=6   3*3=9
4*1=4  4*2=8   4*3=12  4*4=16
5*1=5  5*2=10  5*3=15  5*4=20  5*5=25
6*1=6  6*2=12  6*3=18  6*4=24  6*5=30  6*6=36
7*1=7  7*2=14  7*3=21  7*4=28  7*5=35  7*6=42  7*7=49
8*1=8  8*2=16  8*3=24  8*4=32  8*5=40  8*6=48  8*7=56  8*8=64
9*1=9  9*2=18  9*3=27  9*4=36  9*5=45  9*6=54  9*7=63  9*8=72  9*9=81
```

2. 问题分析

(1) 算法分析。

① 外层循环变量为 i，控制行，执行 9 次(i=1; i<=9; i++)，应有换行。

② 内层循环变量为 j，控制列，执行 i 次(j=1; j<=i; j++)，数据隔开，不换行。

③ 内层循环体是输出 i*j。

(2) 数据分析。输出数据：i，j，int 型。

(3) 算法流程图如图 3.20 所示。

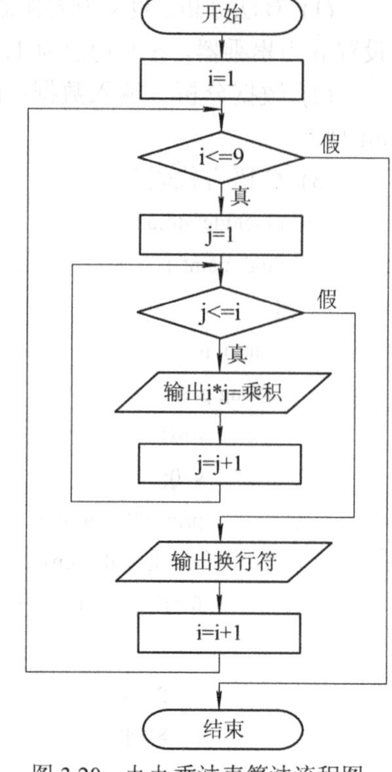

图 3.20　九九乘法表算法流程图

3. C 语言代码

```
#include "stdio.h"
void main()
{  int i, j;
   for(i=1; i<=9; i++)
    {for(j=1; j<=i; j++)
          printf("%d*%d=%-3d ", i, j, i*j);
      printf("\n");
   }
}
```

程序运行后可得到要求的九九乘法表。

3.5.4　循环结构的嵌套

若循环语句中的循环体内又完整地包含另一个或多个循环语句，称为循环嵌套。前面介绍的三种循环都可以相互嵌套。循环的嵌套可以多层，但每一层循环在逻辑上必须是完整的。循环之间可以并列但不能交叉。在循环嵌套中，内层循环循环体执行次数等于外层循环执行次数乘以内层循环执行次数。

例如，二层循环嵌套(又称二重循环)结构如下：

```
for( ; ; )                        /*for( )称为外循环*/
{
   语句 1
   while ( )                      /* while 称为内循环*/
   {
      循环体                      /*for()中嵌套一个 while 循环*/
   }
   语句 2
}
```

例 3.18　编程序求 2～10000 以内的完全数。

(1) 算法分析。完全数是指一个数的因子(除了这个数本身)之和等于该数本身。例如：6 的因子是 1、2、3，因子和 1+2+3=6，因此 6 是完全数。假设 i 为要判断的数，s 为其因子之和。

① 设定 i 从 2 变到 10000，对每个 i 找到其因子和 s。

② 判定 i==s？若相等，则 i 为完全数，否则不是。

③ 使用穷举算法。

④ 用双层循环实现，外层循环为要判断的数 i，内层循环为对每一个要判断的数，求其因子之和。

(2) C 语言代码。

```
#include<stdio.h>
void main( )
{ int i, j, s;
      for (i=2; i<=10000; i++)
       { s=0;                    /* s 为 i 的因子之和*/
        for (j=1; j<i; j++)
          if (i%j==0)            /*如果 j 为 i 的因子 */
            s+=j;                /*将 j 累加到 s 中 */
        if (i==s)
          printf("%6d\n", s);
      }
}
```

(3) 程序运行结果。

```
   6
  28
 496
8128
```

案例七　输入两个正整数，计算并输出它们的最大公约数

1. 问题描述

从键盘上输入两个正整数，利用辗转相除法求解两个数的最大公约数。

2. 问题分析

(1) 算法分析。设被除数为 m，除数为 n，余数为 r，在算法进行之前，先比较 m 和 n 保证被除数大于等于除数。算法思想如下：

① 先用被除数除以除数，求得余数，若余数不为 0，转②；

② 将当前的除数赋给被除数，当前的余数赋给除数，求新的余数；若余数不为 0，继续做②，当余数为 0 时，结束循环，n 即为所求的最大公约数。

例如：设被除数为 m，除数为 n，余数为 r，当 m=24，n=15 时，算法演算如下：

```
m    n    r
24   15   9
```

```
15    9    6
9     6    3
6     3    0
```

所以，24 和 15 的最大公约数为 3。

(2) 数据分析。输入数据：m，n，int 型；输出数据：r，int 型，同时 r 也充当了交换数据时的中间变量。

3. C 语言代码

```
#include "stdio.h"
void main()
{    int m, n, r;
     scanf("%d, %d", &m, &n);
     if(m<n)
     {r=m; m=n; n=r;}
      r=m%n;
      while (r!=0)
     {    m=n;
          n=r;
          r=m%n ;
     }
     printf ("最大公约数是：  %d\n", n);
}
```

4. 程序运行结果

```
24, 54
最大公约数是：6
```

思考：如果本题目中还要求计算 m 和 n 的最小公倍数，程序应该如何修改?

3.5.5　与循环相关的语句(break、continue、goto)

1. break 和 continue 语句

为了使循环控制更加灵活，C 语言允许在特定条件成立时，使用 break 语句强行结束循环，或使用 continue 语句跳过本次循环体后面剩余的语句，转向循环条件判定是否继续循环。

break 和 continue 语句的一般形式如下：

break;

continue;

(1) 功能如下：

break：强行结束循环，转向循环语句之后的下一条语句。

continue：对于 for 循环，跳过本次循环体中剩余的语句，转向表达式 3 的计算；对于 while 和 do-while 循环，跳过循环体中剩余的语句，转回循环条件的判定语句。

(2) break 和 continue 语句对循环控制的影响。

continue 语句和 break 语句的区别是：continue 语句只结束本次循环，而不是终止整个循环的执行，而 break 语句则是结束整个循环过程，不再判断执行循环的条件是否成立。

例如以下两个循环结构：

```
① while(表达式 1)
   {
       语句 1;
       if(表达式 2) break ;
       语句 2;
   }
```

```
② while(表达式 1)
   {
       语句 1;
       if(表达式 2) continue;
       语句 2;
   }
```

程序①的流程图如图 3.21 所示，而程序②的流程图如图 3.22 所示。请注意图 3.21 和图 3.22 中当“表达式 2”为真时流程图的转向。

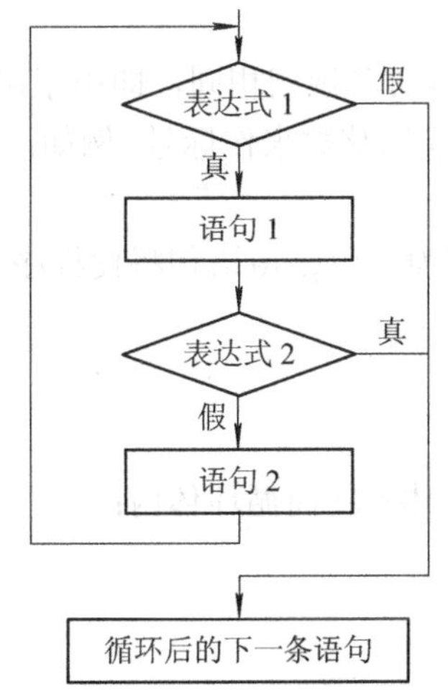

图 3.21　break 对程序流程的影响

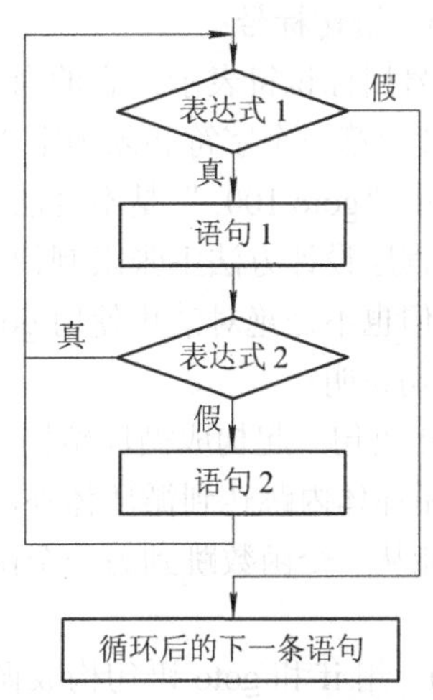

图 3.22　continue 对程序流程的影响

(3) break 只能终止并跳出最近一层的结构，break 不能用于循环语句和 switch 语句之外的任何其他语句之中；continue 仅用于循环语句中。

例 3.19　输出 1～100 以内能被 5 整除的数。

(1) 算法分析。

① 设循环变量为 n，设置循环变量的初值为 1，终值为 100，采用 for 循环；

② 循环变量 n 每次自增 1，判断 n%5!=0 是否为真，若为真，用 continue 结束本次循环，否则输出 n。

(2) 数据分析。循环变量 n，int 型；计数器 j，int 型。

(3) C 语言代码。

```
#include"stdio.h"
void main()
{   int n, j=0;
    /*n 是循环控制变量，j 是统计是 5 的倍数的数的个数，还用来控制每行输出的数据个数*/
    for (n=1; n<=100; n++)
```

```
    { if(n%5!=0)   continue;    /*如果 n 不是 5 的倍数，执行 continue，它的作用是结束本次循环，
                                循环控制流程回到 n++那里，接着判断下次循环条件是否成立 */
         printf("%4d", n);
      j++;                      /*计数器 j 用来控制每行输出的数据个数*/
      if (j%10==0)
         printf("\n");
    }
    printf(" \n j=%d\n", j);    /*输出是 5 的倍数的数据的个数 j*/
}
```

2. goto 语句

goto 语句为无条件转向语句，它的一般形式为：

goto　语句标号；

语句标号用标识符表示，它的命名规则与标识符命名规则相同，即由字母、数字和下划线组成，其中第一个字符必须为字母或下划线。不能用整数来作标号。例如："goto step2；"是合法的，而"goto 100；"是不合法的。

结构化程序设计方法主张限制使用 goto 语句，因为滥用 goto 语句将使程序流程无规律、可读性差。但也不是绝对禁止使用 goto 语句。

goto 语句说明：

(1) 与 if 语句一起构成循环结构；

(2) 从循环体内跳转到循环体外，但不能从循环体外转向循环体内；

(3) 不能从一个函数跳到另一个函数。

例 3.20　用 if 和 goto 语句构成循环，求 $\sum_{i=1}^{100} i$ 。

```
#include "stdio.h"
void main()
{     int i, sum=0;
      i=1;
   loop: if(i<=100)               /*此处使用 loop 标识符设置一个标号*/
        {  sum=sum+i;
           i++;
           goto   loop;           /*无条件跳转至 loop，loop 是一个标识*/
        }
      printf("%d", sum);
}
```

3.5.6　循环结构程序举例

例 3.21　一对兔子，从出生后第 3 个月起每个月都生一对兔子，小兔子长到第 3 个月后每个月又生一对兔子，假如兔子都不死，问每个月的兔子总对数为多少？兔子对数的规律为数列 1, 1, 2, 3, 5, 8, 13, 21…(列出前 40 个月的兔子总对数)。

(1) 算法分析。根据兔子的数目，可以看到，从第 3 个数开始，后一项是前面紧邻的两项之和。所以此题是一个递推问题，用递推算法实现。

① 设置 f1=f2=1；

② 每次计算两项，所以设置循环变量 i，其初值为 1，终值为 20；

③ 循环体中主要完成：输出当前 f1，f2；计算新的 f1=f1+f2；计算新的 f2=f2+f1。

(2) 数据分析。循环变量 int i；输出变量：long int f1, f2。

(3) C 语言代码。

```
#include "stdio.h"
void main()
{
    long int f1, f2;
    int i;
    f1=f2=1;
    for(i=1; i<=20; i++)
    {   printf("%12ld %12ld", f1, f2);
        if(i%2==0) printf("\n");    /*控制输出，每行 4 个*/
        f1=f1+f2;                   /*计算新的 f1*/
        f2=f1+f2;                   /*计算新的 f2*/
    }
}
```

(4) 程序运行结果。

```
           1           1           2           3
           5           8          13          21
          34          55          89         144
         233         377         610         987
        1597        2584        4181        6765
       10946       17711       28657       46368
       75025      121393      196418      317811
      514229      832040     1346269     2178309
     3524578     5702887     9227465    14930352
    24157817    39088169    63245986   102334155
```

例 3.22　判断 100～120 之间有多少个素数，并输出所有素数。

(1) 算法分析。所谓素数，是指只有 1 和它本身 2 个因子。判断素数的方法：设 m 为要判断的数，用 2 到 sqrt(m)分别去除 m，如果能被整除，则表明此数不是素数，反之是素数，所以判断一个数是否为素数为一个循环，属于穷举算法。此题要判断 100～120 之间的数，所以应该是双层循环，外层是要判断的数 100～120，内层是对每个要判断的数进行判断。

(2) 数据分析。m 为要判断的数，int 型，h 为计数器，统计素数的个数，int 型，k 用

来存放 sqrt(m+1)，int 型， leap 为标志变量，初值设为 1，表示是素数，一旦发现不是素数，其值置为 0，int 型。

(3) C 语言代码。

```
#include "math.h"
#include"stdio.h"
void main()
{
  int m, i, k, h=0, leap;      /*m 为要判断的数，i 为循环变量，h 为计数器，统计素数的个数，
                               leap 为标志变量*/
  for(m=100; m<=120; m++)
  {  leap=1;                   /*leap 置为 1，表示假设该数为素数 */
     k=sqrt(m);
     for(i=2; i<=k; i++)
      if(m%i==0)               /*表示如果 i 是 m 的一个因子*/
        {leap=0; break;}       /*标志变量置为 0，结束该数的判断 */
      if(leap==1)              /*如果 leap 为 1，素数个数 h 加 1 */
        {printf("%-4d", m); h++; }
      if(h%10==0)              /*每 10 个数为一行 */
        printf("\n");
  }
        printf("\n100~120 之间素数个数为：%d", h);
}
```

(4) 程序运行结果。

```
101 103 107 109 113
100~120 之间素数个数为：5
```

本 章 小 结

本章详细地介绍了结构化程序设计的三大结构：顺序结构、选择结构和循环结构。在顺序结构中，首先介绍了用于输入的两个函数 scanf()和 getchar()，用于输出的两个函数 printf()和 putchar()，其次介绍了顺序结构程序设计的思想，重点是理解算法分析和数据分析的步骤，熟练掌握输入输出；在选择结构中，主要介绍了 if 语句和 switch 语句，其中 if 语句有四种形式，即单分支、双分支、多分支和 if 语句的嵌套，switch 语句主要用于多分支的情况，其难点是如何把不同的分支用一个表达式对应不同的常量解决。选择结构的重点是理解所解决的问题是几分支，思考用 if 语句还是 switch 语句实现方便；在循环结构中主要讲了 while 语句、do-while 语句、for 语句、continue 语句和 break 语句。while 语句和 for 语句可以相互转换，while 语句一般用于循环次数未知的情况，for 语句一般用于循环次数已知或者已知循环变量的初值和终值的情况，而 do-while 语句一般用于循环体至少要执

行一次的情况。重点是理解循环变量，循环变量的初值，循环条件和循环体的概念，并深刻理解如何去设计这四个部分。

习　题　三

一、选择题

1. 若在主函数中有下面的程序段，则该行的输出是(　　)。

```
int i=-1 ;   printf ("%x\n", i ) ;
```

A. x　　B. 1　　C. -1　　D. ffffffff

2. 设有定义 char ch= ' D ', 则表达式 ch = (ch >= 'A' && ch <= 'Z') ? (ch + 32) : ch 的值为(　　)。

A. 'A'　　B. 'a'　　C. 'D'　　D. 'd'

3. 若 x 和 y 都是 int 型变量，x=100，y=200，则语句 printf ("%d", (x , y)) ; 的输出结果是(　　)。

A. 200　　B. 100

C. 100 200　　D. 输出格式符不够，输出不确定的值

4. 若定义：int a=100, *b=&a;, 则 printf("%d\n", *b);的输出结果是(　　)。

A. 无确定值　　B. a 的地址　　C. 101　　D. 100

5. x、y、z 被定义为 int 型变量，若从键盘给 x、y、z 输入数据，正确的输入语句是(　　)。

A. INPUT x、y、z;　　B. scanf("%d%d%d", &x, &y, &z);

C. scanf("%d%d%d", x, y, z);　　D. read("%d%d%d", &x, &y, &z);

6.

```
#include"stdio.h"
void main ( )
{   int x=3 , y=-2 , z=2;
    if (x=y+z) printf ("* * * * ") ;
    else printf ("# # # # ") ;
}
```

该程序的输出结果是(　　)。

A. 有语法错误不能通过编译　　B. 输出* * * *

C. 可以通过编译，但不能通过连接，因而不能运行　　D. 输出# # # #

7. 在下面的条件语句中，只有一个在功能上与其他三个语句不等价(其中 s1 和 s2 表示它是 C 语句)，这个不等价的语句是(　　)。

A. if(a)　s1; else　s2;　　B. if(!a)　s2; else　s1;

C. if(a!=0)　s1; else　s2;　　D. if(a==0)　s1; else　s2;

8.

```
#include"stdio.h"
void main ( )
{   int a=1, b=0;
    switch(a)
```

```
    { case 1: switch(b)
        { case 0: printf("**0**");break;
          case 1: printf("**1**");break;
        }
      case 2: printf("**2**");break;
    }
}
```

该程序的输出结果是(　　)。

A. **0**　　　　B. **0****2**

C. **0****1****2**　　　　D. 有语法错误

9. 以下程序中，while 循环的次数是(　　)。

```
void main()     #include "stdio.h"
{ int  i=0;
  while(i<5)
    { if(i<1)    continue;
      if(i==5)   break;
     i++;
    }
   ...
}
```

A. 1　　B. 5　　C. 6　　D. 死循环，不能确定次数

10. 设有如下定义： float　x；想将 x 以左对齐方式保留 2 位小数的形式输出，正确的输出方式是(　　)。

A. printf("%f", &x);　　　　B. printf("%f", x);

C. printf("%.2f", x);　　　　D. printf("%-.2f", x);

11. 以下程序的输出结果是(　　)。

```
#include<stdio.h>
int  main( )
{  printf("%s\n", "student");
   printf("%.3s\n", "student");
   return  0;
}
```

A. student　stu	B. student student	C. stu student	D. student stu

12. 下面程序的运行结果是(　　)。

```
#include<stdio.h>
void main()
{  int a=2, b=5, c=1;
   if(a>b)
```

```
    if(a>c)
        printf("%d\n", a);
    else printf("%d\n", b);
    printf("over!\n");
}
```

A. 2　　B. 3　　C. over!　　D. 程序有错误，无法输出

13. x 为 int 型变量，下面程序段的输出结果是(　　)。

```
#include <stdio.h>
void main()
{   int x;
    for ( x=3 ; x<6 ; x++)
        printf ((x%2) ? (" * * %d ") : (" # # %d \n") , x ) ;
}
```

A. * * 3
　# # 4
　* * 5　　B. # # 3
　* * 4
　# # 5　　C. # # 3
　* * 4 # # 5　　D. * * 3 # # 4
　* * 5

14. 以下程序的输出结果是(　　)。

```
#include <stdio.h>
void main()
{   int  a=0, i=3;
    switch(i)
    {   case 0:
        case 3:a+=2; break;
        case 1:
        case 2:a+=3; break;
        default:a+=5;
    }
    printf("%d\n", a);
}
```

A. 12　　B. 2　　C. 7　　D. 5

15. 以下程序的输出结果是(　　)。

```
#include <stdio.h>
void main()
{ int  i=0, a=0;
  while(i<20)
  {   for(; ;)
      { if((i%10)==0)  break;
        else  i--;
      }
```

```
        i+=11;    a+=i;
    }
  printf("%d\n", a);
}
```

A. 21　　B. 32　　C. 33　　D. 11

16. 下面程序的运行结果是(　　)。

```
#include <stdio.h>
void main()
{   int   i, s;
   for(i=0, s=0; i+s<10, i<10; i++, s++) ;
       printf ("%d, %d\n", i, s) ;
}
```

A. 11 , 11　　B. 5 , 5　　C. 6 , 6　　D. 10 , 10

二、填空题

1. 语句：x++; ++x; x=x+1;，执行后都使变量 x 中的值增 1，请写出一条同一功能的赋值语句(不得与列举的相同)__________。

2. 有下面的输入语句：

```
scanf( " a=%db=%dc=%d", &a, &b, &c);
```

写出为使变量 a 的值为 1，b 的值为 3，c 的值为 2，从键盘输入数据的正确形式_______。

3. 设有定义 int　a；请写出判断 a 为偶数的关系表达式__________。

4. 以下程序的输出结果是__________。

```
#include <stdio.h>
void main()
{   int   a=177;
    printf("%o\n", a);
}
```

5. 以下程序的输出结果是__________。

```
#include <stdio.h>
void main()
{   int   a=0;
    a+=(a=5);
    printf("%d\n", a);
}
```

6. 以下程序的输出结果是_________。

```
#include <stdio.h>
void main()
{   int i=10, j, x=6;
    j=i+++1;
```

```
    x*=i=j;
    printf("%d\n", j);
    printf("%d\n", x);
}
```

7. 若从键盘输入 48，则以下程序输出的结果是__________。

```
#include <stdio.h>
void main()
{   int   a;
    scanf("%d", &a);
    if(a>50)   printf("%d", a);
    if(a>35)   printf("%d", a);
    if(a>25)   printf("%d", a);
}
```

8. 以下程序的输出结果是__________。

```
#include <stdio.h>
void main()
{   int   s, i;
    for(s=0, i=1; i<3; i++, s+=i);
    printf("%d\n", s);
}
```

9. 设有以下程序，程序运行后，如果从键盘上输入 3049，则输出的结果是___________。

```
#include <stdio.h>
void main()
{   int n1, n2;
    scanf("%d", &n2);
    while(n2!=0)
    {   n1=n2%10;
        n2=n2/10;
        printf("%d", n1);
    }
}
```

10. 填写程序语句：华氏和摄氏温度的转换公式为：C=5/9*(F−32), 其中 C 表示摄氏的温度，F 表示华氏的温度。要求从华氏 0 度到华氏 300 度，每隔 20 度输出一个华氏温度对应的摄氏温度值。

```
#include <stdio.h>
void main()
{ int upper, step;
  float fahr=0, celsius;
  upper=300; srtep=20;
```

```
    while(_____ <=upper)
    {
        ____________________;
        printf("%4.0f\t%6.1f\n", fahr, celsius);
        ____________________;
    }
}
```

三、编程题

1. 编写程序，用 getchar 函数读入两个字符给 c1、c2，然后分别用 putchar 函数和 printf 函数输出这两个字符。并思考以下问题：

(1) 变量 c1、c2 应定义为字符型还是整型？还是二者都可以？

(2) 要求输出 c1 和 c2 值的 ASCII 码，应如何处理？用 putchar 函数还是 printf 函数？

(3) 整型变量与字符变量是否在任何情况下都可以互相代替？

2. 输入一个圆柱体和一个圆锥的底面半径和高，分别计算它们的体积。

3. 输入 x 的值，计算 $y=\sqrt{x+3}-|x|$。

4. “鸡兔同笼”问题。鸡有 2 只脚，兔有 4 只脚，如果已知鸡和兔的总头数为 h，总脚数为 f。笼中鸡和兔各有多少只？

5. 要求用 if 语句编程实现：$y=\begin{cases} x^2+1, & x>0, \\ 25, & x=0, \\ -x, & x<0。\end{cases}$

6. 用 if 语句编程实现百分制成绩到五分制成绩的转换。

7. 计算职工工资，工人每周工作 40 小时，超过 40 小时的部分应该按加班工资计算(为正常工资的 2 倍)。请编写程序，输入工作时间和单位报酬，计算出该职工应得的工资。

8. 输入一个不多于 5 位的正整数，要求：求出它是几位数；按逆序输出各位数字。

9. 为铁路部门编写计算运费的程序。假设铁路托运行李，规定每张客票托运费计算方法是：行李重不超过 50 千克时，每千克 0.25 元；超过 50 千克而不超过 100 千克时，其超过部分每千克 0.35 元；超过 100 千克时，其超过部分每千克 0.45 元。要求输入行李重量，可计算并输出托运的费用。

10. 编写程序：从键盘输入一位十进制数，把其转换为相应的数字字符。

11. 编程计算 $1!+2!+3!+4!+\cdots+10!$ 的值。

12. 编程计算 $a+aa+aaa+\cdots+aa\cdots a$ (n 个 a)的值，n 和 a 的值由键盘输入。

13. 用 $\frac{\pi}{2}=\frac{2}{1}\times\frac{2}{3}\times\frac{4}{3}\times\frac{4}{5}\times\frac{6}{5}\times\frac{6}{7}\times\cdots$ 前 100 项之积计算 π。

14. 利用泰勒级数计算 e 的近似值，$e=1+\frac{1}{1!}+\frac{1}{2!}+\frac{1}{3!}+\cdots+\frac{1}{n!}$，当最后一项的绝对值小于 10^{-5} 时认为达到精度要求，要求统计总共累加了多少项。

15. 用迭代法求 $x=\sqrt{a}$。求平方根的迭代公式为：$X_{n+1}=(X_n+a/X_n)/2$，要求前后两次

求出的 x 的差的绝对值少于 0.00001。

16. 有一序列 $\frac{2}{1},\frac{3}{2},\frac{5}{3},\frac{8}{5},\frac{13}{8},\frac{21}{13},\cdots$，求出这个序列的前 20 项之和。

17. 输入 5 名学生的学号和 6 门课程的成绩，要求统计并输出各门课成绩、总成绩及平均成绩、各门课程成绩最高者的学号。

18. 编写程序：求满足不等式 $1^1+2^2+3^3+\cdots+n^n>10000$ 的最小项数 n。

19. 输入 10 个数，统计其中正数、负数和零的个数。

20. 有 30 个人在一家饭馆里用餐，其中有男人、女人和小孩。每个男人花了 3 元，每个女人花了 2 元，每个小孩花了 1 元，一共花去 50 元。编写程序求男人、女人和小孩各有几人。

21. 猴子吃桃问题：猴子第一天摘下若干个桃子，当即吃了一半，还不过瘾，又多吃了一个，第二天早上又将剩下的桃子吃掉一半，又多吃了一个。以后每天早上都吃了前一天剩下的一半零一个。到第 10 天早上想再吃时，见只剩下一个桃子了。求第一天共摘了多少个桃子。

第四章　数　组

案例一　统计学生成绩

1. 问题描述

从键盘上输入 10 个学生的成绩，请编程完成以下操作：

(1) 保存这 10 个成绩；

(2) 按输入顺序的反向输出 10 个成绩；

(3) 求平均成绩；

(4) 求最高成绩和最低成绩。

2. 问题分析

要实现本案例，需要考虑如下几个问题：

(1) 选择什么样的数据类型，才能高效的在计算机中存储批量数据；

(2) 如何标记批量存储数据中的个体；

(3) 如何对批量数据进行访问。

3. C 语言代码

```
#include <stdio.h>
void main()
{
    int score[10];                          /*存放学生成绩*/
    int max, min, sum;                      /*存放最高成绩，最低成绩和总成绩*/
    float aver;                             /*存放平均成绩*/
    int i;                                  /*循环变量*/
    printf("请输入 10 个学生的成绩:\n");      /*输入提示*/
    for (i = 0; i <=9; i++)                 /*依次输入 10 个成绩*/
        scanf("%d", &score[i]);
    printf("学生的成绩的逆序为：\n");         /*输入提示*/
    for (i = 9; i >=0; i--)                 /*逆序输出成绩*/
        printf("%5d", score[i]);
    sum=0;                                  /*总成绩赋初值*/
    for (i = 0; i <=9; i++)                 /*计算总成绩*/
        sum=sum+score[i];
```

```
    aver=sum/10.0;                          /*计算平均成绩*/
    printf("\n 平均成绩=%.2f\n", aver);     /*输出平均成绩*/
    min = score[0];                         /*假设第一个成绩是最低成绩*/
    for (i = 1; i <=9; i++)                 /*用循环找出最低成绩*/
    {
        if (score[i] < min)                 /*如果有比 min 小的成绩*/
            min = score[i];                 /*就把此成绩赋值给 min*/
    }
    max = score[0];                         /*假设第一个成绩是最高成绩*/
    for (i = 1; i <=9; i++)                 /*利用循环找出最高成绩*/
    {
        if (score[i] > max)                 /*如果有比 max 大的成绩*/
            max = score[i];                 /*就把此成绩赋值给 max*/
    }
    printf("最低成绩=%d\n", min);           /*输出最低成绩*/
    printf("最高成绩=%d\n", max);           /*输出最高成绩*/
}
```

4. 程序运行结果

```
请输入 10 个学生的成绩：
80  78  90  81  75  95  88  85  98  100
学生的成绩的逆序为：
100  98  85  88  95  75  81  90  78  80
平均成绩=87.00
最低成绩=75
最高成绩=100
```

4.1　一维数组基础知识

4.1.1　数组的概念

在利用计算机解决实际问题时，常常需要处理批量的类型相同的数据，就像案例一中的 10 个成绩，还可能是更多的数据，如整个班级学生的成绩、一个企业的职工的工资、一批商品的价格等，这时候如果采用单个的基本类型变量存储每一个数据，就会产生很多个变量，组织和管理这些基本类型变量就会产生很多不方便，如何解决这个问题，C 语言提供了数组这个数据类型。

数组是一种构造数据类型，主要是将相同类型的数据集合起来，用一个名称来代表，案例一中的 10 个成绩可以组织成一个数组，用一个数组名代表。数组中的每一个数据个体称为数组元素，案例一中的每一个成绩可以被认为是一个数组元素(又称下标变量)，它们

用同一名字、不同下标来区分。数组的使用和其他变量的使用一样，也需要遵循“先定义，后使用”的原则。

4.1.2　一维数组的定义

在案例一中，为了实现保存 10 个成绩的功能，需要在计算机中定义变量，下面学习如何定义用来保存 10 个成绩的数组变量。

一维数组定义格式：

数据类型　数组名[数组长度]；

格式说明：

(1) 数据类型：规定数组的数据类型，即数组中各元素的类型。可以是任意一种基本数据类型或指针，也可以是后续章节中将要学习到的其他构造数据类型。

(2) 数组名：表示数组的名称，命名规则和变量相同，为合法用户标识符，不能和程序中其他变量名或关键字重名。

(3) 数组长度：表示数组中包含数组元素的个数，只能表示成整型常量或整型常量表达式。其中可以包含常数或符号常量，但不能包含变量。

分析案例一，成绩的数据类型属于整型，数组的名称为 score，共需要存储 10 个数据。可以得出，这个数组的定义格式为

```
int　score[10];
```

编译系统编译时会根据定义为 score 分配 10 个连续的存储单元，每个存储单元占 4 个字节(用来存放 1 个 int 类型数据)。数组 score 的存储结构如图 4.1 所示。

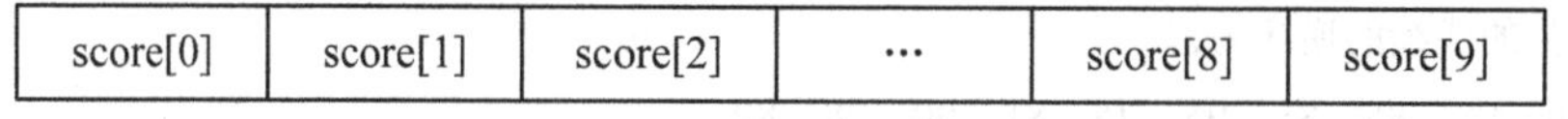

图 4.1　案例一中一维数组的存储结构图

注意：

(1) 数组名后的方括号中内容不能为空，否则编译程序不能确定数组分配的大小空间。例如“int x[ ]”是错误的定义格式。

(2) 方括号中必须是常量或常量表达式，不能是变量。例如：“int n=10; int score[n];”是错误的定义格式。

4.1.3　一维数组的引用

数组在定义之后就可以使用了，但是数组不能作为一个整体参加各种运算，只能通过每个数组元素逐个参与运算来完成数组整体的处理，程序运行时需要引用各个数组元素。

一维数组引用格式：

数组名[下标表达式]

格式说明：

(1) 数组名：要引用的数组名，必须是前期已经定义过的数组。

(2) 下标表达式：下标是每个数组元素的编号，对于长度为 n 的数组，每个数组元素的下标从头至尾依次是 0, 1, 2, 3，…，n−1，即第一个元素的下标是 0，最后一个元素的下

标是 n-1。下标表达式可以是任何非负数整型表达式，包括整型常量、整型变量、含运算符的整型表达式，以及返回值为整数的函数调用，下标为小数时，编译系统将自动取整。案例一中对 score 数组的引用如图 4.1 所示。

注意：

(1) 在引用数组元素时，下标可以是整型常量或表达式，表达式内允许变量存在，例如对案例一中成绩表示如下：

```
score[3];          /*表示下标为 3 的数组元素，即第 4 个成绩*/
int n=5;
score[n];          /*表示下标为 5 的数组元素，即第 6 个成绩*/
score[n+3];        /*表示下标为 8 的数组元素，即第 9 个成绩*/
```

(2) 在引用数组元素时，下标不能越界，否则，可能导致不可预料的错误。例如在案例一中，数组 score 的下标范围是 0 至 9，所以 score[-1]和 score[10]都属于错误的引用。

4.1.4　一维数组的初始化

定义后的数组每个数组元素的值都是随机的，需要对每个数组元素赋值后才能使用。在定义数组的同时可以给数组元素赋初值，这种操作称为数组的初始化。数组初始化时可以给全部数组元素都赋初值，也可以只给部分数组元素赋初值。

一维数组初始化格式：

数据类型　数组名[数组长度]={常量表达式 1，常量表示式 2，…}；

格式说明：

(1) 数据类型、数组名、数组长度同数组定义时要求相同。

(2) 大括号内的各个常量表达式的值即为各数组元素的初值，各初值之间用逗号隔开。

根据赋初值的要求不同，数组初始化有以下几种方式：

(1) 对全部数组元素赋值。例如：

```
int x[5]={10, 20, 30, 40, 50};
```

初始化后各数组元素的值分别为：x[0]=10，x[1]=20，x[2]=30，x[3]=40，x[4]=50。

(2) 对部分数组元素赋值。例如：

```
int x[5]={50, 60};
```

在上面的语句中，定义了 5 个元素，但只赋给两个值，表示只给前面 2 个元素赋值，后续 3 个元素自动默认为 0。初始化后各数组元素的值分别为：x[0]=50，x[1]=60，x[2]=0，x[3]=0，x[4]=0。

(3) 如果对数组的全部元素赋初值，定义时可以不指定数组长度，系统根据初值个数自动确定长度。即初值的个数就是数组的长度。这种方式可以对全部数组元素赋值的初始化形式简写。

例如“int x[5]={10, 20, 30, 40, 50};”可以简写为“int x[]={10, 20, 30, 40, 50};”。

(4) 只能给数组元素逐个赋值，不能给数组整体赋值。

如果给数组 x 的 5 个元素全部赋初值 10，只能写成“int x[5]={10, 10, 10, 10, 10};”，而不能写成“int x[5]=10;”，也不能写成“int x[5]={10*5};”。

4.1.5　一维数组的访问

数组可以整体定义，但不能整体访问，只能通过逐个访问每个数组元素来完成数组的整体访问。因为数组下标是连续的，所以一维数组通常采用循环语句来完成对整体数组的访问，用循环变量来控制要访问的数组元素下标，下面以 for 循环语句做说明，其他循环语句处理原理与之相同。

使用 for 循环语句访问一维数组 x 的数组元素格式：

```
for(i=n1; i<=n2; i++)
    { 访问 x[i];}
```

格式说明：

(1) 格式中的 n1 和 n2 分别表示要访问元素范围的下标下界和下标上界，即表示要访问的数组元素范围为 x[n1]…x[n2]。

(2) 格式中需要 n1<=n2；如果 n1>=n2，表示反向处理数组，需要把 i++修改为 i--。

(3) 循环变量的变化不局限于加 1 或减 1，也可改变为其他步长。

(4) 访问 x[i]可以是对 x[i]的输入或输出，输入输出的方式见案例二。

案例二　计算机技能大赛

1. 问题描述

在学校的计算机技能大赛中，同学们积极备战参与，经过一系列比赛角逐，最终进入决赛的 20 名同学总分已经揭晓，为了确定比赛名次，请编程将所有选手的总分从低到高进行排序。

2. 问题分析

(1) 定义一个一维数组准备用来存储每位比赛选手的总分。

(2) 采用循环结构分别输入每位比赛选手的总分存入数组中。

(3) 用冒泡排序法对数组中的总分进行递增排序。

(4) 输出排序后的总分序列。

3. C 语言代码

```
#include <stdio.h>
void main()
{
    int i, j;                              /*用于循环控制*/
    int a[20];                             /*储存选手的总分*/
    int temp;                              /*中间变量*/
    printf("Please input the final score of the twenty players:\n");    /*输入提示*/
    for (i = 0; i < 20; i++)               /*依次输入各位选手的总分*/
        scanf("%d", &a[i]);
    for (i = 0; i < 20 - 1; i++)           /*从 i=0 开始，共进行(20-1)轮排序*/
```

```
    {                                  /*每轮排序都使一个较大的值到达较大的位置*/
        for (j = 0; j < 20 - 1 - i; j++)   /*每轮两两比较的数据逐层递减*/
        {
            if (a[j] > a[j + 1])           /*符合条件则交换，将两个元素进行交换*/
            {
                temp = a[j];
                a[j] = a[j + 1];
                a[j + 1] = temp;
            }
        }
    }
    printf("After Sort:\n");               /*输出提示*/
    for (i = 0; i < 20; i++)
        printf("%d ", a[i]);               /*依次输出递增排序后的各个总分*/
    printf("\n");
}
```

4. 程序运行结果

```
Please input the final score of the twenty players
80 81 85 90 91 88 82 93 83 87 84 78 89 75 77 79 86 92 76 95
After Sort:
75 76 77 78 79 80 81 82 83 84 85 86 87 88 89 90 91 92 93 95
```

4.2　一维数组排序

在编程过程中，经常要完成对一组数据的排序工作，所以掌握几种排序算法很有必要，冒泡排序法、选择排序法都是很常用的排序方法。

冒泡算法是一种比较经典的算法。所谓冒泡法，就是将要排序的数据看成一个“数据湖”，在这个“湖中”，小数向上浮，而大数向下沉，按照这个规则，所有数据最终将变成从小到大的数据序列。假设要排序的 5 个数据序列是 60，15，31，28，7，排序步骤如下：

第一轮：从第 1 个数据开始，将相邻的两个数据进行比较，若大数在前，则将这两个数据进行交换；直到最后两个数据比较完毕，经过这样一轮的比较，所有的数据中最大的数据将被排在数据序列的最后，这个过程称为第一轮排序。第一轮排序过程如下所示：

```
60  15  31  28  7
15  60  31  28  7
15  31  60  28  7
15  31  28  60  7
15  31  28  7  60        /*第一轮排序后的结果*/
```

第二轮：从第 1 个数据开始到倒数第 2 个数据之间的所有数据进行新一轮的比较和交换，

比较和交换的结果为数据序列中的次大的数据被排在倒数第 2 的位置，排序过程如下所示：

15　31　28　7　60

15　31　28　7

15　28　31　7

15　28　7　31　60　　　/*第二轮排序后的结果*/

第三轮：从第 1 个数据开始到倒数第 3 个数据之间的所有数据进行新一轮的比较和交换，比较和交换的结果为数据序列中的第 3 大的数据被排在倒数第 3 的位置，排序过程如下所示：

15　28　7　31　60

15　28　7

15　7　28　31　60　　　/*第三轮排序后的结果*/

第四轮：从第 1 个数据开始到倒数第 4 个数据之间的所有数据进行比较和交换，排序过程如下所示：

15　7　28　31　60

7　15　28　31　60　　　/*第四轮排序后的结果*/

像上面共经过四轮排序，即(5−1)轮排序，排序结束，然后再输出排序后的数据。

选择排序法的基本思路是：设有 n 个元素要排序，先把第一个元素作为最小者，与后面(n−1)个元素比较，如果第一个元素大，则与其交换(保证第一个元素总是最小的)，直到与最后一个元素比较完，第一遍就找出了最小元素，并保证在第一个元素位置。再以第二个元素(剩余数据中的第一个元素)作为剩余元素的最小者与后面的元素一一比较，若后面元素较小，则与第二个元素交换，直到最后一个元素比较完，第二小的数就找到了，并保存在数组的第二个元素中，依次类推，总共经过(n−1)轮处理后就完成了将输入的 n 个数由小到大排序。

例 4.1　用选择排序法实现案例二的排序。

```
#include <stdio.h>
void main()
{
    int i, j;                                  /*用于循环控制*/
    int a[20];                                 /*储存比赛选手的总分*/
    int temp;                                  /*中间变量*/
    printf("Please input the final score of the twenty players:\n");   /*输入提示*/
    for (i = 0; i < 20; i++)                   /*依次输入各位选手的得分*/
        scanf("%d", &a[i]);
    for (i = 0; i < 20 -1; i++)                /*确定基准位置*/
    {
        for (j =i+1; j < 20 ; j++)
        {
            if (a[i] > a[j])                   /*符合条件则交换，将两个元素进行交换*/
            {
```

```
                    temp = a[i];
                    a[i] = a[j];
                    a[j] = temp;
                }
            }
        }
        printf("After Sort:\n");                        /*输出提示*/
        for (i = 0; i < 20; i++)
            printf("%d ", a[i]);                         /*依次输出排序后的各个总分*/
        printf("\n");
    }
```

案例三　矩阵的存储与计算

1. 问题描述

编写程序：有一个矩阵(5 行 5 列)，完成以下操作：

(1) 从键盘上输入数据初始化矩阵；

(2) 在屏幕上输出该矩阵；

(3) 计算矩阵主对角线元素之和，下三角元素之和；

(4) 计算矩阵首行、首列、末行和末列的元素之和。

2. 问题分析

要实现上述案例，需要解决如下几个问题：

(1) 矩阵类型非线性数据的存储时需要什么类型的数据结构；

(2) 矩阵中的数据如何标识；

(3) 如何从矩阵中选取需要的数据。

3. C 语言代码

```
#include <stdio.h>
void main()
{
    int a[5][5];                                    /*定义矩阵(5 行 5 列)*/
    int i, j, sum;                                  /*循环变量与存放和的变量*/
    printf("Please input the matrix(5*5):\n");      /*输入提示*/
    for(i=0; i<5; i++)                              /*从键盘上输入数据初始化矩阵*/
        for(j=0; j<5; j++)
            scanf("%d", &a[i][j]);
    for(i=0; i<5; i++)                              /*输出矩阵*/
    {
        for(j=0; j<5; j++)
            printf("%d\t", a[i][j]);
```

```
        printf("\n");
    }
    sum=0;                                          /*主对角线和初始化*/
    for(i=0; i<5; i++)                              /*计算矩阵主对角线元素之和*/
        sum=sum+a[i][i];
    printf("矩阵主对角线元素之和为：%d\n", sum);     /*输出矩阵主对角线元素之和*/
    sum=0;                                          /*下三角元素之和初始化*/
    for(i=0; i<5; i++)                              /*计算矩阵下三角元素之和*/
        for(j=0; j<=i; j++)
        sum=sum+a[i][j];
    printf("矩阵下三角元素之和为：%d\n", sum);       /*输出矩阵下三角元素之和*/
    sum=0;                          /*计算矩阵首行、首列、末行和末列元素之和*/
    for(i=0; i<5; i++)
        sum=sum+a[0][i]+a[i][0]+a[4][i]+a[i][4];
    sum=sum-a[0][0]-a[0][4]-a[4][0]-a[4][4];
    printf("矩阵首行、首列、末行和末列元素之和为：%d\n", sum);
}
```

4. 程序运行结果

```
Please input the matrix(5*5):
2 4 6 7 8
5 6 2 3 0
4 8 5 1 3
7 9 4 2 6
8 0 6 3 7
2       4       6       7       8
5       6       2       3       0
4       8       5       1       3
7       9       4       2       6
8       0       6       3       7
矩阵主对角线元素之和为：22
矩阵下三角元素之和为：76
矩阵首行、首列、末行和末列元素之和为：76
```

4.3　二维数组基础知识

4.3.1　二维数组的概念

一维数组可以很方便的解决“一组”相关数据的存储和处理问题，但对于“多组”相关数据的存储和处理如何很好的完成？这就需要使用另外一种数组(二维数组)来解决。下面我们看一个例子：一个学生有三门课成绩，描述一个班60名学生的成绩，数据之间的关系如表4.1所示。

表4.1 学生成绩表

学 生	语 文	数 学	英 语
学生1	80	75	90
学生2	85	89	95
…	…	…	…
学生60	73	75	80

表中的3列成绩，代表着不同的科目，对于一个具体的数据，例如89，它具有双重身份，既表明这一成绩属于学生2，同时也表明它是数学成绩，从而需要两个标志去标记它(学生姓名和科目)，可以用行下标和列下标分别表示这两个标记。这样a[1][1]就可以唯一标识89这个数据，即它代表的是第1行第1列上的数据元素。我们称这种带两个下标的数组为二维数组，它在逻辑上相当于一个矩阵或是由若干行和列组成的二维表。因此在二维数组中，第一维的下标称为行下标，第二维的下标称为列下标。

4.3.2 二维数组的定义

二维数组与一维数组一样，也需要“先定义，后使用”，二维数组定义格式如下：

数据类型 数组名[行大小][列大小]

格式说明：

(1) 数据类型：规定数组的数据类型，即数组中各元素的类型。可以是任意一种基本数据类型或指针，也可以是后续章节中将要学习到的其他构造数据类型。

(2) 数组名：表示数组的名称，命名规则和变量相同，为合法用户标示符，不能和程序中其他变量名或关键字重名。

(3) 行大小与列大小：表示二维数组中包含的总行数和总列数，只能表示成整型常量或整型常量表达式。其中可以包含常数或符号常量，但不能包含变量。

例如：

```
int a[3][4]          /*定义整型二维数组a，3行4列，共有12个数组元素*/
float b[6][6]        /*定义实型二维数组b，6行6列，共有36个数组元素*/
```

对于上述60个学生3门课程成绩的二维数组定义为

```
int score[60][3]     /*第一维行数表示学生人数，第二维列数表示课程门数*/
```

注意：

在C语言中二维数组的元素是按行优先存储的。例如定义的二维数组：int a[5][6]，则在内存中，先存储第0行的元素，再存储第1行的元素，依次类推，直到最后第4行元素存储完毕。每行中的5个元素也是依次存放。

4.3.3 二维数组的引用

与一维数组引用形式类似，二维数组中的元素引用也只能用数组名和下标逐个引用。

二维数组引用格式为

数组名[行下标表达式][列下标表达式]

其中，行下标表达式和列下标表达式是为任意非负数整型表达式，每个下标都从 0 开始。

注意：

数组元素引用和数组定义在形式上有些相似，但两者具有完全不同的含义。数组定义语句中的方括号中给出的是某一维的长度，即某一维元素的个数；而数组元素中的下标是该元素在数组中的位置标识。前者只能是常量，后者可以是常量、变量或表达式。例如：

```
int a[3][5];            /*定义整型二维数组 a */
a[2][3]=30;             /*给行下标为 2、列下标为 3 的数组元素赋值 30 */
```

4.3.4 二维数组元素的初始化

二维数组初始化是指在数组定义时给数组各元素赋初值，二维数组初始化可以使用以下形式：

(1) 按行对二维数组赋初值，将每一行元素的初值用一对花括号括起来。例如：

```
int a[3][3]={{1, 2, 3}, {4, 5, 6}, {7, 8, 9}};
```

这种方法比较直观，不容易出错，赋值后数组各元素为

1	2	3
4	5	6
7	8	9

(2) 根据该数组元素的个数，把初始化的数据全部括在一个大括号内，根据二维数组按行优先存储的规则，依次赋给数组对应的元素。例如：

```
int a[3][3]={ 1, 2, 3, 4, 5, 6, 7, 8, 9};
```

赋值结果与第一种形式相同。但当数据过多时，容易产生遗漏，使用时需要细心。例如：

```
int a[3][3]={{1, 2}, {4, 5}, {7}};
```

这时只给第一、二行前两列，第三行第一列元素赋初值，没有赋值的元素默认初值为 0。赋值后数组元素的值如下：

1	2	0
4	5	0
7	0	0

例如：

```
int a[3][3]={1, 2, 3, 4, 5};
```

根据二维数组按行优先存储的规则，赋值后的数组元素值如下：

1	2	3
4	5	0
0	0	0

(3) 在对数组元素初始化时可以省略第一维的长度，但必须指定第二维的长度。第一维的长度由系统根据初始值表中的初值个数来确定，由数据元素个数除以第二维长度向上取整来决定。例如：

```
int a[][3]={1, 2, 3, 4, 5, 6, 7, 8};
```

由于 a 数组有 8 个初值，列长度为 3，所以该数组的行长度为 3。

4.3.5　二维数组的访问

由于二维数组元素有两个下标，所以一般用双重循环来完成对数组元素的访问，两个循环变量分别控制要访问元素的行下标和列下标。下面以 for 循环语句做说明，其他循环语句处理原理与之相同。

使用 for 循环语句访问二维数组 x 的数组元素格式：

```
for(i=m1; i<=m2; i++)
     for(j=n1; j<=n2; j++)
{访问 x[i][j];}
```

说明：

(1) 格式中的 m1 和 m2 分别代表二维数组要处理的行下标下界和上界；n1 和 n2 分别代表二维数组要处理的列下标下界和上界。以上代码表示要处理的数组元素范围为 x[n1]…x[n2]。

(2) 格式中需要 m1<=m2，n1<=n2；如果 m1>=m2 或 n1>=n2，表示反向处理数组，需要把 i++ 修改为 i--，j++修改为 j--。

(3) 循环变量的变化不局限于加 1 或减 1，也可改变为其他步长。

案例四　逆转字符串

1. 问题描述

编写一个将字符串 s1 逆转的程序。从键盘上输入字符串 s1 的内容，对字符串进行逆转，把逆转后的结果输出。

2. 问题分析

要实现上述案例，需要解决如下几个问题：

(1) 字符串在计算机中如何存储；

(2) 字符串的输入与输出；

(3) 字符串的操作原理。

3. C 语言代码

```
#include<stdio.h>
void main()
{
    char s1[20], s2[20];
    int i, j;
```

```
    printf("输入字符串 s1:");
    scanf("%s", s1);
    for(i=0; s1[i]!= '\0'; i++);          /*计算 s1 数组中存储字符串的长度为 i*/
    for(j=0; s1[j]!='\0'; j++)
    s2[i-j-1]=s1[j];              /*从 s1 数组中按照由后往前的顺序取元素依次赋值给 s2 数组*/
    s2[i]='\0';
    printf("逆转后的字符串:%s\n", s2);
}
```

4. 程序运行结果

```
输入字符串 s1:hello
逆转后的字符串:olleh
```

思考：逆转字符串的其他算法。

4.4　字符数组与字符串

字符数组就是类型为 char 的数组。同其他类型的数组一样，字符数组既可以是一维的，也可以是多维的。C 语言中并没有字符串这种数据类型，而是使用字符数组存放字符串。字符数组中的各数组元素依次存放字符串的各字符，字符数组的数组名代表该字符串的首地址，这种方式为处理字符串中个别字符和引用整个字符串提供了方便。

4.4.1　字符数组

1. 字符数组的定义

一维字符数组的定义形式如下：

char　数组名[整型常量表达式];

例如：

```
char　a[10];
```

二维字符数组的定义形式如下：

char　数组名[整型常量表达式 1][整型常量表达式 2];

例如：

```
char　b[3][4];
```

2. 字符数组的初始化

对字符数组初始化，通常的方式是逐个字符赋给数组中各元素。例如：

```
char c[10]={'I', ' ', 'a', 'm', ' ', 'h', 'a', 'p', 'p', 'y'};
```

把 10 个字符分别赋给 c[0]到 c[9]的 10 个元素。如果初值个数小于数组长度，则只将这些字符赋给数组中前面那些元素，其余元素自动赋值为空字符('\0')。例如：

```
char c[10]={'I', ' ', 'a', 'm'};
```

数组中从 c[4]至 c[9]元素的值为空字符。

如果提供的初值个数与预定的数组长度相同，在定义时可以省略数组长度，系统会自动根据初值个数确定数组长度。例如：

```
char c[]={'I', ' ', 'a', 'm', ' ', 'h', 'a', 'p', 'p', 'y'};
```

数组的长度定义为 10。

二维字符数组初始化方法与二维整型数组方法相同。

4.4.2　字符串

1. 字符串的定义

在 C 语言中，字符串是用双引号括起来的字符序列。一般来讲，字符串是利用字符数组来存放的。在存储一个字符串时，系统在其末尾自动加一个字符串结束标志'\0'。'\0'是 ASCII 码为 0 的字符，称为“空字符”，它表示字符串到此结束，利用该标志可以很方便地测定字符串的实际长度。

2. 字符串的输入和输出

由于字符串是存放在字符数组中的，因此字符串的输入和输出，实际上就是字符数组的输入和输出。对字符数组的输入和输出可以有两种方式：一种是采用“%c”格式符，每次输入或输出一个字符。另一种是采用“%s”格式符，每次输入或输出一个字符串。在使用 scanf 函数来输入字符串时，“输入项表”中应直接写字符数组的名字，而不再用取地址运算符&，因为 C 语言规定数组的名字就代表该数组的起始地址。并且注意存储字符串的字符数组长度应大于字符串的长度。例如：

```
char  str[10];
scanf("%s", str);    /*在 scanf 函数中，str 之前不要加上“&”*/
```

另外还可以使用 gets 函数输入字符串。形式为

gets(字符串变量)

gets()可以接受含有空格的字符串，而 scanf 函数只能够输入一个不包含空格的字符串，scanf 函数在输入时遇到空格或回车结束输入，gets 函数在输入时遇到回车结束输入。这是 gets 与 scanf 的最大差别。例如：

```
char  str[15];
scanf("%s ", str);
```

从键盘上输入：How，系统自动在后面加上一个'\0'结束符，如果输入为：How　are　you，则字符数组只能接受 How。

若要字符数组接受 How　are　you，修改如下：

```
char  str[15];
gets(str);
```

输入：How　are　you，这时 str 能接收所有的字符。

使用字符数组处理字符串时的注意事项：

(1) 输出字符不包括结束符'\0'。

(2) 用“%s”格式输出字符串时，printf()的输出项是数组名，而不是数组元素名。例如

```
printf("%s", c[0]);
```

是不符合语法要求的。

(3) 输出时如果数组长度大于字符串实际长度，输出到'\0'结束。例如：

```
char   c[10]={"china"};
printf("%s", c);
```

实际输出 5 个字符，到字符 a 为止，而不是 10 个字符。

(4) 如果一个字符数组中包含一个以上'\0'，则遇第一个'\0'时输出就结束。例如：

```
char   c[10]={ "chi\0na"};
printf("%s", c);
```

输出为 chi，输出到字符 i 为止。

(5) 在字符数组初始化时初值可以是字符串，例如：

```
char str1[15]={ "Iamhappy"};
```

也可以省略花括弧，直接写成 char str1[15]= "Iamhappy";

若要省略数组下标，写成 char str2[ ]= "Iamhappy";

初始化时是否省略数组下标是有区别的，区别在于字符数组 str1 中包含 15 个字符，从第 9 个元素开始都为空字符 '\0'，字符串占用 15 个内存单元；而字符数组 str2 因为遇到结束符'\0'就停止赋值，所以只包含 9 个元素，其中第 9 个元素为字符结束标志，字符串占用 9 个内存单元。

案例五　在指定位置插入字符

1. 问题描述

输入一个字符串和一个要插入的字符，然后输入要插入的位置，在指定的位置插入指定的字符，并将新字符串输出到屏幕上。

2. 问题分析

(1) 自定义一个插入函数，实现向字符串中指定位置插入一个字符的功能；

(2) 在主函数中输入字符串、要插入的字符及位置，调用插入函数实现插入操作。

3. C 语言代码

```
#include <stdio.h>
#include <string.h>
void main()
{
    char s[100], str[100], c;
    int position;
    printf("Please input s:\n");
    gets(s);                              //使用 gets()函数获得一个字符串
    printf("Please input a char:\n");
    scanf("%c", &c);                      //获得一个字符
    printf("Please input position:\n");
    scanf("%d", &position);               //输入字符串插入的下标位置
```

```
        strncpy(str, s, position);          //将 s 数组中的前 position 个字符复制到 str 中
        str[position] = c;                  //把 c 放到 str 后面
        str[position+ 1] = '\0';            //用字符串结束符结束 str
        strcat(str, (s + position));        //将 s 的剩余字符串连接到 str
        strcpy(s, str);
        puts(str);                          //输出最终得到的字符串
    }
```

4. 程序运行结果

```
Please input s:
chna
Please input a char:
i
Please input position:
2
china
```

案例六　字符串比较

1. 问题描述

要求对 "c language"、"hello world"、"it cast"、"strcmp" 和 "just do it" 这五个字符串按照首字母大小进行由小到大的排序，并将结果输出到屏幕上。

2. 问题分析

(1) 自定义一个选择排序法的函数；

(2) 在主函数中定义一个指针数组用来构造一个字符串数组；

(3) 调用排序函数完成从小到大的排序；

(4) 将排序结果输出到屏幕上。

3. C 语言代码

```
#include<stdio.h>
#include<string.h>                          //添加字符串处理头文件
void main()
{
    int n = 5;                              //字符串个数
    int i, j;                               //循环变量
    char temp[20];                          //中间变量
    char strings[5][20] ={"c language", "hello world", "itcast", "strcmp", "just do it"};
                                            //用二维字符数组存放字符串
    for (i = 0; i < n - 1; i++)
    {
```

```
            for (j = i + 1; j < n; j++)
            {
            if (strcmp(strings[i], strings[j]) > 0)        //根据大小交换位置
                {
                    strcpy(temp, strings[i]);
                    strcpy(strings[i], strings[j]);
                    strcpy(strings[j], temp) ;
                }
            }
        }
        for (i = 0; i < n; i++)                         //依次输出排序后的字符串
            printf("%s\n", strings[i]);
    }
```

4. 程序运行结果

```
c language
hello world
itcast
just do it
strcmp
```

4.5　字符串处理函数

C 语言编译系统为用户提供了非常丰富的字符串处理函数，使得字符串的处理变得很方便。这些函数说明都包含在头文件 string.h 中，在使用时只需在相应程序前面要加上预编译命令#include"string.h"。下面介绍几个常用的字符串处理函数，如果编程过程中需要其他函数，读者可以查阅相关资料。

1. 字符串拷贝函数 strcpy()

调用形式：strcpy(str1，str2)

参数：str1 为字符数组名或指向字符数组的指针，str2 为字符串常量或字符串数组。

功能：将 str2 所代表的字符串拷贝到字符数组 str1 中，并返回 str1 的地址。

注意：

(1) 字符数组 str1 的长度应大于字符数组 str2 的长度，如果 str1 的长度小于 str2 的长度，那么 str1 将容纳不下 str2 的字符，强制拷贝将会出现运行期错误。

(2) 因为拷贝时将 str2 中的字符串连同作为字符串结尾的字符'\0'一同拷贝到 str1 中，字符数组 str1 中原有数据一部分被覆盖。

(3) 两个字符数组之间不能直接赋值，当需要将一个字符串或字符数组赋值给另一个字符数组时，应采用 strcpy 函数来实现。

2. 字符串连接函数 strcat()

调用形式：strcat(str1，str2)

参数：str1 为字符数组或者指向字符数组的指针，str2 为字符数组、字符串常量或指向字符数组的指针。

功能：将字符串 str2 连接到 str1 后面，并返回 str1 的地址。

注意：

(1) 字符数组 str1 的长度应大于字符数组 str1 和 str2 中的字符串长度的和。

(2) 两个字符数组中都必须含有字符'\0'作为字符串的结尾，而且在执行该函数后，字符数组 str1 中作为字符串结尾的字符'\0'将被字符数组 str2 中的字符串的第 1 个字符所覆盖，而字符数组 str2 中的字符串结尾处的字符'\0'将被保留作为结果字符串的结尾。

3. 字符串比较函数 strcmp()

调用形式：strcmp(str1，str2)

参数：str1 和 str2 为字符串常量或字符串数组。

功能：比较字符串 str1 和 str2 的大小。

字符串的比较规则是：对两个字符串自左至右逐个比较字符的 ASCII 值的大小，直到出现不同的字符或遇到结束符'\0'为止。如果全部字符相同，则两个字符串相等；否则当两个字符串中首次出现不相同的字符时停止比较，并以此时 str1 中的字符的 ASCII 值减去 str2 中的字符的 ASCII 值作为比较的结果。具体为：当比较的结果等于 0 时，str1 中的字符串等于 str2 中的字符串；当比较的结果大于 0 时，str1 中的字符串大于 str2 中的字符串；当比较的结果小于 0 时，str1 中的字符串小于 str2 中的字符串。

注意：

不能直接用关系运算符比较两个字符串的大小。在比较字符串大小时，只能利用函数 strcmp 来实现。

4. 测试字符串长度函数 strlen()

调用形式：strlen(str)

参数：str 为字符串常量或字符数组。

功能：返回字符串 str 或字符数组 str 中的字符串的实际长度，不包括'\0'。

5. 字符串大小写转换函数 strlwr()和 strupr()

调用形式为：strlwr(str)和 strupr(str)

参数：str 为字符串数组。

功能：strlwr 函数将字符串数组 str 中的大写字母转换成小写的字母；strupr 函数将字符串数组 str 中的小写字母转换成大写的字母。

案例七　用指针实现对数组的操作

1. 问题描述

从键盘输入多个整数存入一个一维数组中，利用指向一维数组的指针进行操作，分别求这些整数的最大值与最小值，并输出最大值与最小值在数组中的位置。

2. 问题分析

本案例中要求用指针完成操作，需要解决如下几个问题：

(1) 了解地址与指针的概念；

(2) 熟悉数组元素的地址表示法；

(3) 学会利用指向一维数组的指针对数组进行处理。

3. C 语言代码

```
#include <stdio.h>
void main()
{
    int a[50], *p;                          //定义数组存放数字
    int MAX, MIN;                           //定义最大值和最小值变量
    int i, n;                               //输入数字的个数
    int j = 0;                              //最小值位置
    int k = 0;                              //最大值位置
    printf("Please input the size of array:\n");
    scanf("%d", &n);                        //输入数组的元素个数
    p=a;                                    //指针指向数组第一个元素
    printf("Please input the elements of the array one by one:\n");
    for (i = 0; i < n; i++)                 //依次输入数组中的元素
        scanf("%d", p+i);
    MIN = *p;                               //数组首元素默认为最小值
    for (i = 1; i < n; i++)                 //找出数组元素中的最小值
    {
        if (*(p+i) < MIN)                   //如果有比 MIN 小的元素
        {
            MIN = *(p+i);                   //就把此元素赋值给 MIN
            j = i + 1;                      //将存储最小值的位置赋给 j
        }
    }
    MAX = *p;                               //数组首元素默认为最大值
    for (i = 1; i < n; i++)                 //找出数组元素中的最大值
    {
        if (*(p+i) > MAX)                   //如果有比 MAX 大的元素
        {
            MAX = *(p+i);                   //就把此元素赋值给 MAX
            k = i + 1;                      //将存储最大值的位置赋给 k
        }
    }
```

```
        printf("The position of the MIN is:%d\n", j);    //输出最小值所在的位置
        printf("The MIN is:%d\n", MIN);                  //输出最小值
        printf("The position of MAX is:%d\n", k);        //输出最大值所在的位置
        printf("The MAX is:%d\n", MAX);                  //输出最大值
    }
```

4. 程序运行结果

```
Please input the size of array:
10
Please input the elements of the array one by one:
88 90 78 75 83 85 93 95 80 70
The position of the MIN is:10
The MIN is:70
The position of MAX is:8
The MAX is:95
```

4.6 一维数组与指针

前面学习过，指针是C语言中一种特殊的变量类型，与其他类型的变量不同，指针变量存储的是地址，正确地使用指针，可以使程序更为高效灵活。用指针对数组操作也能很好地提高效率。

4.6.1 指针运算

前面已经讲过指针的基本概念，指针表示内存变量的地址，存放指针的变量称作指针变量，有时也简称为指针。指针只能用地址表达式表示，不能将任意的整数赋予指针变量，也不能像普通整数那样对指针进行任意的运算。指针的运算主要有以下两种。

1. 算术运算

指针的算术运算：指针加、减一个整数和两个指针相减运算。

指针加、减一个整数运算时，两个运算对象是一个指针而另一个为整数类型的量。例如：

```
int a=2;
int *p;
p=p+a;
```

表达式p+a的结果也是一个指针(地址值)，这时指针指向指针p后面的第a个存储单元的起始地址，但不同数据类型占用存储单元的大小不同，指针移动的距离也不同。如果指针p所指向对象的存储单元包含m个字节(m为任意自然数)，则指针移动的距离为a*m，表达式p+a的结果(地址值)应为p+ a*m。

指针加、减一个整数经常用于对数组的操作。设p是指向数组中某元素的指针变量，则下列表达式合法：

p+a 表达式表示从当前位置p向地址变大方向移a个元素所对应的地址，p保持不变；

p-a 表达式表示从当前位置 p 向地址变小方向移 a 个元素所对应的地址，p 保持不变；

p++ 表达式表示 p 当前指向的地址，然后 p 向地址变大方向移 1 个元素，p 变大；

++p 表达式表示 p 当前指向的地址向地址变大方向移 1 个元素所对应的地址，p 变大；

p-- 表达式表示 p 当前指向的地址，然后 p 向地址变小方向移 1 个元素，p 变小；

--p 表达式表示 p 当前指向的地址向地址变小方向移 1 个元素所对应的地址，p 变小。

总之，当指针指向数组中某元素时，指针加、减一个整数，其结果的类型仍然是指向数组元素的指针类型，结果的值向后(加)或向前(减)移动了整数个元素。如图 4.2 所示，表达式 p+n 的结果使得指向数组元素 a[i]的指针变量 p 指向后面相隔 n 个元素的 a[j]。

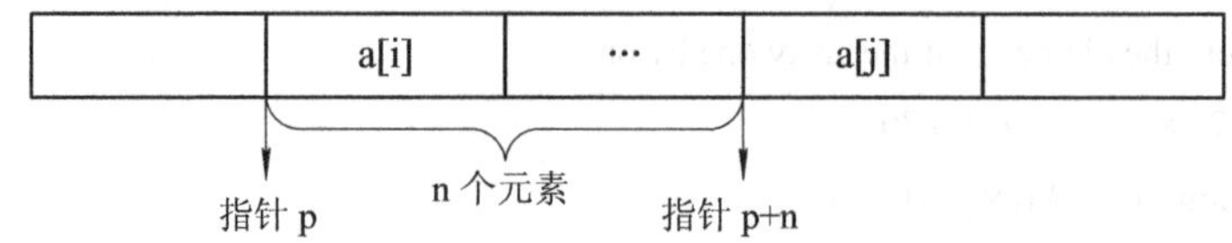

图 4.2　指针的移动

两个指针相减的运算只对指向同一个数组的指针有意义。例如 p1 和 p2 是指向同一数组中不同或相同元素的指针(p1 小于或等于 p2)，则 p2 – p1 的结果为 p2 和 p1 之间间隔元素的数目 n，注意两个指针相减其结果是一个整数而不是指针。

例如，如图 4.3 所示，指针 p1 指向数组元素 a[2]，指针 p2 指向数组元素 a[8]；a[2]与 a[8]之间相隔 6 个元素，所以 p2 – p1 的值为 6。

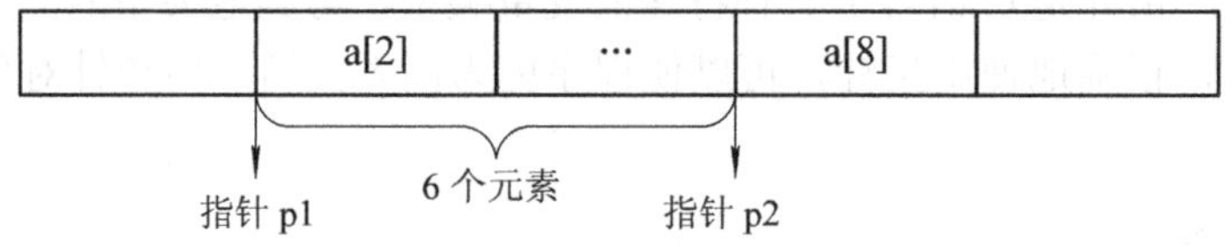

图 4.3　指针相减运算

2. 关系运算

如果两个指针类型相同，则这两个指针可以进行任何一种关系运算，其中作比较运算的两个指针应指向同一个数组中的元素，否则运算结果无意义。

设指针 p1、p2 指向数组中的第 i、j 元素，则下列表达式为真的含义为：

p1<p2　(p1>p2)　　表示 p1 所指元素位于 p2 所指元素之前(之后)；

p1<=p2　(p1>=p2)　表示 p1 所指元素位于 p2 所指元素之前或者同一个元素（表示 p1 所指元素位于 p2 所指元素之后或者同一个元素)；

p1==p2　(p1!=p2) 表示 p1 和 p2 指向同一个元素(表示 p1 和 p2 不指向同一个元素)。

NULL 指针(整常数 0)可以与任何类型的指针比较。NULL 指针与其他类型的指针之间通常是作==和!=比较，判断指针是否为 NULL 指针。

4.6.2　指向一维数组的指针

1. 一维数组地址

一维数组元素 a[i]的地址可以写成表达式&a[i]或 a+i，&a[i]是用下标形式表示的地址，a+i 是用指针形式表示的地址，二者结果相同。元素 a[i]的地址等于数组首地址向后偏移若干字节，偏移的字节数等于 a[i]与首地址之间间隔元素的数目乘以一个元素所占存储单元的字节数。例如：

```
float   a[10];
```

由于 float 类型占 4 个字节，因此元素 a[3]的地址值为 a+3*4，即数组 a 的第 3 个元素的地址等于数组首地址向后偏移 12 个字节。

2. 一维数组指针的定义

一维数组指针与指向其他简单变量的指针定义形式一样。例如：

```
int   a[30];
int   *p;
```

上面定义了一个整型数组 a 和一个指向整型量的指针变量 p。这时指针变量 p 并没有指向任何对象，只有当将数组 a 的起始地址赋值给指针变量 p 时，指针 p 才表示指向数组 a，这时我们称指针 p 为指向数组 a 的指针，指向过程可以通过下面两种方法实现：

1) 用数组名做首地址

```
p=a;
```

表示将数组 a 的起始地址赋值给指针 p，而不是将数组 a 的所有元素赋值给指针 p。将数组 a 的起始地址赋值给指针也可以在指针定义的同时进行。如下：

```
int   a[30];
int   *p=a;   /*指针的初始化*/
```

这里 int *p=a 的含义是在定义指针变量 p 的同时，将数组 a 的起始地址赋值给指针变量 p，而不是赋值给指针 p 指向的变量(即*p)。

2) 用数组第一个元素的地址做首地址

```
p=&a[0];
```

数组名 a 与数组元素 a[0]的地址相同，都是数组的起始地址，所以也可以将&a[0]赋值给指针 p。

无论利用上述那种方式，需要注意的是，对于指向一维数组的指针 p，它所指向的变量(即*p)的数据类型必须与这个一维数组的数组元素的类型一致。

例如下面的语句是错误的：

```
float   a[30];
int   *p=&a[0];   /*指向整型的指针不能指向数组元素类型为单精度的一维数组*/
```

3. 利用指针引用一维数组元素

在将指针 p 指向一个一维数组 a 之后，就可以利用该指针对数组 a 的元素进行引用了。

1) 下标法

p 指向数组 a 以后，p[i]就是 p 增加 i 个元素后的地址取内容，等价于 a[i]。通过 p[i]这种方式引用数组元素的方法称为下标法。

2) 指针法

假设指针 p 已经指向了数组 a 的起始地址，表达式 p+n 就是指向指针 p 所指向的数组元素后面的第 n 个元素的指针，*(p+n)就是对指针 p 所指向的数组元素后面的第 n 个元素

的值，p – n 就是指向指针 p 所指向的数组元素前面的第 n 个元素的指针，*(p – n)就是对指针 p 所指向的数组元素前面的第 n 个元素的值。因此利用指针的加、减整数就可以产生指向数组的任意一个数组元素的指针，通过指针可以对数组的任意一个元素进行引用。另外也可以反复利用指针的自增运算或自减运算，比如 p++或 p--，在数组的各个元素间移动。

例如：访问数组 a 的第 2 个元素 a[2]：

```
int a[30];
int   *p=a;
p=p+2;
```

这时指针 p 指向数组的第 2 个元素，则 *p 等价于 a[2]。

在利用指针来引用数组元素时应注意以下几点：

(1) 通过指针访问数组元素时，必须首先让该指针指向当前数组。

(2) 因为数组名表示数组的起始地址，所以数组名也可以称为指针，但是注意数组名是一个特殊的指针，它不是指针变量，它的值在程序整个运行过程中都不能被改变，只是存放数组的起始地址。所以像 a++ 或者 a=a+2 这些语句都是错误的。

(3) 使用指针引用数组元素时注意下标不能越界。例如：

```
int   a[5];
int   *p, n;
p=a;
```

利用 p=p+n 移动指针使 p 指向数组 a 的任意一个元素，当 n 等于 0、1、2、3、4 时，p 将分别指向数组 a 的第 0、1、2、3、4 个元素。但应注意的是，对于 n 大于 4 时也是合法的语句，p=p+n 使指针 p 指向了数组 a 后面的存储单元。在 C 语言中指针变量可以指向数组范围之外的存储单元，编译系统不对数组元素引用时在下标越界进行判断，因为编译系统将数组元素处理成对数组起始地址加上数组元素的相对位移量所得的指针指向的存储单元的引用，所以在使用指针引用数组元素时注意下标不能越界。

(4) 在进行指针运算时，应注意运算符的优先级和结合性，写出正确的表达式。例如，*p++ 等价于 *(p++)，该表达式的结果为指针 p 所指的存储单元的内容，指针 p 指向下一个存储单元。又例如，*(p++)与(*p)++ 不同，表达式(*p)++ 的功能是取指针 p 所指的存储单元的内容作为该表达式的结果值，然后将所指向的存储单元内容进行加 1 运算，而指针 p 的内容不变。

*++p 与表达式 *(++p)等价于 p=p+1;*p，即得到的是 p 指向下一个存储单元的值，与 *p++ 显然不同。

案例八　数据表的建立与操作

1. 问题描述

工作生活中常常需要处理一些数据，小到个人的日常开支，大到公司的整体运营，为了使数据处理的效率更高、操作更加方便，常常使用各式各样的数据表来存储这些数据。例如使用一张表格记录全班学生的成绩，针对该表格，可以执行基于行的操作，求出某个学生的总成绩，也可以执行基于列的操作，求得某个科目的成绩，进而得出本班学生某科目的平均分。如图 4.4 为一个简单的数据表。编程实现一个数据表，用户可以向系统中动态地输入一批整数，并利用指向数组的指针完成对行或列的求和运算。

2. 问题分析

图 4.4 中是一张用于存储整数的数据表，程序应逐行或者逐列地存储表中的每一个数并能逐个获取表中的数据，按照行或者列对表中的数据进行运算。该表的形式类似二维数组逻辑存储结构，所以在本案例实现时很容易想到使用二维数组来存储该表，但本章节要讲解的知识点都与指针有关，因此本案例的实现借助指针完成。

3. C 语言代码

0	1	2	3
4	5	6	7
8	9	10	11
12	13	14	15
16	17	18	19

图 4.4　数据表样例

```
#include <stdio.h>
void main()
{
    int dataTable[5][4] = { 0 };              /*定义数据表*/
    int i, j;
    int select, pos, sum;
    int(*p)[4] = dataTable;                   /*定义数组指针*/
    printf("录入数据中…\n");
    for (i = 0; i < 5; i++)
    {
        for (j = 0; j < 4; j++)
            dataTable[i][j] = i * 4 + j;
    }
    printf("录入完毕\n");
    printf("输出数据：\n");
    for (i = 0; i < 5; i++)                   /*输出数据表*/
    {
        for (j = 0; j < 4; j++)
            printf("\t%d", *(*(p + i) + j));
        printf("\n");
    }
      printf("请输入求和方式(行:0/列:1)：");
    scanf("%d", &select);
    printf("选择行/列：");
    scanf("%d", &pos);
    if (select == 0)
    {
        printf("按行求和，第%d 行数据", pos);
        sum = 0;
        for (i = 0; i < 4; i++)                /*按行求和*/
```

```
            sum += *(*(dataTable + pos-1) + i);
        }
        else if (select == 1)
        {   printf("按列求和，第%d 列数据", pos);
            sum = 0;
            for (i = 0; i < 5; i++)                /*按列求和*/
            sum += *(*(dataTable + i) + pos-1);
        }
        printf("求和结果为:%d\n", sum);            /*输出求和结果*/
    }
```

4. 程序运行结果

```
录入数据中…
录入完毕
输出数据：
0      1      2      3
4      5      6      7
8      9      10     11
12     13     14     15
16     17     18     19
请输入求和方式(行:0/列:1)：1
选择行/列：2
按列求和，第 2 列数据求和结果为:45
```

4.7　二维数组与指针

二维数组与多维数组同样有地址，也可以使用指针引用，只是因为其逻辑结构较一维数组复杂，所以操作也较为复杂。程序中使用较多的通常是一维数组与二维数组，本节介绍指针与二维数组的关系。

下面定义一个二行三列的二维数组，

```
int a[2][3]={{1, 2, 3}, {4, 5, 6}};
```

其中 a 是二维数组的数组名，该数组中包含两行数据，分别为 {1, 2, 3} 和{4, 5, 6}。 从数组 a[]的形式上可以看出，这两行数据又分别为一个一维数组，所以二维数组又被视为数组元素为一维数组的一维数组。与一维数组一样，二维数组的数组指针同样指向数组中第一个元素的地址，只是二维数组中的元素不是单独的数据，而是由多个数据组成的一维数组。指向二维数组行的指针定义方式如案例八中 int(*p)[4]=dataTable;。

在一维数组中，指向数组的指针每加 1，指针移动步长等于一个数组元素的大小，而在二维数组中，指针每加 1，指针也是移动一个元素，但这时这个元素就是个一维数组，也就是一行。以数组 a 为例，若定义了指向数组的指针 p，则 p 初始时指向数组中的第一行元素，若使 p+1，则 p 将指向数组中的第二行元素。综上，假设数组中的数据类型为 int，每行有 n 个元素，则数组指针每加 1，指针实际移动的字节数为：n*sizeof(int)。

一般用数组名与行号表示一行数据。以前面定义的二维数组 a[][]为例，a[0]就表示第一行数据，a[1]表示第二行数据。a[0]、a[1]相当于二维数组中一维数组的数组名，指向该一维数组的第一个元素，即 a[0]=&a[0][0], a[1]=&a[1][0]。

已经得到二维数组中每一行元素的首地址，那么该如何获取二维数组中单个的元素呢？此时仍将二维数组视为数组元素为一维数组的一维数组，将一个一维数组视为一个元素，再单独获取一维数组中的元素。已知一维数组的首地址为 a[i]，此时的 a[i]相当于一维数组的数组名，类比一维数组中使用指针的基本原则，使 a[i]+j，则可以得到第 i 行中第 j 个元素的地址，对其使用“*”操作符，则*(a[i]+j)表示二维数组中的元素 a[i][j]。若依照一维数组表示方法，我们对行地址 a[i］进行转化，则 a[i]可表示为*(a+i)。

在此需要注意一个问题，即 a+i 与*(a+i)的意义。通过之前一维数组的学习我们都知道，“*”表示取指针指向的地址存储的数据，但在二维数组中，a+i 虽然指向的是该行元素的首地址(这种指向一行的指针，称之为行指针)，但是它指向的是整行数据元素，只是一个地址，并不表示某一元素的值。*(a+i)仍然表示一个地址，与 a[i]等价，是 i 行 0 列地址(这种地址是某行某列的地址，也称之为列指针)。*(a+i)+j 表示 i 行 0 列地址加上 j，也就是 i 行 j 列地址，也就是二维数组元素 a[i][j］的地址，等价于&a[i][j]，也等价于 a[i]+j。

下面给出二维数组中指针与数据的多种表示方法及意义。仍以数组 a[][]为例，具体如表 4.2 所示。

表 4.2　二维数组 a 的各种表示形式及其含义

表示形式	含　义
a	数组 a 的起始地址，是行指针，也是 0 行地址
a+i	第 i 行的起始地址，是行指针
*(a+i)，a[i]	第 i 行第 0 列元素的起始地址，是列指针
a[i]+ j，　*(a+i)+j，&a[i][j]	第 i 行第 j 列元素的起始地址，是列指针
((a+i)+j)，*(a[i]+j)	第 i 行第 j 列元素的值

一般而言，列元素取地址会变为列指针，列指针(这时候应该是 i 行 0 列元素地址)取地址(也就是&运算)会变为行指针；行指针取内容(也就是*运算)会变为列指针，列指针取内容变为列元素。

另外，[]运算又称为变址取内容运算符，便于理解[]运算的意义。比如 a[i]是数组 a 中第 i 个元素，可以理解为由 a 地址变化 i 个元素(称为变址 i，也就是 a+i)，再取内容(也就是*(a+i))，也就是 a[i]等于*(a+i)。

案例九　点名册

1. 问题描述

在大学的课堂上，本节课坐在你旁边的可能是位女同学，下节课坐在你旁边的可能是

位男同学；这一节课你可能坐在教室的前三排，下次再来这个教室上课，若来得晚，可能就坐在了教室的最后一排。由于大学的课堂中每个人的座位不确定，授课的老师很难将学生的姓名与学生本人对应起来，所以大学往往采取课堂点名的制度来确定本节课上课的学生，此时就需要使用到点名册。

要求编程实现一份基于指针的点名册，记录学生的姓名，并能实现学生姓名的输出。点中的学生姓名由多个字符组成，点名册中包含不止一名学生。

2. 问题分析

点名册中的每个学生姓名都可定义为一个字符数组，为了能统一操作点名册中的学生姓名，应使用指针数组，使数组中的每个指针都指向一个学生姓名。同时可以定义一个二级指针，使该指针指向指针数组，使用二级指针读取点名册中的学生姓名。

3. C 语言代码

```
#include <stdio.h>
#include <stdlib.h>
#include <string.h>
void main()
{
    char buf[1024];                              //定义缓冲数组
    char * strArray[1024];                       //定义指针数组
    char ** pArray;                              //定义二级指针
    int i, arrayLen = 0;
    printf("请输入学生姓名，以文字"end"结束：\n");
    while (1)
    {
        scanf("%s", buf);                        //将输入的学生姓名存入缓冲数组
        if (strcmp(buf, "end") == 0)             //判断输入是否结束
        {
            printf("结束输入。\n");
            break;
        }
        //为指针数组中的指针元素开辟空间(不可忘记 '\0')
        strArray[arrayLen] = (char *)malloc(strlen(buf) + 1);
        //将缓冲数组的字符串赋值到指针元素指向的空间中
        strcpy(strArray[arrayLen], buf);
        arrayLen++;
    }
    //为二级指针申请 arrayLen 个 char*型大小的存储单元
    pArray = (char **)malloc(sizeof(char *)* arrayLen);
```

```
    for (i = 0; i < arrayLen; i++)
    {
    //为二级指针指向的存储单元一一赋值，使其分别指向指针数组中存储的字符串
        *(pArray + i) = strArray[i];
    }
    printf("您之前输入的文字：\n");
    for (i = 0; i < arrayLen; i++)                //根据二级指针找到字符串并逐一输出
    {
        printf("%s\n", *(pArray + i));
    }
    //数组指针空间释放
    for (i = 0; i < arrayLen; i++)
    {
        free(strArray[i]);
    }
    //释放二级指针
    free(pArray);
}
```

4. **程序运行结果**

```
请输入学生姓名，以文字"end"结束：
张三
李四
王五
赵六
end
结束输入。
您之前输入的文字：
张三
李四
王五
赵六
```

4.8　指针数组与二级指针

4.8.1　指针数组

指针同其他数据类型一样，相同类型的指针变量可以构成指针数组，在指针数组中每

一个元素都是一个指针变量，并且指向同一类数据类型。

指针数组的定义形式为：

数据类型　*数组名[数组大小];

例如：

```
char    *a[3]={"abc", "bcde", "fg"};
```

指针数组 a 的每一个元素分别为这三个字符串的起始地址(常量字符串代表自身在内存中的起始地址)。指针数组适合用于存储若干个字符串的地址，使字符串处理更加方便灵活。与普通数组的规定一样，指针数组在一定的内存区域中分配连续的存储空间，这时指针数组名就表示该指针数组的存储地址，指针数组在说明的同时可以进行初始化。

4.8.2　二级指针

例如下面的语句：

```
int    i=5, *p;
p=&i;
```

定义了一个指向整型数据的指针 p，用它存放整型变量 i 的地址，并且可以利用它对指向的变量 i 进行间接访问。访问方法如图 4.5 所示。

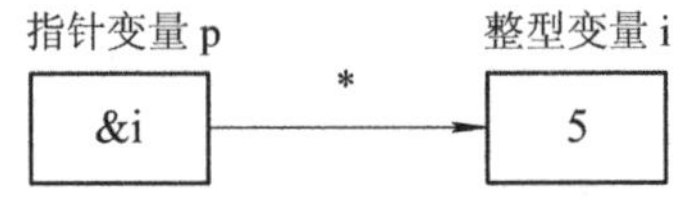

图 4.5　通过指针 p 访问变量 i

通过指向运算“*”直接能够访问到指针所指向变量的值的访问方式我们通常称之为“单级间接”访问方式，而如果指针变量 p 的地址存储在指针变量 q 中，那么通过 q 访问到变量 i 的方式如图 4.6 所示。

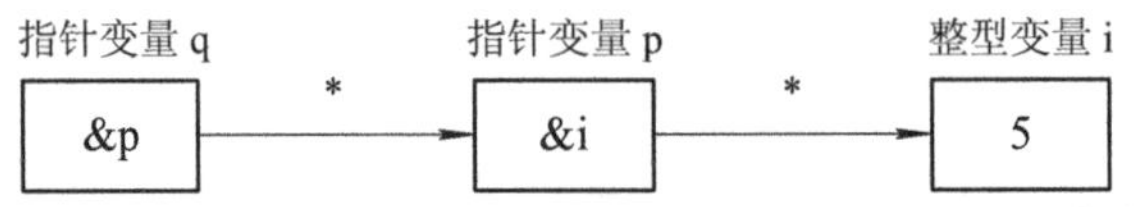

图 4.6　通过指针 q 访问变量 i

指针变量 q 访问变量 i 的值中间必须通过两次指向运算，这种访问方式我们则称之为“二级间接”访问方式，指针变量 q 被称为是指向指针的指针变量，根据它的访问特性，也叫作二级指针或双重指针。“二级间接”访问方式是“多级间接”访问方式的一种形式。当然，“多级间接”访问方式还可以包含三级乃至更高级别的间接访问方式。比如，“三级间接”访问方式为指针的指针的指针，但当间接的级数过高时，对该指针部分的阅读和理解的难度也将增大，因此极易出错，所以在实际应用中很少使用超过二级的间接访问方式。

二级指针变量的定义格式为

<存储类别>　<数据类型>　**指针名

例 4.2　二级指针的用法。

```
#include<stdio.h>
void main()
{
    int i=3;                                    /*定义整型变量 i*/
    int *p1;                                    /*定义指向整型的指针 p1*/
    int **p2;                                   /*定义指向指针的指针 p2*/
    p1 = &i;                                    /*指针 p1 赋值*/
    p2 = &p1;                                   /*指针 p2 赋值*/
    printf("p1=%#x, p2=%#x\n", p1, p2);         /*输出指针 p1 和 p2 指向的地址*/
    printf("*p1=%d, **p2=%d\n", *p1, **p2);     /*输出指针 p1 和 p2 指向的地址中的值*/
}
```

这里的 p2 就是指向指针的指针变量，其含义为定义一个指针变量 p2，它指向另一个指针变量(该指针变量又指向一个整型变量)。对于指向指针的指针可以这样理解：因为指针变量也是变量，和其他类型的变量一样，需要一定的内存单元。既然占据内存单元，就有相应的地址，那么我们可以再定义另外的一种“指针”指向这个地址。这种“指针”就是指向指针的指针。二级指针主要作用是和数组相结合，使访问数组元素更加灵活，尤其对于二维数组和字符串数组，另外还可以作为函数参数，来改变一级指针的值。

本 章 小 结

本章主要介绍了数组的概念及作用，一维与二维数组的定义、初始化和引用，字符数组的定义与初始化，字符串概念、存储和处理方法，指针对数组的引用方式，指向指针的指针。通过本章的学习，可以使读者了解数组的概念，掌握数组的应用，并能够用指针对数组进行访问，能够完成 C 语言中字符串的处理。

习　题　四

一、选择题

1. 在 C 语言中，引用数组元素时，其数组下标的数据类型允许是(　　)。
   A. 整型常量　　　　B. 整型表达式
   C. 整型常量或整型表达式　　　　D. 任何类型的表达式
2. 若有说明：int a[10];，则对 a 数组元素引用正确的是(　　)。
   A. a[10]　　　　B. a[3.6]
   C. a(5)　　　　D. a[10-10]
3. 以下对二维数组 a 说明正确的是(　　)。
   A. int a[3][]　　　　B. float a(3)(4)
   C. double a[2][4]　　　　D. float a(3，4)

4. 若有说明：a[3][4];，则对 a 数组元素引用正确的是(　　)。

A . a[2][4]　　B. a[1, 3]

C. a[1+1][0]　　D. a(2)(1)

5. 下面描述正确的是(　　)。

A. 两个字符串所包含的字符个数相同时，才能比较字符串

B. 字符个数多的字符串比字符个数少的字符串大

C. 字符串"STOP□"与"STOP"相等

D. 字符串"That"小于字符串"The"

6. 下面对字符数组描述错误的是(　　)。

A. 字符数组可以存放字符串

B. 字符数组的字符串可以整体输入、输出

C. 可以在赋值语句中通过赋值运算符"="对字符数组整体赋值

D. 不可以用关系运算符对字符数组中的字符串进行比较

二、填空题

1. 程序功能：把数组中的最大值放入 a[0]中。

```
#include<stdio.h>
void main()
{
    int a[10]={6, 7, 2, 9, 1, 10, 5, 8, 4, 3}, *p=a, i;
    for(i=0; i<10; __________ )
    if(  __________  )
        *a=*p;
    printf("%d\n", *a);
}
```

2. 程序功能：输出两个字符串中对应相同的字符。

```
#include<stdio.h>
void main( )
{
    char s1[ ]="book", s2[ ]="float";
    int i;
    for(i=0;  ____________ ; i++)
    if(s1[i]==s2[i])
          ______________   }
```

3. 程序功能：输出数组 ss 中行列号之和为 3 的数组元素。

```
#include<stdio.h>
void main( )
{
    static char ss[4][3]={'A', 'a', 'f', 'c', 'B', 'd', 'e', 'b', 'C', 'g', 'f', 'D'};
```

```
    int x, y, z;
    for(x=0; __________ ; x++)
    for(y=0; __________ ; y++)
    {
        z=x+y;
        if( __________ )
        printf("%c\n", ss[x][y]);
    }
}
```

三、简答题(阅读下列程序，写出程序运行结果)

1.
```
#include <stdio.h>
void main()
{
    int i, sum1=0, sum2=0, a[10]={1, 2, 3, 4, 5, 6, 7, 8, 9, 10};
    for(i=0; i<10; i++)
    if(a[i]%2==0)
        sum1=sum1+a[i];
    else
        sum2=sum2+a[i];
    printf("sum1=%d, sum2=%d", sum1, sum2);
  }
```

2.
```
#include <stdio.h>
void main()
{
  int i, j, sum=0;
  int a[3][3]={1, 1, 1, 1, 1, 1, 1, 1, 1};
  for(i=0; i<3; i++)
    for(j=0; j<i; j++)
    {
        sum=sum+a[i][j];
        a[i][j]=sum;
    }
    for(i=0; i<3; i++)
    {
      for(j=0; j<3; j++)
        printf("a[%d][%d]=%d", i, j, a[i][j]);
      printf("\n");
    }
}
```

3.
```
#include<stdio.h>
void main()
{
  char s[]="after", c;
  int i, j=0;
  for(i=1; i<=5; i++)
     if(s[j]>s[i])
        j=i;
  c=s[j];
  s[j]=s[4];
  s[4]=c;
  printf("%s\n", s);
}
```

4.
```
#include<stdio.h>
void main( )
{
  int a[]={1, 2, 3, 4, 5, 6};
  int *p;
  p=a;
  *(p+3)+=2;
  printf("%d, %d\n", *p, *(p+3) );
}
```

四、编程题

1. 编写程序，要求从输入的 N 个整数中查找给定的 X。如果找到，输出 X 的位置(从 0 开始数)；如果没有找到，输出“Not Found”。

2. 演讲比赛中有 n(n≤12)个评委打分，编写程序，求某个选手最终得分(去掉一个最高分和一个最低分后其余分数的平均值)。

3. 上三角矩阵是指主对角线以下的元素都为 0 的方阵；主对角线为从方阵的左上角至右下角的连线。编写程序，判断一个给定的方阵是否为上三角矩阵。

4. 一个矩阵元素的“鞍点”是指该位置上的元素值在该行上最大、在该列上最小。编写程序，求一个给定的 n 阶方阵的鞍点。

5. 编写程序，针对输入的 N 个字符串，输出其中最长的字符串。

6. 编写程序，针对输入的一个字符串，判断该字符串是否为回文。回文就是字符串中心对称，从左向右读和从右向左读的内容是一样的。

7. 编写程序，已知 A 和 B 都是字符串，从字符串 A 中把字符串 B 中所包含的字符全删掉。

第五章 模块化程序设计

C 语言是一种结构化程序设计语言，函数是其基本模块，当要解决的问题比较复杂时，可以把复杂问题分解成若干个简单问题，每个简单问题用单独的函数实现，通过函数调用执行某个功能，如此将一个复杂的程序分化，可使程序的结构更为清晰。

案例一 四则运算器

1. 问题描述

计算器是一种很方便的小工具。参照计算器进行简单模拟，实现针对两个整数的四则运算。

2. 问题分析

本案例需要实现加、减、乘、除四则运算，其中加、减、乘三种运算处理方法完全一致，除法因要考虑除数不能为 0 的情况，略有不同。 因此此处以乘法操作为例，对计算过程进行分析。

执行乘法操作的细节如下：

(1) 乘法操作需要两个操作数，首先由用户输入一个数据，作为第一个操作数；

(2) 其次用户输入一个操作符，此处应输入乘法符号；

(3) 然后用户输入第二个操作数；

(4) 最后用户按下回车符，将数据传入计算机内进行计算，计算器操作之后输出结果。

除法运算与乘法运算也基本相同，只是在输入第二个操作数时，需要进行判断，当第二个操作数不为 0 时才能继续往下执行。

3. C 语言代码

```
#include <stdio.h>
void Add(float op1, float op2)                    /*加法函数*/
{    float s;
     s=op1+op2;
     printf("%.2f\n", s);
}
void Sub(float op1, float op2)                    /*减法函数*/
{
     float s;
     s= op1-op2;
```

```
        printf("%.2f\n", s);
    }
    void Mult(float op1, float op2)             /*乘法函数*/
    {
        float s;
        s= op1*op2;
        printf("%.2f\n", s);
    }
    void Div(float op1, float op2)              /*除法函数*/
    {
        if (op2==0)
            printf("除数不能为 0！ ");
        else
        {
            float s;                            /*复合语句中定义的块变量*/
            s= op1/op2;
            printf("%.2f\n", s);
        }
    }
    void main()
    {
        float op1, op2;                         /*定义两个操作数变量*/
        char ch;                                /*定义一个运算符*/
        printf("请输入数据和四则运算符(+ - * /), 如：2+4\n");
        scanf("%f%c%f", &op1, &ch, &op2);
        switch (ch)
        {
            case '+': Add(op1, op2);break;
            case '-': Sub(op1, op2);break;
            case '*': Mult(op1, op2);break;
            case '/': Div(op1, op2);break;
            default:break;
        }
    }
```

4. 程序运行结果

```
请输入数据和四则运算符(+ - * /), 如：2+4
3*6
18.00
```

5.1　函数的基本概念和操作

5.1.1　函数的概念

C 语言是结构化程序设计语言，一个 C 语言程序由一个或多个源程序文件组成。这样可以分别编写、分别编译，提高调度效率。一个源程序文件由一个或多个函数组成。一个源程序文件是一个编译单位。

C 语言中的函数是一个独立完成某种功能的程序块，其中封装了一些程序代码和数据。使用者只需关心函数的功能和使用方法，而不必关心函数功能的具体实现细节。利用函数可将复杂问题的解决过程分割成一个个小的模块，每一个模块编写一个函数，而各函数分别完成一个功能单一而独立的任务，因此 C 语言程序通常是由许多函数组成。函数在使用之前除了标准函数库的函数以外，其他函数都必须事先定义。

在 C 语言中，根据使用的角度不同，函数可以有以下的分类。

(1) 从用户使用的角度，函数分为两类：标准函数和用户自定义函数。

标准函数：在 C 语言的编译系统中提供了很多系统预定义的函数，用户程序只需包含有相应的头文件就可以直接调用，不同的编译系统提供的库函数名称和功能是不完全相同的。例如在上一章所介绍的字符串处理函数都是系统给我们提供的标准函数，只需要在使用时将头文件 "string.h" 包含进来就可以了。

用户自定义函数：用户根据自己特殊需要，按照 C 语言的语法规定编写一段程序，实现特定的功能。

(2) 从函数参数的形式，函数分为两类：无参函数和有参函数。

无参函数：使用该类函数时，不需给函数提供数据信息，就可以直接使用该函数提供的功能。

有参函数：使用该类函数时，必须给该函数提供所需要的数据信息，按照提供的数据不同，在使用该函数后获得不同的结果。

5.1.2　函数的定义

前面提到，从函数参数的形式角度来看，函数分为无参函数和有参函数，下面分别介绍这两种函数的定义形式。

1. 无参函数的定义

无参函数定义的一般形式为

```
返回值类型 函数名()
{
    说明部分
    执行部分
}
```

说明：

(1) 无参函数定义由函数头部和函数体两部分组成。函数头部包括返回值类型，函数名两个部分；在 {} 内的部分称为函数体，其在语法上是一个复合语句。

(2) 函数名是唯一标识函数的名字，是 C 语言中任何合法的标识符，而且在该标识符后面必须有一对圆括号，用来表明该标识符为函数名。

(3) 返回值类型是在调用函数结束后，函数给调用者返回结果所具有的类型，返回值的类型为各种基本数据类型和自定义数据类型；函数在被调用后也可以没有返回值，此时返回值类型为 void；另外，函数默认返回值类型为 int。例如：

```
void   output( )
{
    printf("*****");
}
```

注意：

(1) 函数体内可以是 0 条、1 条或多条语句。当函数体是 0 条语句时，称该函数为空函数。空函数作为一种什么都不执行的函数，通常在程序设计初期作为临时函数使用，在设计过程中再实现或扩充功能。注意函数体内无论有多少条语句，大括号是不能省略的。例如：

```
void nothing()
{
}
```

(2) 在函数体内不能定义另一个函数，也就是说函数定义不能嵌套。例如下面函数的定义是错误的。

```
void   output1( )
{
    printf("*****");
    void   output2( )
    {   printf("# # # # #");
    }
}
```

2. 有参函数的定义

有参函数定义与无参函数的区别在于有参函数带有参数表列，作用是在函数被调用时接受提供给该函数的数据，以便在函数体内进行处理。

有参函数定义的一般形式为

```
返回值类型 函数名(参数表列)
{
    说明部分
    执行部分
}
```

说明：

(1) 返回值、函数名和函数体与无参数含义相同；

(2) 参数表列通常称为形式参数表(简称形参表)，形式参数表的形式为

类型　参数名 1，类型　参数名 2，…，类型 参数名 n

其中，形参表说明函数参数的名称、类型和数目，由一个或多个参数说明组成，每个参数说明之间用逗号分隔。书写函数时要养成给函数注释的习惯，一般最少要对函数的功能，参数的意义进行说明。

例如，输出两个整数值的函数可定义为：

```
void outint( int x, int y)                    /*有参函数定义*/
{
    printf("x=%d, y=%d", x, y);
}
```

3. 函数的返回值与 return 语句

调用者在调用函数时，函数有时需要把处理的结果返回给调用者，这个结果就是函数的返回值，函数的返回值是由 return 语句传递的。

return 语句的形式

return (表达式)；或　return 表达式；或　return;

注意：

(1) return 语句中表达式的类型应与函数返回值类型一致，若不一致，则以函数返回值的类型为准，对于数值型数据将自动进行类型转换。void 类型函数中 return 后不得跟表达式。

(2) 一个函数中可以有多个 return 语句，函数在碰到第一个 return 语句返回，函数返回值为第一个 return 语句中表达式的值；若 return 后面无表达式，则返回调用函数处。

(3) 若函数体内没有 return 语句，就一直执行到函数体的末尾后返回调用函数。这时会返回一个不确定的函数值，若确实不要求返回函数值，则应将函数定义为 void 类型。

例如，求两个整数的最大者的函数可定义为：

```
int   max(int   x, int   y)
{
    if(x>y)
       return x;
    else
       return y;
}
```

5.1.3　函数的调用与函数说明

函数在定义之后并不能主动运行，必须通过对函数调用才能实现函数的功能。一个函数可以被其他函数多次调用(main 函数不能被任何函数调用)，调用函数的函数称为主调函数，被调用的函数称为被调函数。如果被调函数是有参函数，主调函数在调用时将数据传递给被调函数，从而得到所需要的处理结果。

1. 函数调用的形式

(1) 无参函数调用形式为

函数名();

(2) 有参函数调用形式为

函数名(参数表);

注意：

(1) 函数调用语句中函数名与函数定义的名字相同。

(2) 有参函数调用时参数表中列出的参数是实际参数(简称实参)。

实参的形式为

参数 1，参数 2，…，参数 n

其中，各参数间用逗号隔开，实参与形参要保持顺序一致、个数一致、类型应一致。实参与形参按顺序一一对应，传递数据。当实参与形参类型不一致时，实参的值转化为形参的类型赋给形参。

(3) 实参要有确定的值，它可以是一个表达式或者是值。例如：

```
int y=3;
output();              /*无参函数调用*/
outint(2, y);          /*有参函数调用*/
```

2. 函数调用的使用方式

(1) 函数调用作为一个语句，函数完成一定功能。例如：

```
putchar('c');
```

(2) 函数调用出现在表达式中，这时要求被调函数必须带有返回值，返回值将参加表达式的运算。

例如求两个整数的最大者的函数 int　max(int　x, int　y)可以有如下调用：

```
m=2+max(5, 6);
```

(3) 函数调用作为函数的实参。例如

```
Max=max(a, max(b, c));
```

3. 函数说明

在函数调用过程中，若被调函数(除函数返回值类型为 int、char 之外)的定义出现在主调函数之后，则在调用函数前还必须对该被调函数进行原型说明。

函数类型说明的格式为

返回值类型 函数名(参数类型表);

说明：

(1) 圆括号是函数的标志，不能省略，如果省略，就成为一般变量的说明了。

(2) 参数类型表的形式与函数定义的形参表相同，也可以只列出形参的类型名。

(3) 函数类型说明语句应放在主调函数函数体中的数据说明位置或在主调函数前面。

例 5.1　定义一个函数 suv，函数功能为求两个浮点数的之和，并在主函数中调用此函数。

```
#include   "stdio.h"
```

```
void main()
{
    float   suv(float, float);      /*对 suv 函数进行说明*/
    float   x1, x2, x3;
    printf("input   x1, x2");
    scanf("%f%f", &x1, &x2);
    x3=suv(x1, x2);
    printf("\nsuv=%6.2f", x3);
}
float   suv(float   x, float   y)
{
    printf("%f, %f", x, y);
    return(x+y);
}
```

注意：

(1) 如果被调函数定义出现在主调函数定义之前时，在主调函数中不必对被调函数进行类型说明。

(2) 当被调函数的返回值为 int 型或 char 型时，在主调函数中不必对被调函数进行原型说明，但是有些编译器(例如 Visual C、Boland C)要求即使被调函数的返回值为 int 型或 char 型时，也要提前声明，所以尽量把被调用函数写在主调函数之前。

4. 函数调用的执行过程

调用函数的过程分为如下几步：

第一步，将实参的值赋给形参。实参和形参的关系如同赋值表达式的右操作数与左操作数的关系，对于基本类型的参数，如果实参的类型与形参的类型相同，则实参直接赋值给形参；否则实参按形参的类型执行类型转换后再赋给形参。如果实参是数组名，因为数组名表示数组的起始地址，所以实参传递的是数组的起始地址，而不是变量的值；

第二步，将程序执行流程从主调函数的调用语句转到被调函数的定义部分，执行被调函数的函数体；

第三步，当执行到被调函数函数体的第一个 return 语句或者最右边的一个大花括号时，程序执行流程返回到主调函数的调用语句。若调用语句是表达式的一部分，则应用函数的返回值参与表达式运算之后继续向下执行；若调用语句是单独一条语句则直接继续向下执行。

案例二　阶乘之和

1. 问题描述

编写程序，计算 s = 1! + 2! + … + n!，其中 n 的值由键盘输入。求和与求阶乘分别用两个函数来完成。

2. 问题分析

本案例首先可以定义两个子函数：子函数 sum( )实现求和功能，子函数 fact( )实现求阶乘功能；然后通过主函数调用子函数 sum( )，子函数 sum( )调用子函数 fact ( )，实现函数的嵌套调用。

3. C 语言代码

```
#include<stdio.h>
long fact(int n)                                    /*定义子函数 fact 求阶乘*/
{    if(n==0||n==1)
         return 1;
     else
         return n*fact(n-1);
}
long sum(int n)                                     /*定义子函数 sum 求累加和*/
{
     long s=0;
     for(int i=1; i<=n; i++)
         s=s+fact(i);                               /*嵌套调用*/
     return s;
}
void main()
{    int n;
     printf("请输入累加的项数：");
     scanf("%d", &n);
     printf("1!+2!+…+%d!=%ld\n", n, sum(n));      /*输出调用函数 sum 之后的和值*/
}
```

4. 程序运行结果

```
请输入累加的项数：4
1!+2!+…+4!=33
```

5.2　函数的嵌套调用和递归调用

在函数的调用中，经常会用到两类特殊的调用形式，它们分别是函数的嵌套调用和递归调用。

5.2.1　函数的嵌套调用

1. 函数嵌套调用的定义

函数定义部分不能嵌套，各个函数定义是相对独立的，但是任何函数内部都可以调用另外一个非主函数 main()的函数。这样一个函数调用另一个函数，而另一个函数又可以调用其他的函数的调用过程，就形成了函数的嵌套调用。

2. 函数嵌套调用的过程

例如程序中有两个子函数，分别是 f1 和 f2，主函数 main 对 f1 函数进行调用，f1 函数又对 f2 函数进行调用，这种情况成为函数的嵌套调用，调用过程描述如图 5.1 所示。

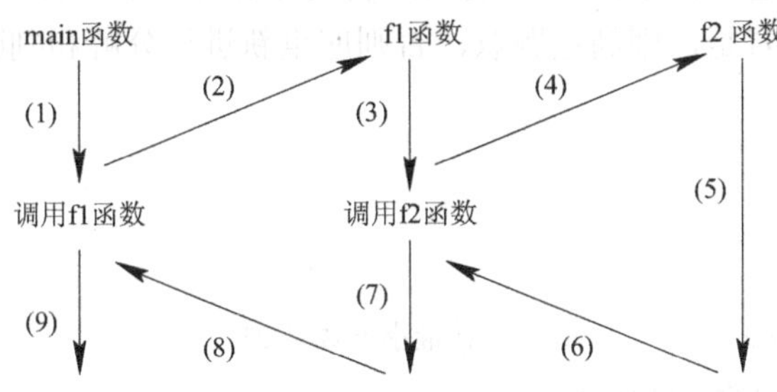

图 5.1　函数的嵌套调用过程

说明：要实现函数的嵌套调用，需要满足以下条件：

(1) 至少有两个子函数；

(2) 子函数的函数体中有对其他子函数的调用语句。

5.2.2　函数的递归调用

如果要用递归思想求解这个问题，就需要学习函数递归调用的相关知识。

1. 函数递归调用的定义

在调用一个函数的过程中如果出现直接或间接调用函数自身，即任何一个函数中调用自身的过程称为函数的递归调用。C 语言的特点之一就在于允许函数递归调用。

2. 函数递归调用的过程

根据调用的形式，函数递归调用可以分为直接调用和间接调用，其执行过程如图 5.2 和图 5.3 所示。

从图 5.2 可以看出，在调用 f 函数的过程中又调用 f 函数，这种过程是直接递归调用。从图 5.3 可以看出，在调用 f1 函数的过程中要调用 f2 函数，而在调用 f2 函数过程中又要调用 f1 函数，从而形成了间接递归调用自身的函数调用过程。

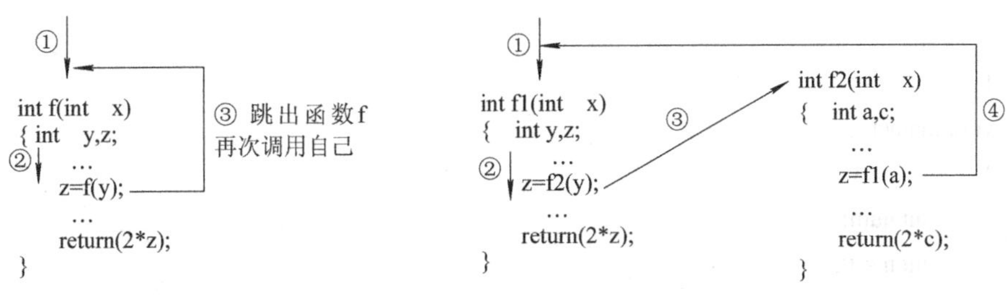

图 5.2　直接调用　　　　图 5.3　间接调用

说明：从递归函数的执行过程我们可以看到以上两种递归调用都是永远无法结束的自

身调用，程序中不应存在这种无终止的递归调用，而只应出现有限次数的，有终止的递归调用。解决方法是可利用 if 语句来控制这样循环调用自身的过程，将递归调用过程改为当某一条件成立时才执行递归调用，否则就不再执行递归调用过程。

例 5.2　歌德巴赫猜想：一个充分大的偶数(大于或等于 6)可以分解为两个素数之和。编写程序，将 6 至 50 之间全部偶数表示为两个素数之和。

分析：根据问题描述，要将 6 至 50 之间的偶数分解为两个整数，然后判断分解出的两个整数是否均为素数。若是，则满足题意，否则应重新进行分解和判断。

```
#include <stdio.h>
#include <stdlib.h>
#include <math.h>
int isSushu(int i)
{       if(i<2) return 0;                    /*最小素数是 2*/
        for (int j = 2; j <= sqrt(i); j++)
        {
            if (i % j == 0)
            return 0;                        /*如果不是素数返回 0*/
        }
      return 1;                              /*如果是素数返回 1*/
 }
void _func(int num)
{
      for (int i = 3; i < num; i++)
        {
            if (isSushu(i))                  /*如果 i 是素数*/
           {
              if (isSushu(num - i))          /*如果 num-i 也是素数*/
               {
                    printf("%2d = %2d + %2d    ", num, i, (num - i));
                    break;
                }
           }
        }
}
void main()
{
        int num;
        int n = 0;
        for (num = 6; num <= 50; num+=2)
        {
            _func(num);                      /*将 num 传递给函数_func()*/
```

```
        n++;
        if (n % 5 == 0)                /*每行 5 个换行*/
            printf("\n");
    }
}
```

程序运行结果如下：

```
6 =  3 +  3    8 =  3 +  5   10 =  3 +  7   12 =  5 +  7   14 =  3 + 11
16 =  3 + 13   18 =  5 + 13   20 =  3 + 17   22 =  3 + 19   24 =  5 + 19
26 =  3 + 23   28 =  5 + 23   30 =  7 + 23   32 =  3 + 29   34 =  3 + 31
36 =  5 + 31   38 =  7 + 31   40 =  3 + 37   42 =  5 + 37   44 =  3 + 41
46 =  3 + 43   48 =  5 + 43   50 =  3 + 47
```

案例三　值传递与地址传递

1. 问题描述

分析下面两个程序的执行结果有什么不同。

程序 1：

```
#include<stdio.h>
void change(int x, int y)   /*交换 x 和 y 的值*/
{
    int temp;
    temp=x;
    x=y;
    y=temp;
    printf("x=%d, y=%d\n", x, y);
}
void main()
{
    int a, b;
    printf("input a, b:");
    scanf("%d, %d", &a, &b);
    printf("a=%d, b=%d\n", a, b);
    change(a, b);
    printf("a=%d, b=%d\n", a, b);
}
```

程序 2：

```
#include<stdio.h>
void change(int *x, int   *y)       /*交换 x 和 y 两个指针指向的值*/
{
    int   temp;
```

```
    temp=*x;
    *x=*y;
    *y=temp;
    printf("x=%d, y=%d\n", *x, *y) ;
}
void main()
{
    int a, b, *m, *n;
    printf("input a, b:");
    scanf("%d, %d", &a, &b);
    printf("a=%d, b=%d\n", a, b);
    m=&a;
    n=&b;
    change(m, n);
    printf("a=%d, b=%d\n", a, b);
}
```

2. 问题分析

要解决本例问题，需要我们对下面几个问题进行分析：

(1) 子函数的形参可以是什么类型；

(2) 当形参的类型为数值和为指针时有什么不同；

(3) 当形参是指针类型时，实参应该如何给形参。

3. 执行结果

程序 1：

```
input a, b:2, 3
a=2, b=3
x=3, y=2
a=2, b=3
```

程序 2：

```
input a, b:2, 3
a=2, b=3
x=3, y=2
a=3, b=2
```

5.3　函数间数据传递

在函数调用时由主调函数将实参的值传送给被调函数的形参，或者由被调函数向主调函数返回数据的过程都称为函数间的数据传递。按照实参传递值的类型(即实参存储的是值还是指针)，函数间数据传递分为两种方式：传值方式和传递地址方式。

5.3.1　传值方式传递数据

当实参为简单类型变量或者数组元素时，实参的值在函数调用时被传递给形参，但形参的值在函数返回时不能传递给实参。因为在内存中，实参与形参是不同的存储单元，在调用函数时给形参分配存储单元，并将实参对应的值赋值给形参，由于形参是被调函数中的局部动态变量，调用结束后形参被释放，实参仍然保留并维持原值。所以执行被调用函数时，即使形参的值发生改变，但并不能够改变主调函数实参的值。

分析案例三中程序 1，函数 change()中形参 x 和 y 为简单类型变量，所以当主函数调用它时参数传递方式为值传递方式，所以在调用函数 change()时，系统首先为形参 x 和 y 分配相应的存储单元，然后将实参 a、b 的值传递给 x、y，当执行 change()的函数体部分后，x 和 y 的值互换。函数执行完毕，形参 x 和 y 的存储单元被释放，其值消失，我们看到主函数中实参 a 和 b 的存储单元仍保留原先的值。程序执行过程中实参与形参的变化过程如图 5.4～5.6 所示。

(1) 主函数调用 change()函数(执行语句 change(a，b))。

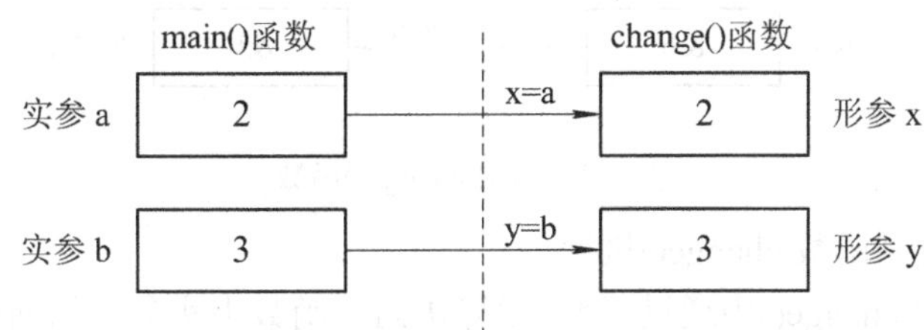

图 5.4　调用 change()函数

(2) 程序流程转到 change()函数执行。

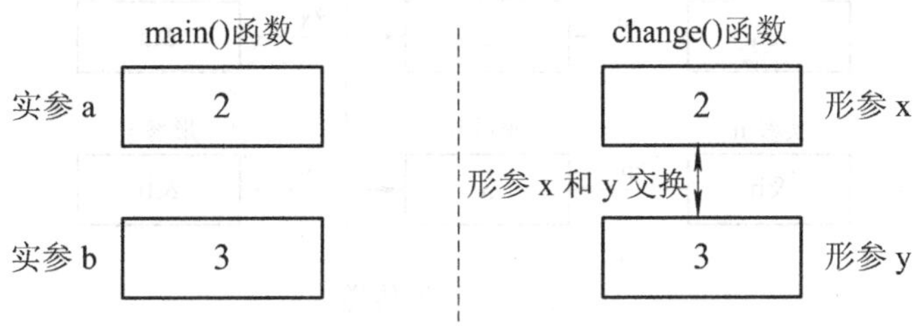

图 5.5　参数值传递

(3) change()函数调用结束，返回主函数。

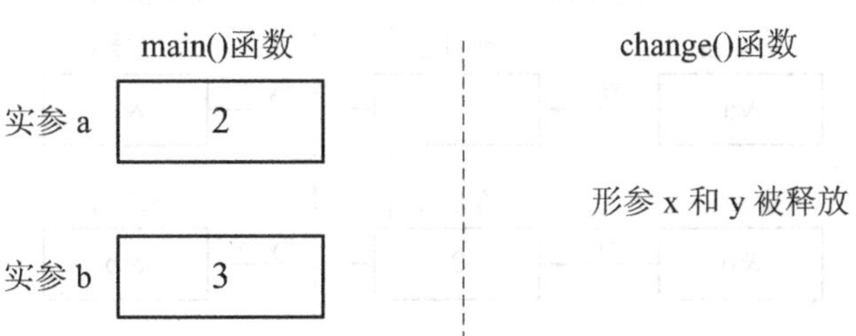

图 5.6　change()函数调用结束

5.3.2　传地址方式传递数据

如果实参的值是指针类型，也就是一个数据的内存地址，在将实参的值传递给形参时，被调函数形参所接受是这个数据的内存地址，则在函数内可以通过地址改变实参所指向的数据，这种传递数据的方式称为传地址方式。

分析案例三中程序 2，这里函数 change()的形参为指针变量，在调用此函数时参数传递属于地址传递方式，所以调用函数 change()时传给函数形参的是指向主函数中变量 a、b 的指针，即变量 a、b 的地址，所以函数 change()中的形参 x 和 y 分别存储主函数中的变量 a、b 地址的指针。这样在函数 change()中，就可以利用形参通过指向运算来改变主函数中变量 a、b 的值。

程序执行过程中实参与形参的变化过程如图 5.7～5.9 所示：

(1) 主函数调用函数 change()(执行语句 change(a，b))。

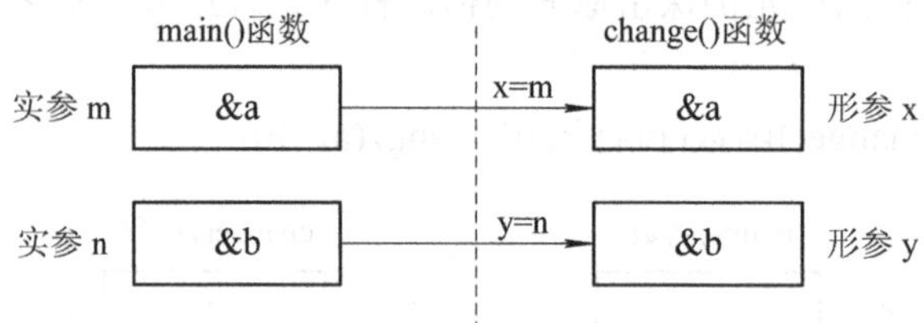

图 5.7　调用 change()函数

(2) 程序流程转到函数 change()执行。

步骤 1：在函数 change()中通过“*”运算访问主函数中实参所指向的变量 a、b；

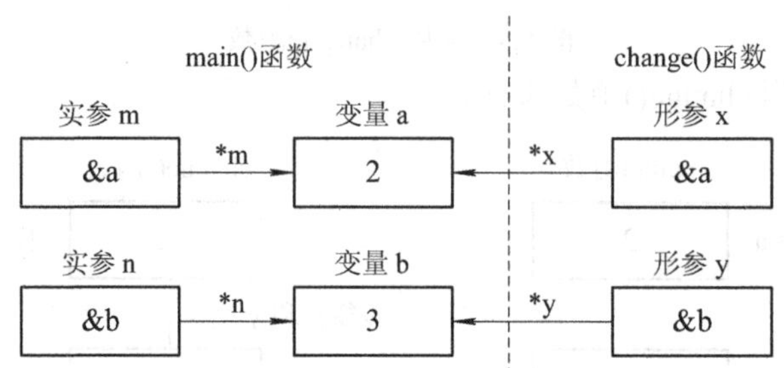

图 5.8　地址传递

步骤 2：在函数 change()中交换主函数中实参所指向的变量 a、b 的值。

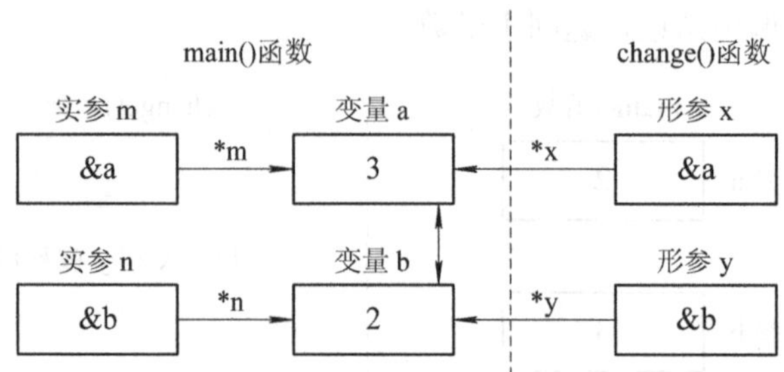

图 5.9　形参改变实参的值

数组名作函数参数时，把实参数组 a 的起始地址传递给形参数组 b，这样两个数组就共占同一段内存单元。形参数组中各元素值的变化同样会使实参数组元素值发生变化。如果形参是数组形式，则实参可以是数组名或指向数组的指针，如果实参是数组名，则形参也可以是同样类型的数组名或指针。

通过这个例子我们可以看出：如果我们需要改变某个变量的值，不能传递变量的值而要传递变量的地址，即使这个变量是指针类型，也要传递指针的地址，也就是多级指针。注意设计形参时要和实参类型匹配，使用类型一致的地址，才能改变实参的值。

案例四　远水不救近火

1. 问题描述

“远水不救近火”意思是远处的水救不了近处的火，这是因为起火的地方已经超出了水的作用范围。假如有一火警，需要用水扑灭，有远处的水，也有近处的水，如果选择远处的水，则火警无法解除，如果选择近处的水，则火警解除。

2. 问题分析

在 C 语言中，不同的变量也有着不同的作用范围。将 C 语言中的变量比作“水”和“火”，那么定义在不同代码中的变量也有远近之分。本案例要求实现代码中不同位置变量的定义和使用。

要实现上述案例，需要考虑如下几个问题：

(1) 什么是变量的作用域；

(2) 变量的作用域如何设置；

(3) 如何操作不同作用域的变量。

3. C 语言代码

```
#include <stdio.h>
int water = 1;                          /*全局的"水"，是全局变量*/
void Ffire(int fire)                    /*扑火*/
{
    int water = 1;                      /*局部的"水"属于远水*/
    fire -= water;
}
void msg(int fire)                      /*"火"是否被扑灭？*/
{
    if (fire == 0)
        printf("火被扑灭啦！\n");
    else
        printf("警报尚未解除！\n");
}
```

```
void main()
{
    int fire = 1;                    /*主函数中的"火"，局部变量*/
    Ffire(fire);                     /*①扑火*/
    printf("远水救近火？");
    msg(fire);
    {
        int water = 1;               /*块变量*/
        int fire = 1;                /*块变量*/
        fire -= water;               /*②扑火*/
        printf("近水救近火？");
        msg(fire);
    }
    msg(fire);
    fire -= water;                   /*③扑火，fire 是局部变量*/
    msg(fire);
}
```

4. 程序运行结果

```
远水救近火？警报尚未解除！
近水救近火？火被扑灭啦！
警报尚未解除！
火被扑灭啦！
```

5.4　变量的作用域与存储方式

变量需要先定义再使用，在变量的定义中，除了要考虑变量的变量类型和变量名外，有时候还需要注意它的作用域和存储方式。

5.4.1　变量的作用域

根据变量的定义的位置，变量可分为局部变量和全局变量。局部变量和全局变量在内存中存储位置不同，作用范围也有差异。

要解决上述问题，需要学习变量作用域的相关知识。

1. 局部变量

在函数内部定义的变量、形参及复合语句块中定义的变量都称为局部变量。局部变量只在定义它的函数内或复合语句内有效，其他的函数或程序块不能对它进行存取操作。因此在不同函数内定义的局部变量可以同名，它们代表的对象不同，互不影响。

分析下面程序中变量的作用范围。

```
void f1(float a,float b,float c)          ┐
{                                         │ 形参 a、b、c 的作用范围
    …                                     │
}                                         ┘
float f2(float x， int n )                ┐
{                                         │
    int   i,j;                            │ 形参 x、n，变量 i、j 的作用范围
    …                                     │
}                                         ┘
void main()                               ┐
{                                         │
    int i,j;                              │
    …                                     │
    f1(i,i,j);                            │
    …                                     │
    for(i=0;i<10;i++)                     │
    {                                     │ 变量 i、j 的作用范围
      float x,y;   ┐                      │
      …            │ 变量 x、y 的作用范围  │
    }              ┘                      │
    …                                     │
    f2(i,j);                              │
}                                         ┘
```

在函数 f2 和主函数中都定义变量 i、j，但是因为它们所在作用域范围不同，所以虽然变量名相同，实际上是不同的变量。主函数中所定义的变量 x、y 位于复合语句中，它的作用范围只在复合语句内有效。

关于局部变量有如下几点说明：

(1) 主函数 main 中定义的变量只在主函数中有效，在其他函数中无效；

(2) 函数中的形参在函数头中，也是局部变量，只在本函数内有效；

(3) 在一个函数内部复合语句中可以定义变量，这些变量只在本复合语句中有效，称为块变量；

(4) 不同的函数内部可以定义相同名字的变量，它们名字虽然相同，但代表的对象却不同，为它们分配的存储单元也不同。

2. 全局变量

全局变量又称为外部变量，是在函数外部定义的变量。其作用范围是从变量定义的位置开始到本源文件结束为止。或有 extern 说明的本程序的其他源文件。

分析下面全局变量的作用域范围。

```
float x,y;
void f1(int   m)
{
    float p;
    …
}
int k1,k2;
float f2(int m,int n )
{
    int i,j;
    …
}
void main()
{
    …
}
```

（从 float x,y; 之后至程序末尾：全局变量 x、y 的作用范围；从 int k1,k2; 之后至程序末尾：全局变量 k1、k2 的作用范围）

全局变量的使用说明：

(1) 尽量限制全局变量的使用。这是因为全局变量在程序运行整个过程中自始至终占用存储单元，不利于内存空间的动态分配，另外使用全局变量也降低了函数或模块的通用性和程序的通用性、可靠性。例如在函数或模块中使用全局变量，则执行时会直接依赖于全局变量，这时若将一个函数移到另一个文件中，就必须把涉及的所有全局变量一起移过去，这给程序的修改和维护都带来不便。最后，过多地使用全局变量也会降低程序的清晰性，使人难以确定每个时刻使用各个全局变量的值，因为在程序执行时各个函数都可能改变全局变量的值，使程序很容易出错。

(2) 全局变量的定义与说明。全局变量同局部变量一样，也遵循先定义后使用的原则。注意每个全局变量只能定义一次，否则编译程序时将出错，而且最好定义在使用它的所有函数之前。如果在全局变量定义之前的函数要使用全局变量，只能对这个全局变量进行说明，而不能再次定义。

(3) 同一个源文件中局部变量与全局变量可以同名，在局部变量的作用范围内，全局变量被屏蔽不起作用。同理，在块变量起作用的范围内，同名的局部变量和全局变量也会被屏蔽。

例 5.3　同名的全局变量与局部变量。

```
#include "stdio.h"
int x=1;                    /*全局变量 x */
main()
{
    printf("x=%d\n", x);    /*输出全局变量 x 的值*/
    {
```

```
        int x=10;              /*局部块变量 x */
        printf("x=%d\n", x); /*输出局部块变量 x 的值，全局变量与局部变量同名，全局变量被屏蔽*/
    }
    printf("x=%d\n", x);       /*输出全局变量 x 的值*/
}
```

程序运行结果如下：

```
x=1
x=10
x=1
```

5.4.2　变量的存储类别

在 C 语言程序运行时占用的存储空间通常分为 3 个部分：程序区、静态存储区和动态存储区。程序区中存放的是程序执行时的机器指令，数据分别存放在静态存储区和动态存储区中。数据存储可分为静态存储和动态存储方式，静态存储方式就是程序运行期间为变量分配固定的存储空间，变量存储在静态存储区，而动态存储方式是程序运行期间根据需要为变量动态分配存储空间，变量存储在动态存储区。

在 C 语言中每一个变量和函数都有两个属性：数据类型和存储类别，数据类型我们在前面已经介绍过。存储类别分为两大类：静态存储类别和动态存储类别，具体包括 4 种：自动(auto)、静态(static)、寄存器 register)和外部(extern)。

1. 局部变量的存储方式

局部变量因其存储类别不同，可能放在静态存储区，也可能放在动态存储区。

1) 自动局部变量(简称自动变量)

用关键字 auto 作存储类型说明，存储在动态存储区。当局部变量未指明存储类别时，默认为 auto 存储类别。

```
int  f(int  a)                /*形参 a 默认为自动变量*/
{
    auto  int  b，c=9;         /*定义局部变量 b、c 为自动变量*/
    …
}
```

a、b、c 为自动变量，执行完 f 函数后自动释放其所占的存储单元。

2) 静态局部变量

用关键字 static 作存储类型说明，存储在静态存储区，在程序运行期间占据一个永久性的存储单元，即使在退出函数后，存储空间仍旧存在，直到源程序运行结束为止，静态变量的初始化在编译时进行，程序运行时不再进行初始化操作。注意形参不允许说明为静态存储类别。

例 5.4　分析下面程序运行结果。

程序 a：

```
#include "stdio.h"
f1()
```

```
{
    int x=0;        /*定义局部变量 x 为自动变量*/
    x++;
    printf("x=%d\n", x);
}
main()
{
    f1();
    f1();
    f1();
}
```

程序运行结果如下：

```
x=1
x=1
x=1
```

f1 函数中自动变量 x 在函数结束时会被释放，当再次调用函数时需要进行重新定义，即执行 int x=0;语句。所以三次调用 x 的值都为 1。

程序 b:

```
#include "stdio.h"
f1()
{
    static int x=0;     /*定义局部变量 x 为静态变量*/
    x++;
    printf("x=%d\n", x);
}
main()
{
    f1();
    f1();
    f1();
}
```

程序运行结果如下：

```
x=1
x=2
x=3
```

因为静态变量存储在静态存储区，直到程序运行结束后才被释放，所以静态变量的初始化语句只能被执行一次。在 f1 函数中将 x 说明成静态变量，x 只在编译阶段初始化一次，初值为 0。f1 函数第一次被调用时，调用结束后值为 1；第二次调用时 x 的初值是上次调用结束后 x 值，因此输出 x 值为 2；同样第三次调用时，x 的值为 3。

案例五　查找子串

1. 问题描述

编写一个指针函数 search(s，t)，函数功能为在字符串 s 中查找一个任意子串 t，如果找到，则返回字符子串在 s 中第一次出现的起始位置，否则返回 NULL。

2. 问题分析

本案例要定义的函数要求返回一个地址，即它的返回值是一个指针类型，要实现上述案例，需要考虑如下几个问题：

(1) 什么样的函数能够返回指针类型；

(2) 返回值类型是指针类型的函数如何定义；

(3) 为什么使用返回值类型是指针类型的函数？调用时应注意什么问题？

3. C 语言代码

```
#include<stdio.h>
char *search(char *s, char *t)          /*s 指向原字符串，t 指向待查找的子串*/
{
    char *ps=s, *pt, *pc;               /*ps 指向 s*/
    while(*ps!= '\0')                   /*ps 中还有字符没有比较*/
    { /*pt 指向 t，pt 中当前被检查的字符不是'\0'，且*pt(子串的字符)与 ps 中的字符(*pc)相等*/
      for(pt=t, pc=ps; *pt!= '\0' &&*pt==*pc; pt++, pc++);
      /*如果 t 中所有字符与 s 中被比较的字符都相等，则返回 t 在 s 中的位置(即 ps 的当前值)；
如果*pt 等于'\0'(t 中字符已检查完)，或者*pt 与*pc 不相等，则跳出当前内循环，将字符串 s 的指
针移向下一个字符，然后 t 从头开始继续与 s 中的字符进行比较，直至 s 中已无字符可比结束，
则返回 0(t 不在字符串 s 中)*/
      if(*pt=='\0')                     /* *pt=='\0'意味着查找成功，返回当前查找的起点*/
          return(ps);
      ps++;
      }
      return NULL;
}
void main()
{     char str1[50], str2[50], *s;
      puts("请输入源字符串");
      gets(str1);
      puts("请输入查找的子串");
      gets(str2);
          s=search(str1, str2);
      if ( s != NULL )
```

```
        printf("子串在主串中下标为：%d\n", s - str1);/*输出子串 t 在 s 中出现的位置*/
        else
          printf("not found\n");
    }
```

4. 程序运行结果

```
请输入源字符串
abcdefg
请输入查找的子串
cd
子串在主串中下标为：2
```

5.5　指针函数与函数指针

5.5.1　指针函数

一个函数被调用后返回的值可以是整型、实型或字符型等类型，也可以是一个指针类型。当一个函数的返回值为指针类型时，我们就称这个函数是一个返回指针的函数，简称指针函数。

1. 指针函数的定义

指针函数的一般定义形式为

```
存储类型　数据类型 *函数名(参数表列)
{
    函数体
}
```

其中，存储类型与一般函数相同，分为 extern 型和 static 型；“数据类型*”是指函数的返回值类型是指针类型，数据类型说明指针所指向的目标变量的数据类型。

例如：

```
static    float   *a(int x, int y);
```

函数 a 为静态有参函数，返回值是一个指向 float 变量的指针。

与一般函数的定义相比较，指针函数在定义时注意如下两点：

(1) 在函数名前面要加上一个“*”号，表示该函数的返回值是指针型的；

(2) 在函数体内必须有 return 语句，其后跟随的表达式结果值必须是指针类型。

2. 指针函数的说明

如果函数定义在后，调用在前，则在调用前应对其进行说明。一般说明的形式为

数据类型* 函数名(参数类型表);

例如，上述函数 a 的定义部分放在主调函数之后，对函数 a 说明如下：

```
float   *a(int, int );
```

案例六　函数指针实现四则运算

1. 问题描述

编写一个程序，在该程序中包括一个函数 func，该函数可以根据传递给它的函数指针来实现对两个数的加、减和乘法运算。

2. 问题分析

本案例完成的重点是用函数指针作为 func 的参数，可以按如下步骤完成：

(1) 定义三个函数分别完成两个数的加、减和乘法运算；

(2) 定义函数 func，形参分别为一个函数指针与两个参与运算的数；

(3) 在主函数中调用函数 func，实参分别为要做运算的函数名和两个运算数。

在这个程序中，主函数中主要调用了 func 函数。func 函数的功能是利用传递给它的指向函数的指针来对第 2、3 个参数进行相关的计算，并打印出计算结果。在调用函数 func 过程中，分别将 3 个计算函数 add，sub 和 mul，传递到函数 func 中，在函数 func 中利用传递过来的函数指针来对它们进行调用，以实现加法、减法和乘法功能。

3. C 语言代码

```
#include "stdio.h"
void func(int (*p)(int, int), int m, int n) /*实现两个整数的加、减、乘运算*/
{
    int z;
    z=(*p)(m, n);
    printf("%d\n", z);
}
int add(int m, int n)   /*两个整数相加*/
{
    return(m+n);
}
int sub(int m, int n)   /*两个整数相减*/
{
    return(m-n);
}
int mul(int m, int n)   /*两个整数相乘*/
{
    return(m*n);
}
void main()
{
    int x, y;
```

```
        printf("please input two numbers:\n");
        scanf("%d, %d", &x, &y);
        printf("%d+%d=", x, y);
        func(add, x, y);
        printf("%d-%d=", x, y);
        func(sub, x, y);
        printf("%d*%d=", x, y);
        func(mul, x, y);
    }
```

4. 程序运行结果

```
please input two numbers:12，48
12+48=60
12-48=-36
12*48=576
```

5.5.2 函数指针

在C语言中，函数名表示函数的入口地址，当指针存储函数的入口地址时，我们可以把这个指针称之为指向函数的指针，即函数指针。函数指针是函数体内第一个可执行语句的代码在内存中的地址，如果把函数名赋给一个函数指针，则可以利用该指针来调用函数。

1. 函数指针定义

函数指针的一般定义形式为:

数据类型 (*指针变量名)( );

例如：

```
int (*p)();
```

指针变量p为指向一个返回值为整型的函数指针。

说明：

(1) 数据类型表示指针所指向函数返回值的类型。

(2) 在该定义的一般形式中，第一对圆括号不能省略。因为圆括号的优先级高于“*”的优先级，若不加括号，则指针变量名就会先与后面的一对圆括号结合，那么该定义形式就成为定义一个函数，函数返回值的类型为指针类型。

例如：

```
int   *p();
```

表示定义了一个指针函数p，该函数无参数，函数的返回值为指向整型变量的指针。

2. 函数指针初始化与赋值

在利用函数指针调用函数时，首先必须让函数指针指向被调函数，也就是给函数指针赋值过程。赋值过程可以在定义变量即初始化或者在程序中通过赋值语句完成。

函数指针初始化的一般形式为

数据类型 (*指针变量名)( ) =函数名;

函数指针赋值的一般形式为

指针变量名=函数名;

例如：

```
int (*p)()= change;          /*指针变量 p 初始化*/
p=change;                    /*指针变量 p 赋值*/
```

上面两个语句都表示指针 p 指向函数 change 的入口地址。

在为函数指针赋值时，赋值运算符右边表达式为函数名，不能给出函数的参数，也不能写出圆括号，例如下面形式都是错误的：

```
p=change(a，b);
```

或者 `p=change();`

3. 利用函数指针调用函数

当函数指针指向一个函数后，就可利用该指针来调用它所指向的函数。

调用方式：

(*指针变量名) (实参表列)

或者　**指针变量名(实参表列)**

例如 change(a, b);与 (*p)(a, b);p(a, b);都表示调用函数 change，作用相同。

在使用函数指针时还应当注意以下几点：

(1) 函数指针定义形式中的数据类型必须与赋值给它的函数返回值类型一致；

(2) 利用函数指针调用函数之前必须让它指向某一个具有相同返回值类型的函数；

(3) 函数指针只能指向函数的入口，而不能指向函数中间的某一条指令，对函数指针做运算没有任何实际意义，例如 p++运算无效。

本 章 小 结

本章主要介绍了函数的概念、函数的定义和调用方法、嵌套调用和递归调的含义和用法、参数传递的两种方式、变量的作用域和存储类别，并把指针应用到函数的使用中去。通过本章的学习，可以使读者详细了解函数概念和作用，掌握函数使用的一般方法，优化程序代码，进一步提高编程效率。

习　题　五

一、选择题

1. 值传递时，以下说法正确的是(　　)。

   A. 实参和与其对应的形参各占用独立的存储单元

   B. 实参和与其对应的形参共占用存储单元

   C. 只有当实参和与其对应的形参同名时才共占用存储单元

   D. 形参是虚拟的，不占用存储单元

2. 以下说法正确的是(　　)。

A. 定义函数时，形参的类型说明可以放在函数体内

B. return 后面的值不能为表达式

C. 如果函数值的类型与返回值的类型不一致，以函数值的类型为准

D. 如果形参与实参的类型不一致，以实参类型为准

3. 以下描述错误的是：函数调用可以(　　)。

A. 出现在执行语句中　　B. 出现在一个表达式中

C. 作为函数的实参　　D. 作为一个函数的形参

4. 若用数组名作为函数调用的实参，传递给形参的是(　　)。

A. 数组的首地址　　B. 数组第一个元素的值

C. 数组中全部元素的值　　D. 数组元素的个数

5. 若使用一维数组名作函数实参，则以下说法正确的是(　　)。

A. 必须在主调函数中说明数组的大小

B. 实参数组类型与形参数组类型可以不匹配

C. 在被调函数中，不需要考虑形参数组的大小

D. 实参数组名必须与形参数组名一致

二、填空题

1. 下面的函数 sum 是完成计算从 1 至 n 之和。

```
void sum(   int n   )
{
    int i, s=0;
    if(n<=0)
    printf("data error\n");
    for(i=0; i<=n; i++)
__________
__________
}
```

2. 下面程序的功能是计算数组 a 中大于 0 的数组元素之和。

```
#include <stdio.h>
void main( )
 {
      __________;
      float   a[10], i;
          for(i=0; i<10; i++)
              scanf("%f", &a[i]);
      printf("sum=%f", ______);
 }
 float sum( float x[] , _______ )
```

```
{
    int y=0;
    for(i=0; _______ ; i++)
        if(a[i]>0)
            y+=a[i];
    return y;
}
```

3. 下面的函数功能是将字符串中的小写字母改写成大写字母。

```
_______ change( ____ )
{
    while(*p!= '\0')
    {
        if(*p=>'a'&& *p<='z')
        _________ ;
      p++;
    }
}
```

三、简答题

1. 阅读下面程序，写出程序运行结果。

(1)

```
#include<stdio.h>
float sub(float x, float y)
{
    float z;
    z=x-y;
    return(z);
}
main( )
{
    float a=6.8, b=4.5, c;
    c=sub(a, b);
    printf("A-B=%f\n", c);
}
```

如果在#include<stdio.h>下方增加语句 float a=12.9;float b=33.5;，程序运行结果会有怎样改变?

(2)

```
#include <stdio.h>
f(int a[ ])
{
    int i=0;
    while (a[i]<=10)
```

```
    {
        if (i%2==0)
            printf("%d", a[i]) ;
            i++;
    }
}
main( )
{
    int a[]={1, 2, 3, 4, 5, 6, 7, 8, 9, 10, 11, 12};
    f(a+1);
}
```

2. 阅读下面程序，写出运行结果。两个程序运行结果是否相同？如果结果不同，请分析其原因。

(1)
```
#include <stdio.h>
x( )
{
    int y=10;
    y--;
    printf("%d", y);
}
main( )
{
    x( );
    x( );
    x( );
}
```

(2)
```
#include <stdio.h>
x( )
{
    static int y=10;
    y--;
    printf("%d", y);
}
main( )
{
    x( );
    x( );
    x( );
}
```

3. 阅读下面程序，写出程序运行结果。

```
void fun(char *w, int n)
{   char t, *s1, *s2;
    s1=w; s2=w+n-1;
    while(s1<s2)
    { t=*s1++;*s1=*s2--;*s2=t;}
}
void main()
{
    static char p[]="1234567";
    fun(p, strlen(p));
    puts(p);
}
```

4. 阅读下面程序，分析递归函数执行过程，写出程序运行结果。

```
#include <stdio.h>
int func(int   x)
{
    int p;
    if(x==0||x==1)
    return(3);
    p=x+func(x-3);
    return   p;
}
main()
{
    printf("%d\n", func(12));
}
```

四、编程题

1. 编写程序，求 10 个点到原点的距离之和。输入 10 个点的坐标，计算并输出这些点到原点的距离之和。定义函数 dist(x, y)，计算平面上任意一点(x, y)到原点(0, 0)的距离，函数返回值类型是 double 型。

2. 编写程序，计算并输出不超过 n 的最大的 k 个素数以及它们的和。

3. 编写一个函数将字符串 strl 和字符串 str2 合并，合并后的字符串按其 ASCII 码值从小到大进行排序，相同的字符在新字符串中只出现一次。

4. 编写程序，将输入的一行字符逆序输出。例如，输入 abcde，则输出 edcba。尝试分别用普通函数和递归函数实现逆序功能。

5. 编写一个函数，输入一个十六进制数，输出相应的十进制数。

第六章　结构体和共用体

案例一　完成学生基本信息的保存并输出

1. 问题描述

完成学生基本信息的保存并输出(姓名、性别、学号、成绩、本学期综合排名等级)。

2. 问题分析

使用结构体类型变量保存学生基本信息，注意结构体和嵌套结构体定义、赋值、输出的方式。

3. C 语言代码

```
#include<stdio.h>
struct credit              /*定义结构体类型 credit*/
{   float   score;         /*score 为结构体 credit 成员，表示学生成绩*/
    char    grade;
};
struct student             /*定义结构体类型 student*/
{   char *sname;           /* sname 为结构体 student 成员(指针类型)*/
    char ssex;
    int   snum;
struct credit   user;      /*user 是结构体类型 credit 的变量，在结构体类型 student 定义中嵌入另一
                           个结构体类型 credit 变量为结构体类型 student 成员*/
}stu1={"zhang xiao", 'M', 18091009, 89.8, 'B'}, stu2; /*stu1、stu2 是结构体类型 student 的变量*/
main()
{   struct credit   user;        /*user 是另一结构体类型 credit 的变量*/
    stu2.sname="sun jie rui";
    stu2.ssex='M';
    stu2.snum=18091019;
    printf("请输入 stu2 的学期排名等级和成绩\n");
    scanf("%c%f", &stu2.user.grade, &stu2.user.score);
    printf("stu2.sname=%s, stu2.ssex=%c, stu2.snum=%d\n", stu2.sname, stu2.ssex, stu2.snum);
    printf("stu2.user.score=%f, stu2.user.grade=%c\n", stu2.user.score, stu2.user.grade);
}
```

4. 程序运行结果

```
请输入 stu2 的学期排名等级和成绩
C 78
stu2.sname=sun jie rui, stu2.ssex=M, stu2.snum=18091019
stu2.user.score=78.000000, stu2.user.grade=C
```

6.1　结构体类型与结构体变量

结构体是 C 语言的构造类型。如案例一中，struct credit 和 struct student 都是结构体类型。

结构体成员是有逻辑联系的变量。案例一中成员变量 char ssex、int snum、struct credit user 的取值都与成员变量 char *sname 有关，于是把这些成员封装在一起形成一个独立的类型——结构体类型。结构体成员在内存中占据连续的存储单元。

把具有内在联系的数据有机的结合为一个整体有易于使用和操作，可提高这类数据的处理效率，更真实的反映客观世界。

6.1.1　结构体类型与结构体变量的定义

“结构体”是自定义的构造类型，可根据需要构造结构体中成员。由于不是系统定义的标准类型，结构体类型要先定义，再定义结构体变量。

1. 结构体类型定义

结构体类型的一般形式为

```
struct 结构体名
{
    数据类型  成员变量 1;
    数据类型  成员变量 2;
    ...
    数据类型  成员变量 n;
};
```

结构体中的成员变量可以是基本数据类型，也可以是指针类型，或结构体类型等。

2. 结构体变量的定义

结构体类型变量的定义与其他类型的变量的定义方法是一样的。因为结构体类型是根据具体问题先自行定义的，这样便给结构体类型变量的定义形式增加了灵活性。结构体变量定义共有三种形式：

(1) 先定义结构体类型，再定义结构体类型变量。

定义格式如下：

```
struct   结构体名
{
```

成员变量项表列

};

struct　结构体类型名　结构体变量名；

例如：

```
struct student              /*定义结构体类型 student*/
{   char *sname;            /*结构体 student 类型的成员*/
    char ssex;
    int snum;
    struct credit user;
      /*user 是另一结构体类型 credit 的变量，对成员的使用是在结构体变量的基础上*/
};
struct student stu1, stu2;   /*结构体变量定义*/
```

(2) 定义结构体类型同时定义结构体类型变量。

定义格式如下：

struct　结构体类型名

{

成员变量项表列

}结构体变量名；

例如：

```
struct student
{   char *sname;
    char ssex;
    int snum;
    struct credit user;
}stu1, stu2;                /*结构体变量定义*/
```

说明：

① 这两种结构体类型变量定义方法可以很方便的在定义之后的任意位置说明该结构体类型变量。

② 结构体类型的声明可以在函数内，也可以在函数外，分别属于局部和全局结构体类型。全局的结构体类型可以定义局部和全局的结构体变量，局部的结构体类型只可以定义局部的结构体变量。

(3) 直接定义结构体类型变量。

定义格式如下：

struct

{

成员项表列

}结构体变量名；

例如：

```
struct                      /*定义无名结构体*/
```

```
{   char *sname;
    char ssex;
    int snum;
    struct credit user;
}stu1, stu2;   /*结构体变量定义*/
```

说明：该定义方法由于无法记录该结构体类型，所以不能在主函数中再定义新的结构的变量(无结构体名)，而其他定义方式可以在 main()函数中再定义新的结构体类型变量。

注意：编译系统不为结构体类型分配空间，只对结构体变量分配空间，结构体变量的存储空间大小是每个成员变量存储空间之和。

6.1.2　结构体变量的使用

如果要对结构体成员进行操作，首先要通过对结构体变量的使用。

1．结构体变量的引用

对结构体变量的操作，实质是对成员的操作，结构体变量对成员引用的一般形式为

结构体变量.成员名

例如，在案例一中通过 stu1.name、stu2.snum 引用形式完成对 stu1.name、stu2.snum 操作，如赋值、计算和输出。

如果有一个结构成员属于另一个结构体类型时，例如在 struct student 结构体类型中成员 user 是另一结构体类型 struct credit 的变量，这时引用方式是 stu2.user.grade，由外向里一级一级找到最低一级。

2．结构体变量的赋值

结构变量与其他变量相同，可以在定义它的同时进行初始化，用一对大括号包围的初值表对该结构变量的每个成员变量赋初值，初值表按成员项排列的先后顺序一一对应赋值。每个初值数据类型必须与其对应的成员变量数据相符合。例如：

```
struct student          /*定义全局结构体类型 student*/
{   char *sname;        /* *sname、ssex 等都是结构体 student 成员*/
    char ssex;
    int snum;
    struct credit user;  /*user 是另一结构体类型 credit 的变量*/
}stu1={"zhang xiao", 'M', 18091009, 89.8, 'B'};/*定义全局结构体变量 stu1，并初始化*/
#include "stdio.h"
main()
{
    struct student stu2={"sun li", 'w', 18991019, 78, 'C'}; /*定义局部结构体变量 stu2，并初始化*/
    ...
}
```

注意：

① 不能对结构体整体赋值和整体输出；

scanf("%s%c%d%f%c", stu2);或 printf("%s%c%d%f%c", stu2);

② 不同结构体类型的结构体变量不能互相赋值。

stu2=stu3；这两个结构体变量的结构体类型必须相同才可以整体赋值。

案例二　结构体数组的使用

1. 问题描述

根据学号查找对应学生的姓名和成绩。

2. 问题分析

建立结构体数组，数组成员保存学生基本信息(姓名、性别、学号、成绩)。

3. C 语言代码

```
#include<stdio.h>
struct student
{   char *sname;
    char ssex;
    int snum;
    float  score[2];
}stu[]={{"Zhao Lei", 'M', 18091210, {89, 76.8}}, {"Li Lie", 'M', 18091201, {76.3, 89.4}},
{"Sun Zhong Jie", 'W', 18091226, {89.5, 90.4}}};   /*结构体数组初始化，保存各学生信息*/
main()
{
    unsigned long int stu_len = sizeof(stu)/sizeof(stu[0]); /*计算数组长度*/
    int i, num, j;
      printf("请输入学生学号：");
    scanf("%d", &num);
      for(i=0; i<stu_len; i++)
    if(num==stu[i].snum) break;
      printf("the name=%s, ssex=%c\n", stu[i].sname, stu[i].ssex);
    for(j=0; j<2; j++)
    printf("成绩%d 是%.4f\n", j+1, stu[i].score[j]);
      printf("\n");
}
```

4. 程序运行结果

```
请输入学生学号：18091210
the name=Zhao Lie, ssex=M
成绩 1 是 89.0000
成绩 2 是 76.8000
```

6.2 结构体数组

在实际中，可能要处理多个结构体变量，这时可以使用结构体数组。结构体数组结合了“结构体”与“数组”的特点，既可以体现结构体成员的特点，又可以对数组成员进行批量处理。

6.2.1 结构体数组定义

结构体数组的定义与结构体变量的定义基本相同，也有三种形式。例如：采用结构体变量定义的第一种形式的定义格式如下：

```
struct student                  /*定义结构体类型 student*/
{   char *sname;                /*结构体类型 student 成员*/
    char ssex;
    int snum;
    struct credit user;         /*user 是另一结构体类型 credit 的变量*/
};
struct student stu[4];
```

6.2.2 结构体数组的使用

结构体数组的使用与之前的数组使用的方法基本相同。

(1) 结构体数组的引用与初始化。结构体数组引用格式为

结构体数组名[下标].成员名

例如：采用结构体变量定义形式 2 定义结构体数组，并完成初始化。

```
struct student          /*定义结构体类型 student*/
{   char *sname;        /*结构体类型 student 成员*/
    char ssex;
    int snum;
    float score;
}stu[4];                /*定义 stu 为含有 4 个元素的全局结构体数组*/
```

可以使用 stu[0].ssex、stu[3].score 引用方式。

(2) 结构体类型数组初始化与结构体类型变量形式相同，只不过数组每个元素是结构体类型成员。

说明：

(1) 如案例二所示，结构体数组初始化时所有数组元素要用最外层花括号括起来。为了表述清晰，一般会把每个数组元素也用花括号括起来。

(2) 系统开辟连续空间存放结构体数组中的元素。结构体数组名是结构体数组的首地址。

(3) 可以在定义结构体类型之后直接定义结构体数组并初始化。

(4) 可以先定义结构体数组，在程序运行过程中完成赋值。

例 6.1　完成学生信息的录入(姓名、性别、学号)。

```
#include<stdio.h>
#include<string.h>
struct student
{   char sname[20];
    char ssex;
    int snum;
}stu[3];                    /*定义 stu 为含有 3 个元素的全局结构体数组*/
main()
{   int i, j;
    printf("input the 3 students's sname, ssex, sunm\n");
    for(i=0; i<3; i++)    /*通过循环完成对结构体数组中元素赋值*/
    {   printf("the sname :" );
        fflush(stdin);
        gets(stu[i].sname);
        fflush(stdin);    /*避免将输入 sname 之后的回车键作为字符赋值给字符类型的 ssex*/
        printf("the    ssex and    snum: ");
        scanf("%c%d", &stu[i].ssex , &stu[i].snum );
        printf("\n");
    }
}
```

程序运行结果如下：

```
input the 3 stuents's sname, ssex, sunm
the sname :Zhang Jia
the    ssex and    snum: M 18010112
the sname :Sun Jie Chao
the    ssex and    snum: W 18010223
the sname :Zhao Han
the    ssex and    snum: W 18010321
```

案例三　指向结构体类型数组指针的使用

1. 问题描述

查找学生成绩最低的学生信息。

2. 问题分析

使用结构体数组保存学生信息，使用指向结构体类型数组的指针及相关算法查找出学生信息中成绩最低学生的信息。

3. C 语言代码

```
#include<stdio.h>
#include<string.h>
struct student
{   int snum;
    char sname[20];
    float   score;
    char   grade;
}stud[]={{18091210, "ZHao lei", 90.3, 'A'}, {18091220, "Sun xiao Yang", 85, 'B'}, {18091230, "Wan
le", 76.5, 'C'}}, *pstu1;     /*利用结构体数组初始化保存 3 个学生信息，同时建立指针变量*/
main()
{
    unsigned long int stu_len = sizeof(stud)/sizeof(stud[0]);     /*计算数组长度*/
    int i;
    float min;
    pstu1=stud;                 /*指针变量 pstu1 获得数组首地址*/
    pstu1=pstu1+stu_len;        /*指针变量 pstu1 指向第 4 个结构体数组元素地址，增加一个
                                新数组元素*/
    pstu1->snum=18191121;       /*指针变量 pstu1 对结构体中的成员的赋值(数组第 4 个元素)*/
    strcpy( (*pstu1).sname, "Li han Yang");
    pstu1->score=67.5;
    pstu1->grade='D';
    pstu1=stud;                 /*指针变量 pstu1 重新获得数组首地址*/
    min=pstu1->score;           /*指针 pstu1 对成员的引用，将数组第一个元素中的 score
                                 假设为最低成绩*/
    for(i=1; i<(stu_len+1); i++)
    {   ++(pstu1);              /*指针变量 pstu1 增 1*/
        if(pstu1->score<min)    /*指针变量 pstu1 所指 score 的值小于假设的 score*/
            min=pstu1->score;   /*指针变量 pstu1 所指 score 的值赋值给 min*/
    }
    printf("Then information of the student is:\n");
    printf("snum=%d, sname=%s, minscore=%f, grade=%c\n", pstu1->snum, pstu1->sname, pstu1->
score, pstu1->grade);
}
```

说明：程序中如 pstu1->成员名的引用形式都可以转换成(*结构体指针变量).成员名

4. 程序运行结果

```
Then information of the student is:
snum=18191121, sname=Li han Yang, minscore=67.500000, grade=D
```

6.3　结构体与指针

指针可以指向变量和数组，指针同样可以指向结构体变量和结构体数组。

6.3.1　指向结构体变量的指针

结构体变量首字节地址即为结构体变量指针，可以使用指针访问结构体变量中的成员。

1. 结构体变量指针定义格式与赋值

结构体指针变量定义格式如下：

struct　结构体类型名　*结构体指针变量名

结构体指针变量定义后，系统仅为指针变量分配存储结构体类型的起始地址。指针变量赋值后，结构体指针变量才能对结构体成员进行操作。

结构体指针变量赋值方式一：先定义结构体变量，再定义结构体指针变量。例如：

```
struct student    stu1;
struct student    *pu=&stu1;
```

或

```
struct student    stu1, *pstu;
pstu=&stu1;
```

结构体指针变量赋值方式二：如果没有定义结构体变量，可以使用分配内存函数malloc()按以下方式对结构体指针变量赋值。例如：

```
struct student *pstu=( struct student*) malloc(sizeof(struct student));
```

说明：

(1) 不可以使用结构体类型名对结构体指针变量赋值，例如：pstu=&student。

(2) 可以把成员定义为本结构体相同的结构体指针变量。

例如：

```
struct student
{
    int snum;
    struct    student    *point;
}
```

结构体含有一个指向自己的结构体指针变量，这种结构体在链表、树和有向图中广泛应用。

2. 结构体指针变量对成员的引用

结构体指针变量对成员的引用形式有两种。

(*结构体指针变量).成员名

或

结构体指针变量->成员名

例 6.2　使用结构体指针变量输出学生信息中的姓名、成绩和成绩等级。

```
#include<string.h>
#include<stdio.h>
struct student
{   char sname[10];
    int snum;
    float score;
    char   grade;
}stu1={"Zhao Lei", 18091223, 92.5, 'A'}, *pstu1;
main()
{   pstu1=&stu1;
    strcpy( (*pstu1).sname, " Li Jie ");          /*为结构体变量重新赋值*/
    (*pstu1).score=82;
    pstu1->grade='B';
    printf("sname is %s\n", (*pstu1).sname);
    printf("score is %f\n", pstu1->score);
    printf("grade is %c\n", (*pstu1).grade);
}
```

程序运行结果如下：

```
sname is Li Jie
score is 82.000000
grade is B
```

6.3.2　指向结构体类型数组的指针

以基本数据类型建立的数组的首地址是指针，可以使用指针变量对数组中的基本数据类型元素进行赋值和操作。同样指针类型也可以运用于结构体数组，即指向结构体类型数组的指针。

1．指向结构体数组指针定义与赋值

定义指向结构体数组指针变量和之前定义数组的指针的方法是一样的。例如，案例三中在定义结构体数组的同时定义指向结构体数组的指针，通过 pstu1=stud 使得指针变量获得数组首地址。

2．结构体数组指针引用结构体成员

与之前数组成员的引用方式相同，结构体数组指针对结构体数组成员的引用方式有地址法、指针法、指针的数组表示法。例如，案例三中通过指针法 pstu1->score 方式完成对成员的数据操作。

指向结构体类型数组的指针的使用与指向基本数据类型的指针使用相同，pstu1++ 和 ++pstu1 可以使 pstu1 指向结构体数组的下一个元素地址。

使用指向结构体数组的指针，请注意以下表达式的含义：

(1) 因为“->”运算符优先级最高，所以 pstu1->snum，pstu1->snum++，++pstu1->snum 三个表达式都是对成员变量 snum 的操作。

(2) (++pstu1)->snum，先使 pstu1 加 1，指向下一个数组元素地址，然后得到该元素的 snum 成员的值。

(3) pstu1++->snum，先得到 pstu1 所指的 snum 的值，然后使 pstu1 加 1，指向该数组下一个元素地址。

案例四　结构体函数的使用

1. 问题描述

根据学生成绩，判断学生成绩的等级(例如成绩 score，当 90≤score≤100 时等级为 A，80≤score<90 时等级为 B)。

2. 问题分析

学生成绩设定为结构体变量或结构体数组，通过函数使学生成绩对应转换成等级。

3. C 语言代码

```
#include "stdio.h"
#include "string.h"
struct    student
{   int   num;
    char   name[15];
    float   score;
    char grade;
} stu={18091221, " Zhang Ming", 75.5},   /*结构体变量，其中成员 grade 未赋值*/
stu1[]={{18091213, "Li Jian", 80}, {18091223, "Sun Qiang", 68}, {18091231, "Zhao Sha Sha", 95.5}};
                                  /*结构体数组，其中成员 grade 未赋值*/
/*函数 Dengji 对结构体变量 stu 中成员 grade 赋值*/
void Dengji(struct student *s)   /*形参 s 为指向结构体变量的指针，程序运行后 s 的值为具有相同
                                   结构体变量实参的地址*/
{   if (s->score>=60 && s->score<70)
        s->grade='D';    /*地址传递，在形参 s->grade 赋值后，对应实参 stu.grade 有相同的值*/
    if (s->score>=70 && s->score<80)
        s->grade='C';
    if (s->score>=80 && s->score<90)
        s->grade='B';
   if (s->score>=90 && s->score<=100)
        s->grade='A';
}
```

```
void main()
{  int i;
   printf("结构体变量 stu 原始数据为\n");
   printf("num=%d, name=%s, score=%f, grade=%c\n", stu.num, stu.name, stu.score, stu.grade);
   Dengji(&stu);      /*调用函数 Dengji 完成结构体变量 stu 中 grade 赋值，使用地址传递*/
   printf("结构体变量 stu 成员成绩等级赋值后数据为\n");
   printf("num=%d, name=%s, score=%f, grade=%c\n", stu.num, stu.name, stu.score, stu.grade);
   printf("\n");
   printf("结构体数组 stu1[]原始数据为\n");
   for(i=0; i<3; i++)
   printf("num=%d, name=%s, score=%f, grade=%c\n",stu1[i].num,stu1[i].name,stu1[i].score,stu1[i].grade);
   printf("\n");
   printf("结构体数组 stu1[]元素中成员成绩等级赋值后数组数据为\n");
   for (i=0; i<3; i++)
   Dengji(&stu1[i]); /*调用函数 Dengji 完成结构体数组每个元素中 grade 赋值，使用地址传递*/
   for(i=0; i<3; i++)
   printf("num=%d,name=%s,score=%f,grade=%c\n",stu1[i].num,stu1[i].name,stu1[i].score,stu1[i].grade);
}
```

4. 程序运行结果

```
结构体变量 stu 原始数据为
num=18091221, name=Zhang Ming, score=75.500000, grade=
结构体变量 stu 成员成绩等级赋值后数据为
num=18091221, name=Zhang Ming, score=75.50000, grade=C
结构体数组 stu1[]原始数据为
num=18091213, name=Li Jian, score=80.000000, grade=
num=18091223, name=Sun Qiang, score=68.000000, grade=
num=18091231, name=Zhao Sha Sha, score=95.500000, grade=
结构体数组 stu1[]元素中成员成绩等级赋值后数组数据为
num=18091213, name=Li Jian, score=80.000000, grade=B
num=18091223, name=Sun Qiang, score=68.000000, grade=D
num=18091231, name=Zhao Sha Sha, score=95.500000, grade=A
```

6.4　结构体与函数

结构体类型数据也可以作为函数的参数用于程序的设计，参数为结构体的函数称为结构体函数，使用结构体作为函数参数，可以提高数据传输效率。

结构体类型的变量或者结构体类型的数组传递给函数有以下三种方式：

(1) 结构体成员作为参数。这与普通变量作为参数一样，是值传递。

(2) 结构体变量作为函数参数。要求形参和实参是同一种结构体类型变量，传递时采用的也是值传递的方式。这种调用方式首先形参要分配存储空间，其次实参将各成员的值依次赋值给形参的对应成员。如果成员比较多，在时间和空间上都增加了系统开销。

(3) 结构体变量的地址或结构体数组名为参数。形参接受实参地址，这种情况属于地址传递。

例如，案例四中函数 Dengji 中参数采用的就是结构体变量地址为参数，是地址传递。

6.4.1　指向结构体变量的指针作为函数参数

函数参数传递方式有数值传递和地址传递，数值传递形参的改变不会影响到实参。如果想在调用函数中改变主调函数中的实参，可以用结构体变量的地址(或数组成员地址)作为实参，用指向相同结构体类型的结构体指针作为函数的形参来传递地址值，以地址传递的方式改变实参的数据值。

例如，案例四中结构体变量 stu 在初始化时成员 grade 未赋值(实际值为 0，输出时为空字符)，通过传地址方式的函数调用在函数中完成了 grade 赋值，在主函数中输出 grade 变量的值；案例四中结构体数组 stu1[]元素中的成员通过地址传递的方式，完成了数组元素中成员变量 grade 的赋值。

6.4.2　结构体变量作为函数的返回值

结构体变量可以作为函数的返回值，返回值为结构体类型的函数称为结构体函数。

结构体变量作为函数的返回值的定义格式：

struct　结构体名　函数名(struct　结构体名 参数)

形参、实参数、和函数均采用相同结构体类型。

例 6.3　完成学生基本信息的录入，并根据学生的学号输出学生的信息。

```
#include <stdio.h>
#define N 3
struct student
{  int num;
   char name[15];
   float score;
}stu[N];
/*函数 search 完成对应学号的学生信息查询并返回学生信息，形参变量 p 和函数具有相同的结构体类型，形参 m 是学号*/
struct student *search(struct student *p, int m)
{  struct   student *s=NULL;
   for(; p<(stu+N); p++)
   if(p->num==m)
       {s=p; break;}
   return s;          /*返回查询到的地址，否则为 NULL*/
}
```

```
/*函数完成学生信息的输入，参数 p 获得数组 s1[]地址，参数 n 获得数据元素个数 N*/
void input(struct student *p, int n)
{  int i;
   printf("   Num              Name            Score\n");
   for(i=0; i<n; i++)
   {
       scanf("%d", &p[i].num);
       scanf("%s", p[i].name);
       scanf("%f", &p[i].score);
   }
}
/*函数完成学生信息的输出，参数 s1[]为数组地址*/
void output(struct student s1)
{  printf("   Num           Name       Score\n");
   printf("%d, %s, %f\n", s1.num, s1.name, s1.score);
}
main()
{  int n;
   struct student *s1=stu;
   input(s1, N);        /*函数调用：完成学生信息输入，参数数组名 s1(地址传递)，数组元素
                         个数 N(值传递)传递给函数 input*/
   printf("请输入查找学生的学号：\n");
   scanf("%d", &n);
   s1=search(s1, n);    /*函数调用：完成学生信息查询，参数数组名 s1(地址传递)，参数 n 学号(数
                          值传递)*/
   if (s1!=NULL)
       output(*s1);     /*函数调用：完成学生信息输出，参数*s1(值传递)*/
   else printf("未查找到该学生");
}
```

程序运行结果如下：

```
Num            Name        Score
18090212       LiLu         87
18090109      ZhaoJie       75
18090328      SunJiaJun     92
请输入查找学生的学号：
18090328
18090328      SunJiaJun     92.000000
```

案例五　共用体变量设计与使用

1. 问题描述

描述若干教师的业绩，每个教师包括编号、姓名、职称、业绩；若职称是讲师，则业绩描述为其讲述的课程门数；若职称为教授，业绩描述为科研项目的金额。

2. 问题分析

教师数据中的编号、姓名、职称是三个固定字段，分别用整型、字符数组、字符数组来存储，业绩可能是讲述的课程门数或科研项目的金额，二选一，用共用体类型描述。观察共用体变量定义、赋值方法。

3. C 语言代码

```
/*本程序实现不同职称教师的业绩管理*/
#include <stdio.h>
#include <string.h>
#define Tnum 3                  /*教师的数量*/
union yeji/*教师业绩共用体定义*/
{
    int kechengnum;             /*讲述课程门数*/
    float keyanjine;            /*科研项目金额*/
};
struct teacher                  /*教师结构体定义*/
{
    int Tid;                    /*教师编号*/
    char Tname[20];             /*教师姓名*/
    char Trank[20];             /*教师职称*/
    union yeji achievement; /*教师业绩，为共用体类型变量*/
}Teacher[Tnum];                 /*存储教师信息数组，为全局的结构体类型的数组*/

void main()
{
    int i;                      /*i 循环控制变量*/
    printf("请输入教师信息：\n");
    for(i=0; i<Tnum; i++)   /*循环输入教师信息*/
    {
        /*循环输入教师固定字段信息*/
        scanf("%d %s %s", &Teacher[i].Tid, Teacher[i].Tname, Teacher[i].Trank);
        if(strcmp(Teacher[i].Trank, "jiangshi")==0)              /*是讲师则输入课程数量*/
            scanf("%d", &Teacher[i].achievement.kechengnum);
```

```
        else
            if(strcmp(Teacher[i].Trank, "jiaoshou")==0)         /*是教授则输入项目金额*/
                scanf("%f", &Teacher[i].achievement.keyanjine);
            else                    /*职称输入错误的提示信息*/
                printf("data error!\n");
    }
    printf("编号\t 姓名\t 职称\t\t 讲授课程或项目金额\n");
    for(i=0; i<Tnum; i++)          /*循环输出教师信息*/
    {
        printf("%d\t%s\t%s\t", Teacher[i].Tid, Teacher[i].Tname, Teacher[i].Trank);
        if(strcmp(Teacher[i].Trank, "jiangshi")==0)
            printf("%d\n", Teacher[i].achievement.kechengnum);
        else
            if(strcmp(Teacher[i].Trank, "jiaoshou")==0)
                printf("%f\n", Teacher[i].achievement.keyanjine);
            else
                printf("data error!\n");
    }
}
```

4. 程序运行结果

```
请输入教师信息:
1000 wang jiangshi
5
1001 li jiaoshou
9.8
1002 zhao jiaoshou
10.85
编号    姓名    职称          讲授课程或项目金额
1000    wang    jiangshi      5
1001    li      jiaoshou      9.800000
1002    zhao    jiaoshou      10.850000
```

6.5 共 用 体

共用体是一种与结构体类似的构造类型，可以包括数目固定、类型不同的若干数据，所有成员共享一段公共存储空间(如案例五中类型 union yeji)。所谓共享不是指把多个成员同时装入一个共用体变量内，而是指该共用体变量可被赋予任一成员值，但每次只能给其中的一个变量赋值，新赋的值会覆盖原有变量。也就是某一时刻共用体的成员变量只能有

一个有正确的值。共用体类型变量所占内存空间不是各个成员所需存储空间字节数的总和，而是共用体成员中存储空间最大的成员所要求的字节数。共用体用途：使几个不同类型的变量共占一段内存(相互覆盖)。

6.5.1 共用体类型的定义

与结构体类型的定义类似，定义一个共用体类型的一般形式为

```
union   共用体名
{
  数据类型   成员名 1;
  数据类型   成员名 2;
    ...
  数据类型   成员名 n;
};
```

成员列表中含有若干成员，成员名的命名应符合标识符的规定，彼此之间不能相同。例如：

```
union   data
{
    int     i;
    char    ch[10];
};
```

定义了一个名为 union　data 的共用体类型，它包含有两个成员，一个为整型，成员名为 i；另一个为字符数组，数组名为 ch。共用体定义之后，即可进行共用体变量说明。被说明为 union　data 类型的变量，可以存放整型量 i 或存放字符数组 ch，这两种数据类型的成员共享同一块内存空间。共用体变量任何时刻只有一个成员存在。

6.5.2 共用体变量的定义

共用体变量的说明和结构体变量的定义类似，也有三种形式。

(1) 定义共用体类型的同时定义共用体类型变量：

```
union data
{   short int i;
    char ch;
    float f;
}a, b;
```

(2) 先定义共用体类型，再定义共用体类型变量：

```
union data
{   short int i;
    char ch;
    float f;
};
```

```
union data a, b, c, *p, d[3];
```

(3) 直接定义共用体类型变量：

```
union
{   short int i;
    char ch;
    float f;
}a, b, c;
```

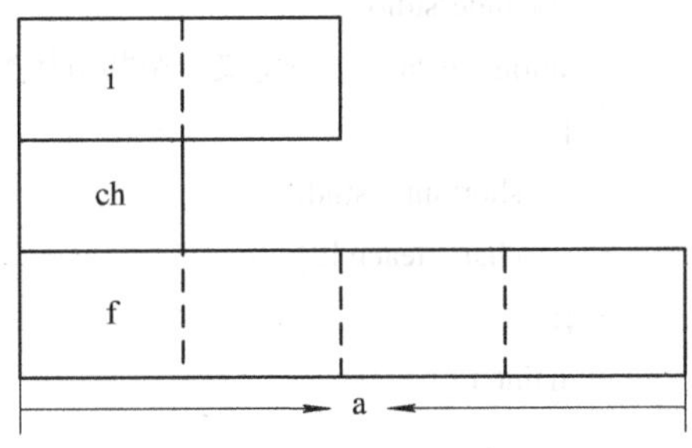

图 6.1　共用体变量的存储

在内存分配时，a、b、c 变量的长度等于 union data 成员中最长的长度，即等于实数 f 的长度，共 4 个字节。a、b、c 变量如果赋予字符型 ch 值时，只使用了 1 个字节，而赋予 f 时，可用 4 个字节。a 在内存中的存储情况如图 6.1 所示。

6.5.3　共用体变量的引用

引用共用体变量的成员方式与结构体非常类似，方式有下面几种：

(1) 在定义了共用体变量之后，可以使用“.”运算符来引用它的成员。例如：

```
a.i=5;
```

(2) 可以把共用体变量的地址赋值给同类型的指针变量，可以利用指向共用体变量的指针来引用它的成员。例如：

```
union data
{   short int i;
    char ch;
    float f;
} a, b, c, *p, d[3];
p=&a;
```

(*p).i=9; 等价于 p->i=9;。

(3) 共用体变量也可以初始化，但只是对它的成员表中的第一个成员进行初始化，不能对它所有列出的成员都赋初值。例如：

```
union data
{   short int i;
    char ch;
    float f;
} a ={8};
```

将它的第一个成员 i 初始化成了 8。

注意：

① 由于共用体变量的各个成员占用同一段内存空间，因此它们的起始地址都是相同的。所以，& a.i、& a.ch、& a.f 与&a 的值都是相同的，不过，这些地址的类型是不同的。

② 在任意一个时刻分配给共用体变量的内存空间中，最多只能保留共用体变量的一个成员的值。当为共用体变量的某个成员赋值时，该值将覆盖掉该共用体变量中在此之前保

存的其他成员的值。因此在某个时刻联合变量存储空间中将保留最后一个被赋值的成员的值。

例 6.4　输出共用体变量成员的值。

```
#include"stdio.h"
union   data      /*定义一个共用体类型 data*/
{
    short int   stud;
    char   teach [2];
};
main( )
{
    union data un1;
    un1.stud=2;
    un1.teach[0]=23;
    un1.teach[1]=0;
    printf("%hd\n", un1.stud);
}
```

程序运行结果如下：

```
23
```

共用体变量 un1 中的成员 stud 和数组成员 teach 都是从内存空间的同一个位置开始存储，因为短整型 stud 与数组 teach 的前两个元素共用一个 2 个字节的存储单元，所以数组前 2 个元素的值覆盖了最初给成员 stud 的值。

共用体的类型可以出现在结构体类型的定义中，结构体也可以作为共用体的成员出现。

共用体类型变量不能作为函数参数或者函数的返回值，但是可以使用指向共用体类型变量的指针来传递数据。

6.6　枚 举 类 型

如果一个变量只有几种可能的值，可以定义为枚举类型。

1. 什么是枚举

所谓“枚举”，是指将变量的值一一列举出来，变量的值在列举出来的值的范围内。枚举数据是一个被命名为整型常数的集合，这些常数指定了所有已被定义的各种合法值。枚举在日常生活中十分常见，如一周分为 7 天：

```
sun，mon，tue，wed，thu，fri，sat
```

可按如下格式定义为枚举类型：

```
enum   day{sun, mon, tue, wed, thu, fri, sat};
```

关键字 enum 表示定义一个枚举类型。

2. 枚举类型的定义和枚举变量的定义

先定义枚举类型，再定义枚举变量。枚举类型定义的一般形式为

enum 枚举类型名{枚举表}；

其中，enum 是定义枚举类型的关键字；“枚举表”由多个用户自定义的标识符组成，标识符之间用逗号分开。

枚举变量定义的一般形式为

enum 枚举类型名 枚举变量表；

例如：定义一个称之为 day 的枚举类型，并说明 today 是属于该类型的一个变量：

```
enum day{sun, mon, tue, wed, thu, fri, sat};/*枚举类型的定义*/
enum   day   today; /*和枚举变量的定义*/
```

枚举变量的定义也有和结构体共用体类似的三种形式，这里不再一一列举。

说明：

(1) 花括号中的内容称为枚举表，每个枚举表项是整型常数，系统默认规定其值依次为 0, 1, 2, 3, 4, 5, 6。在定义枚举类型时也可对枚举表项进行初始化以改变它们的值。例如：

```
enum day{sun=1, mon, tue=5, wed, thu, fri, sat=11};
```

则 sun=1, mon=2, tue=5, wed=6, thu=7, fri=8, sat=11，如果某个枚举元素没有初始化，会自动取前一个枚举元素值加 1，第一个枚举元素自动取 0。

(2) 枚举元素都是常量，即枚举常量，而不是变量，因此不能为枚举元素赋值，如 sun=5, mon=8 是错误的。

枚举元素可用于给枚举变量赋值，而枚举变量不能接收一个非枚举常量的赋值。例如：

```
today=sun;    (正确)
today=3;      (错误)
```

(3) 可以将一个整数经强制类型转换后赋给枚举变量。例如：

```
enum day{sun, mon, tue, wed, thu, fri, sat} toda   y;
today=(enumday)3;
```

相当于

```
today=wed;
```

3. 定义枚举类型的好处

(1) 用标识符表示数值增加了程序的可读性(直观)。例如，if (today == sat) nextday = sun; 就比较清晰，if (today == 6)nextday = 7;就不如前者清晰。

(2) 可限制变量的取值范围。在上面的例子中，today 只能取 sun～sat 中的值，不能随便取值。

例 6.5　顺序输出 5 种颜色名。

```
#include"stdio.h"
main()
{
    enum   color{red, yellow, blue, white, black};
    enum   color   c;
```

```
    for(c=red; c<=black; c++)
    switch(c)
    {
        case  red:      printf(" red ");       break;
        case  yellow:   printf(" yellow ");    break;
        case  blue:     printf(" blue ");      break;
        case  white:    printf(" white ");     break;
        case  black:    printf(" black ");     break;
    }
}
```

6.7　类型定义语句 typedef

C 语言为编程者提供了一种用新的类型名来代替已有基本数据类型名和已经定义了的类型(如结构体、联合体、指针、数组、枚举等类型)方式，采用 typedef 语句实现。

1. typedef 的定义

其格式为

typedef　旧类型说明　类型名

其中，typedef 是类型定义语句的关键字，类型名是对新类型名的描述，习惯上把新类型名用大写字母表示。旧类型说明可以是各种基本数据类型名(char，int，…，double)和已经定义了的结构体、共用体、指针、数组、枚举等类型名。例如：

```
typedef  int   INTEGER;
typedef  float  REAL;
```

即 int 与 INTEGER，float 与 REAL 等价，以后在程序中可任意使用两种类型名去说明变量。例如：

```
INTEGER  i, j;   等价于 int  i, j;
REAL  a, b;      等价于 float  a, b;
```

2. typedef 的作用

(1) typedef 的最大作用是使阅读程序者一目了然地知道变量的作用。例如，在程序中，若将一些整型变量用来计数，通常定义：

```
typedef  int  COUNTER;
COUNTER  i, j, *pl;
```

(2) 利用 typedef 可以简化结构体变量的定义。例如，有如下结构体：

```
struct  employee
{
    int  num;
    char  name[10];
    char  sex;
```

```
        int   age;
    };
```

若要定义结构体变量 emp1，emp2，则应采用：

```
    struct   employee   emp1, emp2;
```

此时需要键入的内容较多，在这种情况下，可以使用 typedef 来简化变量的定义，方法如下：

```
    typedef   struct   employee   EMP;
    EMP   emp1, emp2;
```

以后再定义其他变量则可直接用 EMP 代替 struct　employee。

若要定义结构指针变量 q，也可以使用 typedef 来简化定义，方法如下：

```
    typedef   struct employee *P_EMP;
    P_ EMP   q;
```

注意：此时在 q 前不能再加指针定义符星号(*)。

(3) 类型定义语句定义的新类型，再用来定义变量时，系统会进行类型检查，这样可以增加数据的安全性。

3. typedef 定义类型步骤

(1) 按定义变量方法先写出定义体；如　int i;

(2) 将变量名换成新类型名；　　　　如　int INTEGER;

(3) 最前面加 typede;　　　　　　　如　typedef int INTEGER;

(4) 用新类型名定义变量。　　　　　如　INTEGER i, j;

例如：

```
      typedef   struct club
       {        char   name[20];
                int   size;
                int   year;
      }GROUP;
      typedef   GROUP   *PG;
    PG   pclub;   /*等价于 GROUP *pclub;或 struct club *pclub;*/
```

在用 typedef 定义新的类型名时，应注意以下几点：

(1) 用 typedef 语句只是对已经存在的类型增加了一个新的类型名，并没有创建一个新的数据类型。

(2) typedef 语句只能用来定义类型名，而不能用来定义变量。

(3) 当不同源文件需要共用一些数据类型时，常用 typedef 定义这些数据类型，把它们单独放在一个文件中，然后在需要它们时用#include 命令把它们包含进来。

本 章 小 结

本章介绍了结构体、结构体数组和共用体的定义形式、初始化及成员的引用方法；结构体或指向结构体的指针为参数或返回值的函数的定义形式和调用方法；typedef 说明的形

式，typedef 定义类型名的用法。

数组只允许把同一类型的数据组织在一起，有时需要将不同类型的并且相关联的数据组合成一个有机的整体，并利用一个变量来描述它。C 语言为我们提供了结构体来描述这类数据。此外 C 语言还提供了另外一种在定义和使用等方面与结构十分相似的数据类型——共用体，它的主要特征是共用体成员都是从同一地址开始存放。也就是使用覆盖技术，几个变量互相覆盖可以在不同的时候在同一个存储单元中存放不同类型的数据。结构体和共用体变量都有三种定义方式，在定义时可以互相嵌套，都可用“.”或“->”访问成员，它们的成员都可参与成员类型允许的一切运算。结构体变量可以直接作为函数参数，利用指针能够灵活处理结构体变量和数组，并能实现结构体变量的地址传递。

最后本章也介绍了枚举类型的概念和基本使用方法以及用 typedef 定义新的类型名来代替已有的类型名。正是由于 C 语言有这样丰富的数据类型和相应强有力的处理能力，才使得为编写大型复杂程序提供了方便，并且提高了程序的执行效率。

习　题　六

一、选择题

1. 共用体类型在任何给定时刻(　　)。

   A. 所有成员一直驻留在内存中　　B. 只有一个成员驻留在内存中

   C. 部分成员驻留在内存中　　D. 没有成员驻留在内存中

2. 有定义如下：

```
struct sk
{  int a;
   float b;
}data , *p;
```

若 p=&data；则对于结构变量 data 的成员 a 的正确引用是(　　)。

   A. (*).data.a　　B. (*p).a　　C. p->data.a　　D. p.data.a

3.
```
union u_type
{   int i;
    char ch;
    float a;
}temp;
```

现在执行“temp.i=266；printf("%d", temp.ch)”的结果是(　　)。

   A. 266　　B. 256　　C. 10　　D. 1

4. 已知 enum week {sun, mon, tue, wed, thu, fri, sat}day；则正确的赋值语句是(　　)。

   A. sun=0;　　B. san=day;　　C. sun=mon;　　D. day=sun;

5. 执行下述程序段后的输出结果是(　　)。

```
#include"stdio.h"
main( )
```

```
{
    enum name{zhao=1, qian, sun, li}man;
    man=li;
    switch(man)
    {
      case 0: printf("People\n");
      case 1: printf("Man\n");
      case 2: printf("Woman\n");
      default: printf("Error\n");
    }
}
```

A. People　B. Man　C. Woman　D. Error

二、简答题

1. 什么是结构体？在说明一个结构体变量时系统分配给它的存储空间是受什么决定的？为什么使用结构体？

2. 什么是共用体？在说明一个共用体变量时系统分配给它的存储空间是受什么决定的？为什么使用共用体？

三、编程题

1. 利用结构：

```
struct complx
{ int real;
  int im;  };
```

编写求两个复数之积的函数 cmult，并利用该函数求下列复数之积：

(1) (3 + 4i) × (5 + 6i)；　(2) (10 + 20i) × (30 + 40i)。

2. 有若干运动员，每个运动员包括编号、姓名、性别、年龄。如果性别为男，参赛项目为长跑和登山；如果性别为女，参赛项目为短跑、跳绳。用一个函数 input 输入运动员的信息，用另一个函数 output 输出运动员的信息，再建立一个函数 average 求所有参赛运动员每个项目的平均成绩。

3. 一个班有 20 名学生，每个学生的数据包括学号、姓名、性别及 3 门课的成绩，现从键盘上输入这些数据，并且要求：

(1) 输出每个学生 3 门课的平均分。

(2) 输出每门课的全班平均分。

(3) 输出姓名为“wangfei”的学生的 3 门课的成绩。

4. 定义枚举类型 Renminbi，用枚举元素代表人民币的面值。包括 1 分，2 分，5 分；1 角，2 角，5 角；1 元，2 元，5 元，10 元，50 元，100 元。

第七章　编译预处理

预处理不是C语言本身的组成部分，不能直接进行编译。在对源程序编译之前，系统先将这部分命令进行“预处理”，处理后源程序将不再包括预处理命令，随后系统完成编译，链接生成目标程序。

C语言提供3种预处理功能：宏定义；文件包含；条件编译。

案例一　宏的使用

1. 问题描述

计算物体在水中的浮力以及在不同液体和不同物体体积下受到的浮力(假设物体全部沉入水中)。

2. 问题分析

浮力=pgv。

在水中，物体受到的浮力与体积有关，g 是常数，将g定义为宏(无参宏)。

在液体中，不同物体在不同液体中受到的浮力与物体体积和液体的密度有关，将计算公式也定义为宏(有参宏)。

3. C语言代码

```
#include "stdio.h"    /*预处理指令是以# 号为开头的代码行，#include 是一个文件包含预处理 */
#define   g   9.8   /*g 定义为无参宏*/
#define F(p, v) (p*9.8*v)   /*将浮力计算公式定义为有参宏，物体体积 v 和液体密度 p 为参数，
也可将 F(p, v)定义为(p*g*v)，即有参宏的嵌套定义 */
void main()
{
    float F1, F2;
    float p, v;
    /*以下部分计算物体在水中的浮力 F1*/
    printf("请输入在水中物体的体积 v\n");
    scanf("%f", &v);
    F1=1000*g*v;   /*替换无参宏名 g，将 g 替换成数值 9.8*/
    printf("物体在水中的浮力是 F1=%f\n", F1);
    /*以下部分计算不同物体在不同液体中的浮力 F2*/
    printf("请输入在某液体中液体的密度 p 和物体的体积 v\n");
```

```
    scanf("%f, %f", &p, &v);
    F2=F(p, v);           /*替换有参宏 F(p, v)，将 F(p, v)替换为表达式 p*9.8*v */
    /*如果采用宏的嵌套定义，F(p, v)首先替换为表达式 p*g*v，再替换为 p*9.8*v*/
    printf("物体在液体中的浮力 F2=%f\n", F2);
    #undef  g;                /*取消 g 宏定义*/
    #undef  F(p, v);    /*取消宏 F(p, v)定义*/
}
```

4. 程序运行结果

```
请输入在水中物体的体积 v
12.2
物体在水中的浮力是 F1=119560
请输入在某液体中液体的密度 p 和物体的体积 v
700, 24
物体在液体中的浮力 F2=164640
```

7.1 宏　定　义

宏定义是预处理命令中的一种，它提供了一种可以替换源代码中字符串的机制。根据宏中是否有参数，可以将宏定义分为不带参数的宏定义和带参数的宏定义。

7.1.1 不带参数的宏定义

不带参数的宏定义格式如下：

#define 标识符 字符串

宏定义格式中“标识符”为用户定义标识符，称为宏名，也叫符号常量，一般用大写字母表示。

字符串可以是常量、表达式、格式串等。

注意：宏定义不是 C 语言的语句，宏定义结尾没有分号。

说明：

(1) 预处理中，源程序在宏定义之后出现的所有与宏名一样的标识符都替换成宏定义中的字符串，不做语法检查。例如：将#define　g　9.8 错误地写成#define　g　98，则在编译预处理中将 g 替换为 98 进行编译。

(2) 源程序中宏可以嵌套定义。例如，计算圆柱体体积：

```
#define R 6.3
#define HIGHT 12.5
#define VOLUME  (3.14*R*R*HIGHT)  /*宏的嵌套定义*/
```

在 #define VOLUME　(3.14*R*R*HIGHT)中 HIGHT 和 R 宏定义 VOLUME 在之前，即为宏嵌套定义。

嵌套定义的替换过程为由外到内，例如：

① 将宏名 R 进行替换，替换结果为

```
#define VOLUME   (3.14*6.3*6.3*HIGHT)
```

② 将宏名 HIGHT 进行替换，替换结果为

```
#define VILUME   (3.14*6.3*6.3*12.5)
```

案例一中：

```
#define   g   9.8              /*g 定义为无参宏*/
#define F(p, v)   (p*g*v)      /*g 宏定义在 F 之前，也是宏的嵌套定义*/
```

(3) 宏定义的作用域。一个宏名与变量一样也有它的作用域，宏名的作用范围从该宏名的宏定义处开始到所在文件的结尾，或用#undef 命令取消该宏定义为止。例如，在如下程序段计算物体在水中的浮力，

```
#include "stdio.h"
#define g 9.8                  /*宏名 g 定义开始*/
void main()
{   float F1;
    float p, v;
    ...
    printf("F1=%f\n", F1);
    #undef   g;                /* undef 使得 g 的宏定义的作用范围到此处为止*/
    #define g   9.78           /*宏名 g 重新定义新的精度*/
    …
}
```

7.1.2　带参数的宏定义

带参数的宏定义格式如下：

#define 宏名(参数表) 字符串

宏名一般为大写，参数表可以有一个或多个参数组成，参数之间用逗号分隔。例如案例一中，#define F(p, v) (p*9.8*v)，p 和 v 为参数。

带参数宏的调用格式如下：

宏名(实参表)

即将实参替换形参，其他部分不变。

例如，假设有

```
#define   SW(x)    (x)*(x)
```

如果程序中有语句 x=SW(5);，那么编译系统会将 SW(5)替换为 5*5。但输出语句双引号中的宏定义不做替换。例如：

```
#define   XYZ   this is a test
printf("XYZ");
```

输出 XYZ，而不是 this is a test。

说明：

(1) 定义时参数和字符串部分要分别用括号括起来，宏名与参数表的括号之间不要加

空格，否则就成为不带参数的宏定义语句了。

(2) 为了保证在宏展开后，字符串中各个参数的计算顺序正确，应当在宏定义中的字符串最外面以及其中的各个参数外面加上圆括号。

例如，比较以下两个例子。

① #define sqr(x) (x*x)

② #define sqr(x) ((x)*(x))

如果在后续程序中有 s= sqr(a+b)，程序在预处理时会产生不同的结果：

① sqr(x)替换为(a+b*a+b)；

② sqr(x)替换为(a+b)*(a+b)。

(3) 在带参宏定义时，也有宏嵌套定义。

(4) 带参数的宏和函数存在相似之处。例如它们的表示形式都是由一个名字加上几个参数，引用方式也相同，实参和形参的个数都要求相同，但是要注意它们之间的区别。比较以下有参宏和函数的定义：

例 7.1 将一表达式分别定义为宏和函数。

```
#include <stdio.h>
#define SQR(x) ((x)*(x)) /*宏定义以"#define"开头，不需要对形参进行数据类型声明，不需对宏进行宏类型声明，在宏展开时只是完成替换。*/
int SR(int x)   /*函数定义没有"#define"，有参函数需要对形参进行数据类型声明，函数调用时需要参数传递，要声明函数的类型(int 类型除外)。*/
{  return ((x)*(x));}
   void main()
{  int i;
   i=1;
   printf("宏替换如下：\n");
   do
{
     printf("%d\n", SQR(i++) );   /*宏替换*/
} while(i<=5);
i=1;
printf("函数运行如下：\n");
do
{
     printf("%d\n", SR(i++) );   /*函数调用*/
}while(i<=5);
}
```

程序运行结果如下：

```
宏替换如下：
1
9
```

25

函数运行如下：

1

4

9

16

25

除以上几点外，有参宏与函数不同还有：

(1) 代码长度。每次使用时，宏定义代码都被插入程序中，程序的长度将增长。函数定义代码只出现于一个地方；每次使用这个函数时，都被调用那个地方的同一份代码。

(2) 运算速度。宏替换只占编译时间，不占用运行时间。函数由于在函数调用开始和返回时要进行相应的处理，因此要占用一些运行时间。

(3) 处理时间不同。宏展开是在编译预处理时进行的。函数调用是在程序运行时处理的，并且要为函数分配内存空间。

(4) 参数求值。带参数的宏是将形参用实参来代替，即简单的字符替换。宏展开时都将重新求值。函数调用时，要先计算出实参表达式的值，然后将此值传给形参；参数在函数调用时只求值一次。由于有参宏对参数没有数据类型的约定，在某些情况下，使用有参宏定义会更方便：

① 有如下宏定义：

```
#define   MAX1(a, b)   ((a>b)? a:b)   /* a、b 的数据类型可以是整型、浮点型*/
```

② 有如下函数定义：

```
MAX2 (int a, int b)
{return ( (a>b)? a:b);}   /* a、b 如果是浮点型，需修改形参的数据类型定义*/
```

案例二　文件包含的使用

1. 问题描述

根据物体的体积和液体密度，计算物体的浮力(假设物体全部沉入水中)。

2. 问题分析

使用文件包含预处理，将#define　g　9.8 和#define F(p, v) (p*g*v)保存在 user.h 文件，源程序中不再出现宏定义。

3. C 语言代码

```
#include <stdio.h>
#include "user.h"   /*使用#include 将宏定义所在文件加载到 C 源程序中*/
main()
{   float p, v, F2;
    printf("请输入在某液体中液体的密度 p 和物体的体积 v\n");
    scanf("%f, %f", &p, &v);
```

```
    F2=F(p, v);
    printf("物体在液体中的最大浮力 F2=%f\n", F2);
}
```

4. 程序运行结果

```
请输入在某液体中液体的密度 p 和物体的体积 v
700, 15
物体在液体中的最大浮力 F2=102900
```

7.2 文件包含

文件包含的使用是编写 C 语言程序中不可缺少的，我们在引用 C 语言库函数时要使用它；另外，我们也可以将平时积累的一些有用的自定义函数做成一个自定义函数库文件，要使用它们时只需采用文件包含将它们引用过来使用就行，这样就减少了编程的工作量，提高编译效率。

文件包含定义格式如下：

#include <文件名> 或#include "文件名"

例如：#include < stdio.h > 或 #include "stdio.h"。

一个文件包含预处理只能包含一个被包含文件。例如，使用文件包含计算一个实数的绝对值和的 sin()值，并输出。

输入输出函数在 stdio.h 文件中，绝对值和 sin()在 math.h 文件中，所以除了要在文件包含预处理中有 stdio.h，还需要有 math.h。

```
#include < stdio.h >/*包含标准输入输出的头文件 stdio.h*/
#include < math.h > /*包含数学函数的头文件 math.h */
main()
{
    ...
}
```

除包含系统文件外，也可将用户定义的宏保存在用户文件中，在源程序需要宏的时候，将用户文件包含在源文件中。如案例二中，将宏定义 g 和 F 定义于 user.h 文件中。

使用文件包含，需注意以下几点：

(1) 若使用符号<>，系统到存放 C 库函数头文件所在目录寻找要包含的文件，一般使用库函数使用此符号；若使用符号""，系统在用户程序所在的当前目录寻找要包含的文件，如果找不到再到 C 库函数头文件所在目录寻找，一般使用用户函数使用此符号。

(2) 在预处理时，文件包含命令用被包含文件内容替换，成为源文件内容的一部分，与其他源文件代码一起参加编译。例如案例二中使用#include 将 stdio.h 的所有内容，与 user.h 包含宏定义的文件内容嵌入到该预处理命令处成为源文件的一部分。

(3) 可以将多个需要包含的内容写到一个头文件中，如案例二；也可以将文件进行嵌套包含。

例 7.2　文件嵌套包含的使用。

将 #define F(p, v) (p*g*v)宏定义保存在 user1.h 中，#define g 9.8 宏定义保存在 user2.h 中。

user1.h 文件内容：

```
#include "user2.h"
#define F(p, v) (p*g*v)
```

user2.h 文件内容：

```
#define   g   9.8   /*注意：这里没有文件包含预处理*/
```

使用文件嵌套预处理之后，案例二中的文件预处理程序段如下所示：

```
#include "stdio.h"
#include "user1.h"   /*使用文件包含，将宏定义的 g 和 F 进行预处理*/
main()
{
    float p, v, F2;
    printf("请输入在某液体中液体的密度 p 和物体的体积 v\n");
    scanf("%f, %f", &p, &v);
    F2=F(p, v);
    printf(" the F2 is %f\n", F2);
}
```

程序运行结果如下：

```
请输入在某液体中液体的密度 p 和物体的体积 v
700, 24
the   F2=164640
```

这与案例二中计算在某液体中物体受到的浮力结果相同。

案例三　#ifdef 命令和#ifndef 命令的使用

1. 问题描述

编写程序，使程序编译后的程序既能够在 16 位机上运行的目标代码，也能在 32 位机上运行的目标代码。

2. 问题分析

16 位机与 32 位机在数据类型上主要是整数存储长度不一样，采用条件编译解决数据位数的问题。

3. C 语言代码

```
#include < stdio.h >
main()
{
    #ifdef   PC16              /* 若 PC16 被定义为宏，则完成以下预处理 */
    #define INTSIZE 16         /*  16 位整型被定义为宏 INTSIZE*/
```

```
    #else                    /* 若 PC16 未被定义为宏，则完成以下预处理 */
    #define INTSIZE 32       /* 32 位整型数被定义为宏 INTSIZE*/
    #endif                   /* #ifdef 结束 */
}
```

7.3 条件编译

为了测试程序运行情况，可以通过在程序中添加一些输出语句，根据输出的结果判定程序运行结果是否正确，对错误的程序进行修改直到满足需要。调试结束后将这些输出语句再进行删除。

C 语言提供了条件编译预处理，能更好的解决测试问题。

对程序中的所有源代码有时只需要对其中部分代码进行编译，也就是对部分代码有选择地进行编译，该过程称为条件编译。条件编译主要有#ifdef 命令 、#ifndef 命令还有#if 命令。

条件编译主要有以下几种形式，#ifdef 和#ifnde，以及#if，分别如表 7.1～7.3 所示。

表 7.1 #ifdef 条件编译形式

条件编译形式	说 明
#ifdef 宏名 　　语句 #endif	如果宏名被定义过，则执行语句
#ifdef 宏名 　　语句 1 #else 　　语句 2 #endif 宏名	如果宏名被定义过，则执行语句 1，否则执行语句 2

表 7.2 #ifndef 条件编译形式

条件编译形式	说 明
#ifndef 宏名 　　语句 #endif	如果宏名未被定义过，则执行语句
#ifndef 宏名 　　语句 1 #else 　　语句 2 #endif	如果宏名未被定义过，则执行语句 1，否则执行语句 2

表 7.3　#if 条件编译形式

条件编译形式	说　明
#if 表达式 1 　程序段 1 #endif	如果表达式 1 为真，则执行程序段 1
#if 表达式 1 程序段 1 #else 程序段 2 #endif	如果表达式 1 为真，则执行程序段 1，否则执行程序段 2
#if 表达式 1 程序段 1 #elif 表达式 2 程序段 2 #endif	如果表达式 1 为真，则执行程序段 1，否则表达式 2 为真，执行程序段 2

(1) #if 命令中表达式必须是常数表达式，不能包含变量，因为条件编译在编译预处理时进行，而在预处理时不可能知道变量的值。

(2) #if 和#elif 常常与 defined 命令配合使用，defined 命令的格式为

defined(宏名)　或　**defined 宏名**

功能：判断某个宏是否已经定义，如果已经定义，defined 命令返回 1，否则返回 0。defined 命令只能与#if 或#elif 配合使用，不能单独使用。

例如，#if defined(USA)的含义是“如果定义了宏 USA”。

例 7.3　#if 命令的使用：根据需求计算 3 个数中最大值或最小值。

```
#include <stdio.h>
#define MAX 1
void main()
{  int a, b, c, max, min;
   printf("input 3 numbers:");
   scanf("%d%d%d", &a, &b, &c);
  #if  MAX     /*定义的宏为真(或非 0)则完成以下程序段；#if 也可写为 #if defined*/
  {  max=a;
     if(b>max) max=b;
     if(c>max) max=c;
    printf("the max=%d\n", max );
  }
  #else
    {min=a;
      if(b<min) min=b;
```

```
        if(c<min) min=c;
        printf("the min=%d\n", min );
    }
    #endif
}
```

程序运行结果如下：

```
input 3 numbers:34 74 21
the max=74
```

说明：

(1) 当程序调试完成后，使编译条件改变为不满足调试条件，原来添加的输出信息就不参与编译，相当于被删除了。

(2) #if 语句可以减少目标代码的长度，而使用 if 语句将对整个程序进行编译，所以目标程序会比较长。

本 章 小 结

本章介绍了宏定义、文件包含和条件编译三种编译预处理。编译预处理是 C 语言的一大特色，也是 C 语言与其他高级语言的重要区别之一。

编译预处理与源程序编译不同，编译预处理是在编译之前对预处理指令先进行处理。常用的预处理语句主要有宏、文件包含和条件编译。

宏定义时用一个标识符来表示一个常量或表达式，在宏调用中将标识符替换成常量或表达式。宏增加编译的时间，但不增加程序运行的时间。

文件包含可以将多个源文件连接成一个源文件一起进行编译，并生成一个目标文件。

条件编译可根据设定条件来实现对源程序中的某一部分进行编译，合理的使用编译预处理将使得程序更具有移植性和灵活性。

使用预处理功能便于程序的修改、阅读、移植和调试，也便于实现模块化程序设计。

习 题 七

一、选择题

1. 以下有关宏替换叙述不正确的是(　　)。

　A. 在程序中凡是以#后开始的语句行都是预处理命令行

　B. 在源程序中其他内容正式编译之前进行的

　C. 宏替换不占用运行时间

　D. 在程序连接时进行的

2. 已知宏定义：

```
#define N 3
```

```
#define Y(n) (N*(n+1))
```

则执行语句 z=2*(N+Y(5+1))；后，变量 z 的值是(　　)。

A．42　　B．48　　C．52　　D．出错

3. 有如下程序：

```
#include <stdio.h>
#define   FMT   "%X\n"
main( )
{   static int a[ ][4] = {1, 2, 3, 4, 5, 6, 7, 8, 9, 10, 11, 12};
    printf( FMT, a[2][1]); /*  ①  */
    printf( FMT, *(*(a+1)+2) ); /*  ②  */
}
```

则运行①的结果是(　　)，运行②的结果是(　　)。

① A. 10　　B. 11　　C. A　　D. B

② A. 6　　B. 7　　C. 8　　D. 前面三个参考答案均是错误的

二、填空题

1. 以下程序运行的结果是________________。

```
#include <stdio.h>
main()
{ int a=10, b=20, c;
  c=a/b;
  #ifdef   DEBUG
    printf("a=%d, b=%d", a, b);
  #endif
    printf("c=%d\n", c);
}
```

2. 以下程序运行的结果是________________。

```
#include <stdio.h>
#define MUL(x, y)   (x*y)
main()
{  int a=4, b=5, c;
   c=MUL(a++, ++b);
   printf("%d\n", c);
}
```

3. 以下程序运行的结果是________________。

```
#include <stdio.h>
#define ADD(x)   (x)+(x)
main()
{  int m=1, n=2, k=3, z;
```

```
  z=ADD(m+n)*k
  printf("sum=%d\n", sum);
}
```

4. 以下程序运行的结果是______________ 。

```
#include <stdio.h>
#define ADD(x)    (x+x)
main()
{ int m=1, n=2, k=3, z;
  z=ADD(m+n)*k;
  printf("sum=%d\n", sum);
}
```

三、编程题

1. 定义一个宏，计算两个整数的最大公约数。
2. 根据条件编写程序，完成计算整数累加和(1+2+…+n)，或整数的累积(1*2*…*n)。

第八章　数据的磁盘存储

案例一　文件读写函数的使用 1

1. 问题描述

向文件写入一字符串，把字符串中的大写字母转换为小写字母，对转换后的字符串按指定位置输出。

2. 问题分析

① 使用文件读、写函数，将键盘输入的字符串写入文件并输出，再将文件中字符串读出并进行判断，若是大写字母，则转换为小写字母。

② 使用文件定位函数将文件指针重新定位，并输出从新起始位置开始的字符串。

3. C 语言代码

```
#include <stdio.h>
#include <stdlib.h>
main()
{
    FILE *fp;                    /*定义文件指针，FILE 要大写*/
    char str[30];                /*存储从键盘输入的字符串*/
    char filename[30];           /*保存从键盘输入的文件名*/
    char ch;
    int flag;
    printf("please input filename\n");
    scanf("%s", filename);       /*输入文件名：D:\\8.1\\exp1.txt*/
    if( (fp=fopen(filename, "w") )==NULL)    /*以写文件方式打开文件，并判断文件是否存在*/
    {
        printf("cannot open file\n");
        getchar();
        exit(0);
    }
    printf("please input string\n");
    getchar();
```

```
gets(str);            /*从键盘输出字符串*/
fputs(str, fp);       /*将字符串写入文件 exp1.txt 中，但没有将字符结束符'\0'写入文件中，
                      可在末尾加一个回车换行，保证文件正确读出*/
fclose(fp);           /*关闭文件*/
if((fp=fopen("D:\\8.1\\exp1.txt", "r"))==NULL) /*读文件方式再次打开文件，并判断文件是否存在*/
{
  printf("cannot open file\n");
  getchar();
  exit(0);
}
fgets(str, sizeof(str), fp);            /*将字符串从文件中读出*/
printf("the string is :%s", str);
printf("\n");
rewind(fp);                             /*将文件位置指针移动到文件首*/
printf("convert upper case to lower case: \n");
ch=fgetc(fp);                           /*从文件中取出第一字符*/
while(ch!=EOF)                          /*如果字符不是文件结尾*/
{
    {
        if(ch>='A' && ch<='Z')          /*判断字符是否为英文字母大写*/
        { ch=ch+32;                     /*转换成小写字母*/
          putchar(ch);                  /*将转换的小写字母输出*/
        }
    else
      putchar(ch);                      /*如果不是大写字母，输出原字符*/
    }
    ch=fgetc(fp);                       /*从文件中再读出一个字符*/
}
rewind(fp);                             /*将文件位置指针移动到文件首*/
fseek(fp, 3L, 0);                       /*将文件指针向后移动 3 个字节，L 要大写以便文件大
                                         于 64K 时文件不会出错*/
flag=ferror(fp);                        /*检测文件最近一次操作(读、写、定位等)是否发生错误，
                                         此处判断文件指针移动是否正确*/
if (flag==0)
  printf("\n File operation is corret.");
else
{  printf("\n File operation is failed.");
   clearerr(fp);
}
```

```
    fgets(str, sizeof(str), fp);              /*从文件指针新位置处读出字符串*/
    printf("\nthe seek string is:");
    puts(str);                                /*字符串输出*/
    fclose(fp);                               /*关闭文件*/
}
```

4. 程序运行结果

```
please input filename
D:\\8.1\\exp1.txt
please input string
dgfr%^&234RLQ
the string is :dgfr%^&234RLQ
convert upper case to lower case:
dgfr%^&234rlq
File operation is corret.
the seek string is:r%^&234RLQ
```

程序运行后写入到 exp1.txt 内容如图 8.1。

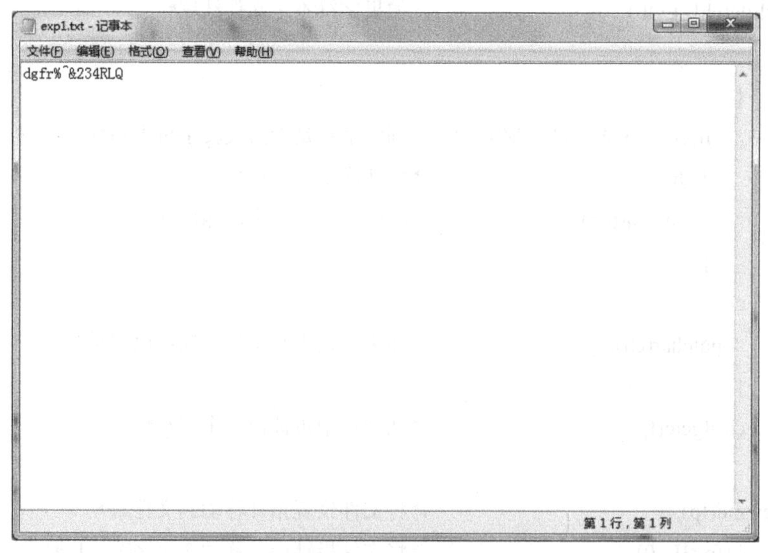

图 8.1　使用 fputs()函数写入到 8.1\\exp1.txt 文件中的字符内容

8.1　文 件 概 述

程序开发中都会用到数据。在之前的程序设计中数据与处理在内存中，没有存到磁盘文件中。程序运行结束，数据也随之消失。当再次使用数据时，需要将程序重新运行。

应用系统开发过程中需要使用大量的数据，同时也需要将数据进行保存。程序设计语言为数据的保存提供相应的功能，这就是数据文件的访问功能。

文件按照组织形式分为文本文件和二进制文件。例如：整数 1234，按照文本文件存储分别是各数位的 ASCII 码。如果按照二进制文件存储，要将 1234 转换成二进制数。

C 语言中，不管是哪类文件，都被看成是一个字节或者一个二进制流，对文件的存取是以字节为单位，把数据看作一连串的字符。在这个字节流中，所有的字节都是文件所保存的数据，其中不包含任何作为格式标记的符号或作为记录格式的符号，例如在输出时不会自动增加回车换行符标志记录结束，这种文件也称为流式文件。

案例二 文件读写函数的使用 2

1. 问题描述

计算已建立的文件中字符的个数。

2. 问题分析

使用文件读函数打开已存在的文件，读出文件中字符并完成统计，将统计的字符个数通过 fprintf()写入另一文件中并读出。

3. C 语言代码

```
#include <stdio.h>
#include <process.h>
main()
{
    FILE *fp1,*fp2;      /*定义 2 个文件指针，一个指向保存字符的文件；一个指向保存统计
                         字符个数的文件*/
    long count=0;        /*保存统计字符个数*/
    char ch;             /*保存从文件中读出的字符*/
    if((fp1=fopen("D:\\8.2\\exp1.txt", "r") )==NULL)     /*以读方式打开已存在的 exp1.txt 文件，
                                                          并判断文件是否存在*/
    {
        printf("cannot open file\n");
        exit(0);
    }
    /*以下部分从 exp1.txt 中读出字符，计算字符的个数存入变量 count*/
    printf("in exp1.txt the char is ");
    ch=fgetc(fp1);              /*从文件中读出第一个字符*/
    while(ch!=EOF)              /*字符是否已达到文件末尾*/
    {
        count=count+1;          /*统计从文件中读出字符个数*/
        ch=fgetc(fp1);          /*从文件中再读出一个字符*/
        printf("%c", ch);
    }
    fclose(fp1);                /*关闭 fp1 指针指向的文件 exp1.txt*/
```

```
    /*以下部分是将 count 存储的字符个数值写入 fp2 指针所指向的 exp2.txt 文件，再从 exp2.txt
文件读出*/
    if((fp2=fopen("D:\\8.2\\exp2.txt", "w") )==NULL)     /*文件以写方式打开*/
    {
        printf("cannot open file\n");
        exit(0);
    }
    fprintf(fp2, "%d", count);        /*将统计字符的个数写入文件指针 fp2 指向的文件 exp2.txt 中*/
    fclose(fp2);
    if((fp2=fopen("D:\\8.2\\exp2.txt", "r") )==NULL)          /*文件以只读方式打开*/
    {
        printf("cannot open file\n");
        exit(0);
    }
    fscanf(fp2, "%d", &count);        /*将统计字符的个数从文件指针 fp2 指向的文件中读出*/
    printf("\nin exp2.txt the count is=%d\n", count);    /*输出 exp2.txt 中保存的统计字符的个数*/
    fclose(fp2);                               /*关闭 fp2 指针指向的文件 exp2.txt*/
}
```

exp1.txt 文件中原有内容如图 8.2 所示，写入到 exp2.txt 字符个数如图 8.3 所示。

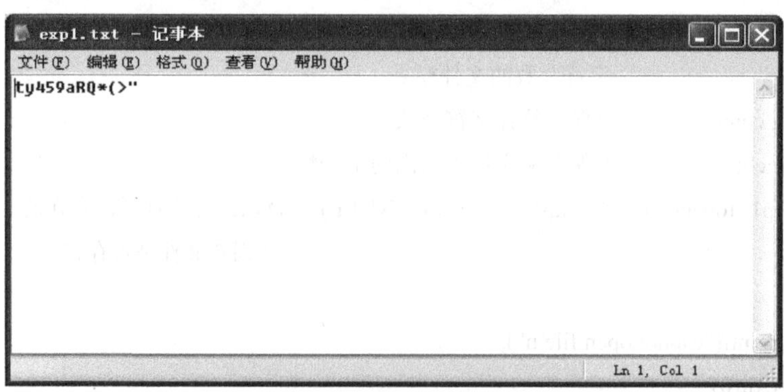

图 8.2　exp1.txt 文件中的字符内容

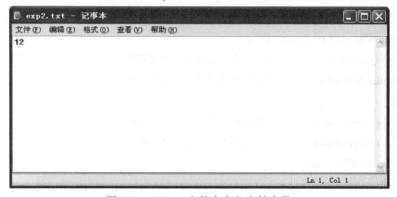

图 8.3　exp2.txt 文件中存入字符个数

4. 程序运行结果

```
in exp1.txt the char is ty459aRQ*(>"
in exp2.txt the count is=12
```

8.2　文件的打开与关闭

C 语言提供对文件的访问及处理功能。C 语言对文件进行读写之前首先要打开文件，对文件进行处理后再将文件关闭。

8.2.1　文件类型指针

C 语言中定义一个文件类型的结构体 FILE，通过定义指向文件的结构体指针来访问文件，完成对数据文件的读写操作。结构体类型 FILE 定义如下：

```
typedef    struct
{  int     _fd;            //文件号
   int     _cleft;         //缓冲区中剩下的字符数
   int     _mode;          //文件操作方式
   char    *_next;         //文件当前读写位置
   char    *_buff;         //文件缓冲区位置
}FILE;
```

当要对文件进行操作时，只需定义文件类型指针并将指针指向该文件，然后进行操作即可。例如：

```
FILE *fp;
```

一个文件需要一个文件指针，若程序中同时处理多个文件，则应定义多个文件类型指针。例如：在案例一中，定义了一个文件指针 FILE *fp，处理 D:\\8.1\\exp1.txt 文件；在案例二中，定义了两个文件指针 FILE *fp1, *fp2。其中 fp1 处理 D:\\8.2\\exp1.txt，即从该文件中读出字符并统计字符个数；fp2 处理 D:\\8.2\\exp2.txt，将字符个数写入之后读出。

8.2.2　文件的打开与关闭

对文件进行操作之前，首先要打开文件，操作之后要关闭文件。C 语句提供两个标准函数 fopen()和 fclose()函数，分别用于数据文件的打开和关闭。如表 8.1、8.2 所示。

表 8.1　fopen 函数

	文件打开	文件无法打开返回值
fopen() 文件打开函数	系统自动创建一个 FILE 型结构体，用于存放相关信息	NULL

表 8.2　fclose 函数

	文件关闭	文件返回值
fclose()文件关闭函数	FILE 结构体被释放	正常关闭时返回 0，否则返回 EOF

1．文件打开函数

FILE *fopen(char fname[ ], char mode[ ])。

其中 fname[ ]为打开文件的文件名；mode[ ]为打开文件方式。根据文件存储格式不同，文件分为文本文件和二进制文件，该函数返回结构体 FILE 类型指针。

例如：案例一中，使用 if((fp=fopen("D:\\8.1\\exp1.txt", "r"))==NULL)，判断 D:\\8.1\\exp1.txt 文件以“读”方式打开是否成功。文件读写方式如表 8.3 所示。

2．文件关闭函数

int fclose (FILE *fp)。

在关闭文件时先把缓冲区的数据输出到文件，这样可以避免丢失数据，另外操作系统对同时打开的文件的数量也有一定的限制。如果文件使用完毕后没有关闭可能会影响其他文件的打开。除此之外文件使用完毕后不关闭也会继续占据一部分内存，造成内存空间的浪费。

表 8.3　文件使用方式

使用方式	意　义	指定文件不存在时	指定文件存在时	文件被打开后，位置指针的指向	从文件中读	向文件中写
"rt"	打开一个文本文件，只允许读数据	出错	正常打开	文件的起始处	允许	不允许
"wt"	打开或建立一个文本文件，只允许写数据	建立新文件	删除文件原有内容	文件的起始处	不允许	允许
"at"	打开一个文本文件，并在文件末尾写数据	建立新文件	正常打开	文件的结尾处	不允许	允许
"rb"	打开一个二进制文件，只允许读数据	出错	正常打开	文件的起始处	允许	不允许
"wb"	打开一个二进制文件，只允许写数据	建立新文件	删除文件原有内容	文件的起始处	不允许	允许
"ab"	打开一个二进制文件，并在文件末尾写数据	建立新文件	正常打开	文件的结尾处	不允许	允许
"rt+"	打开一个文本文件，允许读和写	出错	正常打开	文件的起始处	允许	允许
"wt+"	打开一个文本文件，允许读和写	建立新文件	删除文件原有内容	文件的起始处	允许	允许
"at+"	打开一个文本文件，允许读，或在文件末追加数据	建立新文件	正常打开	文件的结尾处	允许	允许
"rb+"	打开一个二进制文件，允许读和写	出错	正常打开	文件的起始处	允许	允许
"wb+"	打开或建立一个二进制文件，允许读和写	建立新文件	删除文件原有内容	文件的起始处	允许	允许
"ab+"	打开一个二进制文件，允许读，或在文件末追加数据	建立新文件	正常打开	文件的结尾处	允许	允许

说明：

(1) 使用 fopen()函数打开文件，将相应文件内容读入内存等候处理，并且使用 if 语句判断文件打开是否成功。

(2) 根据需要选择合适的文件读写函数对文件进行操作。

(3) 可以根据需求进行随机读写，这时需要定位函数定位读写指针。

(4) 读写操作结束后，使用 fclose()函数关闭文件，同时将文件在内存中的内容保存到外存上。不调用 fclose()函数，文件的更改没有同步到外存上的文件，所以处理结束，一定要调用 fclose()函数。

(5) 写入的字符串之间不存在任何分隔符。

(6)表 8.3 中"rt"、"wt"…中的"t"表示对文本文件的读和写，也可直接省略"t"。"rb"、"wb"…中的"b"表示对二进制文件的读和写。

案例三　文件读写函数的使用 3

1. 问题描述

建立学生基本信息，并完成信息的显示与查询。

2. 问题分析

学生信息采用结构体数组，对整个数据块的读写使用相应函数实现。

3. C 语言代码

```
#include <stdio.h>
#include <stdlib.h>
#include <conio.h>
#include <dos.h>
#include <string.h>
struct address_list
{   char name[10];
    char adr[20];
    char tel[15];
};
struct address_list info[100];
/*学生数据的保存*/
void save( int n)
{
    FILE *fp;
    int i;
    if ( (fp=fopen("data.txt", "w"))==NULL)
    {
        printf("cannot open file save\n");
```

```
        exit(0);
    }
    for(i=0; i<n; i++)
    if(fwrite(&info[i], sizeof(struct address_list), 1, fp)!=1)
        printf("file write error\n");
        fclose(fp);
}
/*学生数据的显示*/
void   show(int n)
{
    FILE *fp;
    int i;
    if ( (fp=fopen("data.txt", "r"))==NULL)
    {
        printf("cannot open file show\n");
        exit(0);
    }
    printf("     name                    adr                    tel\n");
    for(i=0; i<n; i++)
    {
        fread(&info[i], sizeof(struct address_list), 1, fp);
        printf("%-15s%-20s%-12s\n", info[i].name, info[i].adr, info[i].tel);
    }
    fclose(fp);
}
/*学生数据查询*/
void search()
{
    FILE *fp;
    int m=0, i;
    char sname[10];
    if((fp=fopen("data.txt", "rb"))==NULL)
    {
        printf(" no data.txt \n");
        return;
    }
    while(!feof(fp))
    if(fread(&info[m], sizeof(struct address_list), 1, fp)==1)
        m++;
```

```
        fclose(fp);
    if(m==0)
    {
        printf("no record!\n");
        return;
    }
    printf("请输入姓名:");
    scanf("%s", sname);
    for(i=0; i<m; i++)
    {
        if (strcmp(sname, info[i].name )==0)
        {
            printf("     name                    adr                         tel\n");
            printf("%-15s%-20s%-12s\n", info[i].name, info[i].adr, info[i].tel);
            break;
        }
    }
    if(i==m)
        printf("没有找到该学生");
        fclose(fp);
}
main()
{
    int i, n, flag;
    printf("how many student?\n");
    scanf("%d", &n);
    printf("please input name, address, telephon:\n");
    for(i=0; i<n; i++)
    {
        printf("NO%d\n", i+1);
        scanf("%s%s%s", info[i].name, info[i].adr, info[i].tel);
    }
    save(n);
    show(n);
    printf("1 to check the student\n");
    scanf("%d", &flag);
    if(flag==1)
        search();
```

```
    else
        printf("end of the program\n");
}
```

4. 程序运行结果

```
how many student?
2
please input name, address, telephon:
NO1
zhao yantalu 12238324562
NO2
qian xianroad 17283427834
   name              adr                 tel
zhao          yantalu            12238324562
qian          xianroad           17283427834
1 to check the student
1
请输入姓名:qian
   name              adr                 tel
qian          xianroad           17283427834
```

程序运行后写入到 data.txt 内容如图 8.4。

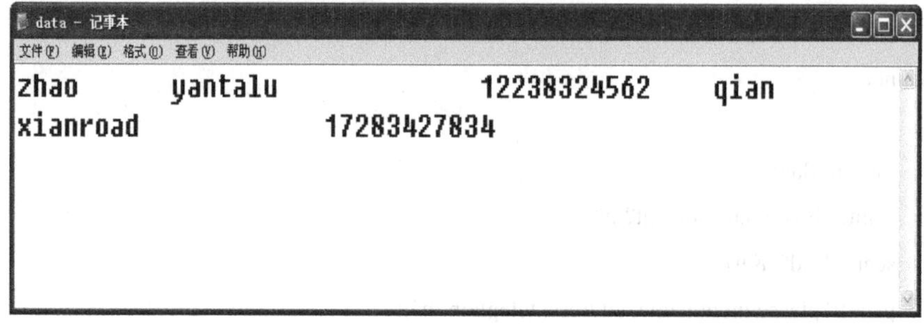

图 8.4　写入 data.txt 内容

8.3　文件的读写

文件成功打开后，可利用 C 语言提供的相应函数完成对文件的读写操作。

C 语言提供两类读写函数，非格式化读写函数和格式化读写函数。

8.3.1　文件读写函数

字符读写函数有 fputc()、fgetc( )；字符串读写函数有 fputs()、fgets()；字符块读写函数有 fread( ) 、fwrite( )。文件读写函数的一般形式如表 8.4 所示。

表 8.4　文件读写函数

函数形式	一般使用方式	说　明
fputc()	fputc(ch, fp)	把字符 ch 写到 fp 所指文件中
fgetc( )	ch=fgetc(fp)	从 fp 指向的文件中读出一个字符，并返回其 ASCII 值
fputs()	fputs(字符串, fp)	把一个字符串写到 fp 所指文件中
fgets( )	fgets(字符数组名, n, fp)	从 fp 指向的文件中读出(n-1)个字符，放到字符数组中，在读入的最后一个字符后面加上串结束标志'\0'
fread( )	fread(buffer, size, count, fp)	从 fp 所指文件每次读取 size 字节，共读取 count 次，读出信息存放在 buffer 地址中
fwrite( )	fwrite(buffer, size, count, fp)	从 buffer 地址开始每次读 size 个字节，共读取 count 次，读出信息写入 fp 所指文件中

说明：

1. fputc()函数和 fgetc()函数

(1) fputc()函数和 fgetc( )每次写入一个字符和读出一个字符，以字节为单位。

(2) 当反复读文件字符时，可通过(c=fgetc(fp))!=EOF 判断是否到文件结束。

(3) 如果写入字符成功，fputc()函数的返回值是写入字符；如果写入失败，返回文件结束标志 EOF。

例如，案例二中如下语句：

```
ch=fgetc(fp1);     /*从文件中读出第一个字符*/
while(ch!=EOF)    /*字符是否已达到文件末尾*/
```

另外，在系统文件中，有如下的宏定义：

```
#define     putchar( ch )      fputc(ch, stdout)
#define     getchar( )         fgetc(stdin)
#define     getc(fp)           fgetc(fp)
#define     putc(ch, fp)       fputc(ch, fp)
```

以上宏定义可以帮助大家理解相关函数之间的关系。

2. fputc()函数和 putchar()函数

putchar(ch)相当于 fputc(ch, stdout)，所以它是面向终端的输出。

如果将 fputc()中第 2 个参数指向一个 stdout(标准输出 standard-out)，fputc()函数作用与 putchar()函数相同。

例 8.1　分别使用 fputc()函数和 putchar()函数输出同一字符数组的字符。

程序使用代码如下：

```
#include <stdio.h>
main()
{
    int i = 0;
    char str[] = "Hello world\n";
```

```
    printf("use putchar 输出数组元素为:");
    while (str[i])
    putchar(str[i++]);
    printf("use fputc 输出数组元素为:");
    i=0;
     while (str[i])
    fputc(str[i++], stdout);
}
```

程序运行结果如下：

```
use putchar 输出数组元素为: Hello world
use fputc 输出数组元素为:Hello world
```

3．fgetc()函数和 getchar()函数

getchar( )相当于 fgetc(stdin)，所以它是面向终端的输入。

若将 fgetc()中参数指向一个 stdin(标准输出 standard-in)，fgetc()作用与 getchar()相同。

例 8.2　分别使用 fgetc()函数和 getchar()函数输入相同的字符，并输出。

程序使用代码如下：

```
#include <stdio.h>
main()
{
    int i = 0;
    char cha1, cha2;
    printf("input cha1:");
    cha1=getchar();
    printf("input cha2:");
    fflush(stdin);
    cha2=fgetc(stdin );
    printf("cha1=%c, cha2=%c\n", cha1, cha2);
}
```

程序运行结果如下：

```
input cha1:a
input cha2:a
cha1=a, cha2=a
```

4．fgets()函数和 gets()函数

gets()函数原型为

```
char * gets(char * buffer)
```

gets()函数从标准输入 standard-in 中读取字符串，直至接收到换行符停止，并将读取的结果存放在 buffer 指针所指向的字符数组中。

若读入成功，则返回与 buffer 相同的字符型指针；若读入过程中发生错误，返回 NULL

指针。

fgets()函数的原型为

```
char *    fgets(char *buf, int bufsize, FILE *fp)
```

fgets()函数的作用是从 fp 所指文件读取字符串，放到 buf 所指内存中去。第二个参数 bufsize 用来指示最大读入字符数。如果这个参数值为 n，那么 fgets() 函数就会读取最多(n-1)个字符或者读完一个换行符为止，在这两者之中，最先满足的那个条件用于结束输入。

与 gets()函数不同的是，如果 fgets() 函数读到换行符，就会把它存储到字符串中，而不是像 gets()函数那样丢弃它，结束输入。如果将 fgets()函数中第 3 个参数指向一个 stdin(标准输入 standard-in)，而不是一个文件，fgets()作用与 gets()相同。

例如以下程序：

```
#include <stdio.h>
 main()
{   char buffer[11];
    fgets(buffer, 11, stdin);
    printf("输出: %s\n", buffer);
}
```

程序运行结果如下：

```
HELLOW
输出：HELLOW
```

5．fputs()函数和 puts( )函数

puts()函数的原型为

```
int puts(const char *str);
```

puts() 函数主要用于向标准输出设备(屏幕)写入字符串并换行，即自动写一个换行符'\n'到标准输出。

fputs()函数的原型为

```
fputs( char *str, FILE *fp );
```

fputs() 函数作用是向指定的文件写入一个字符串(不换行)。str 为要写入的字符串的地址，fp 为文件指针。写入成功返回非负数，失败返回 EOF。

如果将 fputs()函数中第 2 个参数指向一个 stdout(标准输出 standard-out)，而不是一个文件，进行输出显示(它同样需要遇到 null('\0') 字符才停止输出)，fputs()函数作用与 puts()函数作相同。

例如以下程序：

```
#include <stdio.h>
main( )
{
    char str[] = {'H', 'E', 'L', 'L', 'O', '\0'};
    fputs(str, stdout);
}
```

程序运行结果如下：

HILLO

6. fread( )函数和 fwrite( )函数

这两个函数适合对整块数据读写，如数组、结构体。

fread()函数的原型为

fread(buffer, size, count, fp)

其中，buffer 读入的数据项被存入一个内存块， buffer 为该内存块的首地址；size 为整型量，表示将要从文件中读入的每个数据项的大小(字节数)；count 为整型量，表示将要从文件中读入的数据项个数；fp 为文件指针，表示将要读取数据文件的文件指针。

函数的功能是按照指定的格式从文件 fp 的当前位置指针处开始将数据(size*count 大小)读入到地址表列 buffer 开始的地址存储单元中。

该函数调用后返回一个整数值，表示成功地从文件中读入的数据项的个数。当函数执行结束后，文件的当前位置指针将自动向后移动 size*count 个字节。

fwrite()函数的原型为

fwrite(buffer, size, count, fp)

其中，buffer 存放要写入文件的一组数据的首地址；size 为整型量，它表示需要输出到文件中的每个数据项的大小(字节数)；count 为整型量，它表示需要输出到文件中的数据项的个数；fp 为文件指针，它表示将要写入数据的文件的文件指针。

函数的功能是将一组类型相同数据写入到指定文件的当前位置指针处。

该函数调用后将返回一个整数值，该整数值表示成功地写入到文件中的数据项的个数。当该函数执行结束后，文件的当前位置指针将自动向后移动 size*count 个字节。

例如：案例三保存函数 save 中 for(i=0; i<n; i++)循环体中使用 fwrite(&info[i], sizeof(struct address_list), 1, fp)!=1，每执行一次将结构体数组 info 中的每一个元素(结构体)写入 fp 指向的文件。&info[i]：从每一个数组元素地址开始，每次写 sizeof(struct address_list)字节，共写 1 次。

8.3.2 格式化读写函数

C 语言提供面向文件的格式化函数，即 fscanf( )、fprintf( )。格式化读写函数的一般形式如表 8.5 所示。

表 8.5　格式化文件读写函数

函数形式	一般使用方式	说　明
fscanf( )	fscanf(fp, 格式字符串，输入表列)	向指向的文件读取输入表列数据；若执行成功，则返回值为实际读取字符；若出错或文件结束，否则返回 0
fprintf( )	fprintf(fp, 格式字符串，输出表列)	把输出表列中所列输出项的值写入指向的文件中，若写入成功，则返回值为写入字符，否则为负数。

说明：

(1) fscanf( )从文件读取数据时，以制表符、空格字符、回车符作为数据项结束标志。

(2) fprintf( )向文件写数据时，输出表列之间用逗号隔开。

例如：在案例二中，使用 fprintf(fp2, "%d", count)将变量 count(整数)写入 fp2 指向的 exp2.txt 文件中；使用 fscanf(fp2, "%d", &count)将变量 count 的值为从 fp2 指向的 exp2.txt 文件中读出的整数。

(3) printf( )是面向终端的格式化输出函数。如果把 fprintf( )函数的第一个参数改为 stdout，可以完成向标准输出设备(屏幕)的输出，作用同 printf( )。

scanf( )是面向终端的格式化输入函数。如果把 fscnf( )函数中的第一个参数改为 stdin，可以完成由标准输入设备(键盘)向内存的输入，作用同 scanf( )。

例如以下程序：

```
#include <stdio.h>
main( )
{   char st1[20], st2[20];
    printf("input 数组 st1:");
    scanf("%s", st1);   /*输入"HELLOW"*/
    printf("input 数组 st2:");
    fscanf(stdin, "%s", st2); /*同样输入"HELLOW"*/
    printf("\n 输出 st1 数组元素");
    printf("%s\n", st1);
    printf("输出 st2 数组元素");
    fprintf(stdout, st2);
    printf("\n");
}
```

程序运行结果如下：

```
input 数组 st1:HELLOW
input 数组 st2: HELLOW
输出 st1 数组元素：HELLOW
输出 st2 数组元素：HELLOW
```

8.4 文件的定位

文件的读写操作都是从文件的某一个位置(称这个位置为读写位置)开始的。存放读写位置的指针为位置指针。每进行一次读写操作，文件的读写位置都自动发生变化。在 C 语言中，可以调用库函数来改变文件的读写位置，这种库函数称为文件定位函数，如表 8.6 所示。

表 8.6　文件定位函数

函数形式	一般使用方式	说　明
rewind( )	rewind(fp)	将位置指针指向 fp 对应的文件的开始
fseek( )	fseek(fp, offset, origin)	位置指针移动到 fp 对应的文件的任意位置
ftell( )	long ftell(fp)	得到 fp 对应的文件的当前位置指针相对于文件起始位置偏移的字节数

说明：

(1) 在 fseek()函数中，offset 表示移动字节数，需为 long 数据类型；origin 表示从何位置(文件首、文件尾、当前位置)开始计算位移量。指针初始位置表示法如表 8.7 所示。

表 8.7　指针初始位置表示法

起始点	表示符号	数字表示
文件首	SEEK_SET	0
当前位置	SEEK_CUR	1
文件末尾	SEEK_END	2

除以上位置外，可使用 fseek()函数使文件指针移动到字符的某一位置。

offset 为正值表示向后移动，offset 为负值表示向前移动。

例如，案例一中 fseek(fp, 3L, 0)将文件指针从文件首向文件尾移动 3 个字节。

(2) ftell()可以得到文件指针当前位置。ftell()返回一个长整型数，表示离文件开头的字节数，出错时返回 –1L。

8.5　出错的检测

当我们对文件进行操作时，有时会出现错误，可以用错误检测函数来进行检测。C 语言提供文件出错函数如表 8.8 所示。

表 8.8　文件出错函数

函数形式	一般使用方式	说　　明
ferror( )	ferror(fp)	函数返回 0：文件操作出错；函数返回非 0：文件操作正确
clearerr( )	clearer(fp)	清除文件结束标志和文件错误信息，将它们置 0
feof()	feof(fp)	函数返回 0：文件指针已到文件末尾；函数返回非 0：文件指针未到文件末尾

说明：

(1) 对文件的输入、输出操作都会产生一个 ferror( )值，通过检查 ferror( )值判断对文件的操作是否有信息丢失。

使用 ferror(fp)函数判定文件指针位置是否正确，并完成相应提示。

(2) 当文件操作出错时，文件错误信息会一直保留，为不影响对后面的操作，使用 clearerr( )清除文件出错标志。例如，案例一中使用 ferror(fp)函数判定文件指针位置是否正确，如果不正确，使用 clearerr(fp)清除错误标志。

(3) 在文本文件中，C 编译系统以 EOF 为文件结束标志，因为 ASCII 码不会是负值。在二进制文件中如果将 EOF 作为结束标志可能产生错误，因为 EOF 的值为 –1，–1 在二进制文件中有可能是有效值。

因此 C 编译系统用 feof()函数作为判断二进制文件是否结束。如果文件指针已到文件尾，函数返回非 0，否则为 0。其实，feof() 函数也可以用来判断文本文件是否结束。feof()函数的调用格式如下：

```
feof(文件指针);
```

如果文件指针已到文件末尾，则函数返回值为非 0；否则为 0。例如：

```
while (!feof(fp))
{
    ch=fgetc(fp);
    …
}
```

该语句可将文件一直读到结束为止。

本章小结

文件是指存储在外部设备上的数据的集合。包括程序文件和数据文件。文件的存储包括文件名和文件保存的路径。

C 语言中文件是由一个个字符(或字节)组成，对文件的使用首先要完成文件指针 fp 的定义，之后进行文件的打开方式的选择，通过对处理数据的分析选择适合的文件访问函数进行数据的读与写。

C 语言提供多个函数读写数据，包括对字符、字符串、数据块以及格式化读写数据；还可以将文件指针进行移动，完成随机读写。

对文件进行操作之前，必须先打开该文件；使用结束后，应立即关闭，以免数据丢失。

习 题 八

一、选择题

1. 关于文件理解不正确的是(　　)。
   A. C 语言把文件作看字节的序列，即由一个一个字节的数据顺序组成
   B. 所谓文件一般指存储在外部介质上数据的集合
   C. 系统自动地在内存区为每一个正在使用的文件开辟一个缓冲区
   D. 每个打开的文件都和文本结构体变量相关联，程序通过该变量访问该文件
2. 利用 fopen(fname, mode)函数实现的操作不正确的是(　　)。
   A. 正常返回打开文件的文件指针，若执行 fopen 函数时发生错误，则函数的返回 NULL
   B. 若找不到由 fname 指定的相应文件，则按指定的名字建立一个新文件
   C. 若找不到由 fname 指定的相应文件，且 mode 规定按读方式打开文件，则产生错误
   D. 为 fname 指定的相应文件开辟一个缓冲区，调用操作系统打开或建立新文件

二、填空题

1. 调用函数 fread(*buffer, size, count, *fp)，其中 buffer 表示____________________。
2. C 语言中根据数据的组织形式，把文件分为______________和______________两种。
3. 要打开一个已存在的非空文件 "file" 用于修改，则打开方式为__________________。
4. 设 a 数组的说明为：int a[10]；则 fwrite(a, 4, 10, fp)的功能是__________________。

5. 假设数据文件 fp 已保存了 30 名学生(类型为 stu)数据，文件已正确打开，如果程序中读出 20 个学生数据到数组 st1(类型为 stu)中，则应该使用的语句__________________ 。

6. 下面程序的功能是把从键盘输入的字符(用 "#" 作为文件结束标志)复制到一个名为 second.txt 的新文件中，填补下列内容。

```
#include <stdio.h>
FILE *fp;
main()
{   char ch;
    if((fp=fopen(__________))==NULL)
    exit(0);
    while((ch=getchar())!='#')
    fputc(ch, fp);
    __________;
}
```

7. 如下程序执行后，abc 文件的内容是______________ 。

```
#include <stdio.h>
#include <stdlib.h>
main()
{
    FILE   *fp;
    char   *str1="first";
    char   *str2="second";
    if((fp=fopen("abc", "w+"))==NULL)
    {
        printf("Can't open abcfile\n");
        exit(1);
    }
    fwrite(str2, 6, 1, fp);
    fseek(fp, 0L, SEEK_SET);
    fwrite(str1, 5, 1, fp);
    fclose(fp);
}
```

三、编程题

1. 从键盘输入一个字符串，将其中字母和数字分别存入 file1.c 和 file2.c 中，根据选项(设置选项)1 输出字母，选项 2 输出数字。

2. 统计文件中单词的个数。

3. 根据案例三添加一名学生的学生信息。

4. 输入 10 个学生的数据信息，包括：学号、姓名、性别和成绩(成绩均为整数)，建立学生数据文件 stud.txt。编写程序统计并输出所建数据文件 stud.txt 中男、女生人数，平均成绩，90 分以上人数，80～89 分人数，70～79 分人数，60～69 分人数和不及格人数。

第九章　类与对象

随着计算机技术应用的不断深入，面向过程的程序设计的开发方法已不太适应越来越复杂且高速发展的信息处理的要求。20 世纪 80 年代以来，面向对象方法克服了传统的结构化方法在建立问题系统模型和求解问题时存在的缺陷，提供了更合理、更有效、更自然的方法，正被广大的系统分析和设计人员认识、接受、应用和推广，实际上已成为现今软件系统开发的主流技术。

C++ 是最具代表性的面向对象程序设计语言。C++ 是从 C 发展而来，它继承了 C 语言的优点，并引入了面向对象的概念，是 C 语言的超集，完全兼容标准 C；同时也增加了一些新特性，这些新特性使 C++ 程序比 C 程序更简洁、更安全。

9.1　C++ 对 C 的改进

9.1.1　常规的改进

1. 新增的关键字

C++ 在 C 语言关键字的基础上增加了许多关键字，下面列出几种常用的关键字：

asm　catch　class　delete　friend　inline　namespace　new
operator　private　protected　public　template　try　using　virtual

在将原来用 C 语言写的程序用 C++编译之前，应把与上述关键字同名的标识符改名。

2. 注释

在 C 语言中，用“/*”及“*/”作为注释分界符号，C++ 除了保留这种注释方式外，还提供了一种更有效的注释方式，即用“//”导引出单行注释。例如：

```
int a;   /*定义一个整型变量*/
int A;   //定义一个整型变量
```

这两条语句是等价的。C++ 的“//…”注释方式特别适合于注释内容不超过一行的注释。“/*…*/”被称为块注释，“//…”被称为行注释。

3. 类型转换

C++ 支持两种不同的类型转换形式：

```
int   i=0;
long l=(long)i;          //C 的类型转换
long m=long(i);          //C++ 的新风格
```

4. 灵活的变量声明

在 C 语言中，局部变量说明必须置于可执行代码段之前，不允许将局部变量说明和可执行代码混合起来。但在 C++ 中，允许在代码块的任何地方说明局部变量，也就是说，变量可以放在任何语句位置，不必非放在程序段的开始处。例如：

```
void f()
{
    int i;
    i=1;
    int j;
    j=2;
    //…
}
```

这样，可以随用随定义，这是 C++ 封装的要求，易读性好，而且避免了变量在远离使用处的地方声明，易引起的混淆或导致错误的问题。

5. const

在 C 语言中，使用#define 来定义常量，例如：

```
#define SIZE 100
```

C++ 提供了一种更灵活、更安全的方式来定义变量，即使用类型限定符 const 来表示常量。所以，C++ 中的常量可以是有类型的，程序员不必再用 #define 创建无类型常量。例如：

```
const int size=100;
```

声明成 const 的变量，实际是常量，它有地址，可以用指针指向这个值，但在程序中是不可修改的。

使用 #define 有时是不安全的，如下例所示。

例 9.1 #define 的不安全性。

```
#include<iostream.h>
void main()
{   int x=1;
    #define W x+x
    #define Y W-W
    cout<<"Y is "<<Y<<endl;
}
```

初看程序，似乎应打印出：

```
Y is 0
```

但是实际的输出结果是：

```
Y is 2
```

其原因是 C++ 把语句“cout<<"Y is "<<Y<<endl;”解释成“cout<<"Y is "<<x+x-x+x<<endl;”，如果程序中用 const 取代了两个#define，将不会引起这个问题。

例 9.2 使用 const 消除 #define 的不安全性。

```
#include<iostream.h>
void main()
{   int x=1;
    const W =x+x
    const Y=W-W
    cout<<"Y is "<<Y<<endl;
}
```

输出：

```
Y is 0
```

另外，在 ANSI C 中，用 const 定义的常量是全局常量，而 C++ 中 const 定义的常量根据其定义位置来决定其是局部的还是全局的。

6. struct

C++ 的 struct 后的标识符可看作是类型名，所以定义某个变量比 C 中更加直观。例如，在 C 语言中：

```
struct   point {int x; int y; };
struct   point p;
```

而在 C++ 中：

```
struct   point {int x; int y; };
point p;
```

这里不必再写 struct。对于 union，也可以照此使用。为了保持兼容性，C++ 仍然接受老用法。在后面会看到，C++ 的类就是对 C 中的 struct 的扩充。

7. 作用域分辨运算符“::”

“::”是作用域分辨运算符，它用于访问在当前作用域中被隐藏的数据项。如果有两个同名变量，一个是全局的，另一个是局部的，那么局部变量在其作用域内具有较高的优先权。

例 9.3 局部变量在其作用域内具有较高的优先权，会屏蔽同名的全局变量。

```
#include<iostream.h>
int X=1;     //全局变量 X
int main()
{
    int X;
    X=2;     //局部变量 X
    cout<<"X is "<<X<<endl;
}
```

程序运行结果如下：

```
X is 2
```

如果希望在局部变量的作用域内使用同名的全局变量，可以在该变量前加上“::”，此

时“::X”代表全局变量。

例 9.4　使用域作用运算符。

```
#include<iostream.h>
int X;          //全局变量 X
int main()
{
    int X;    X=2;    //局部变量 X
    ::X=1;  //全局变量 X
    cout<<"local X is "<<X<<endl;
    cout<<"global X is "<<::X<<endl;
}
```

程序运行结果如下：

```
local X is 2
global X is 1
```

注意：作用域分辨运算符“::”只能用来访问全局变量，不能用于访问一个在语句块外声明的同名局部变量。例如，下面的代码是错误的:

```
void main()
{
    int X=10; //语句块外的局部变量
    {  int X=25; //语句块内的局部变量
       ::X=30; //编译报错：X 不是全局变量
       ...
    }
}
```

9.1.2　C++的动态内存分配

C 程序中，动态内存分配是通过调用 malloc()和 free()等库函数来实现的，而 C++给出了使用 new 和 delete 运算符进行动态内存分配的新方法。

运算符 new 用于内存分配的使用形式为：

```
p=new type;
```

其中，type 是一个数据类型名，p 是指向该数据类型的指针。new 从内存中为程序分配一块 sizeof(type)字节大小的内存，该块内存的首地址存于指针 p 中。

运算符 delete 用于释放 new 分配的存储空间，它的使用形式为：

```
delete p;
```

其中，p 必须是一个指针，保存着 new 分配的内存的首地址，使用 delete 来释放指针内存。以下是 C++程序中用新方法实现动态内存分配的例子。

例 9.5　用 new 实现动态内存分配。

```
#include <iostream.h>
void main( )
```

```
{
    int *X=new int;   //为指针 X 分配存储空间
    *X=10;
    cout<<*X;
    delete X;          //释放 X 指向的存储空间
}
```

使用传统的 C 程序实现如下：

例 9.6 用 malloc 实现内存分配。

```
#include <stdio.h>
#include <malloc.h>
void main( )
{   int *X;
    X=(int*)malloc(sizeof(int));
    *X=10;
    printf("%d", *X);
    free(X);
}
```

下面我们再对 new 和 delete 的使用作几点说明：

(1) 使用 new 可以为数组动态分配存储空间，这时需要在类型名后缀上数组大小。例如：

```
int *p=new int[10];
```

这时 new 为具有 10 个元素的整型数组分配了内存空间，并将首地址赋给了指针 p。需要注意的是，使用 new 给多维数组分配空间时，必须提供所有维的大小。例如：

```
int *p=new int[2][3][4];
```

其中，第一维的界值可以是任何合法的整形表达式。例如：

```
int X=3;
int *p=new int[X][3][4];
```

(2) new 可以在为简单变量分配内存的同时，进行初始化。例如：

```
int *p=new int(100);
```

new 分配了一个整型内存空间，并赋初始值 100。

但是，new 不能对动态分配的数组存储区进行初始化。

(3) 释放动态分配的数组存储区时，可用如下的 delete 格式：

```
delete []p;
```

(4) 使用 new 动态分配内存时，如果分配失败，即没有足够的内存空间满足分配要求，new 将返回空指针(NULL)。因此通常要对内存的动态分配是否成功进行检查。例如：

```
int main( )
{
    int *p=new int;          //为指针 p 分配存储空间
    if(!p)
```

```
    {
        cout<<"分配失败"<<endl;
        return 1;
    }
    *p=10;
    cout<<*p;
    delete p;                //释放 p 指向的存储空间
}
```

若动态分配失败，则程序将显示“分配失败”。为了避免程序出错，建议在动态分配内存时对是否分配成功进行检查。

9.1.3　引用

前面学习了指针的概念，指针就是内存单元的地址，它可能是变量的地址，也可能是函数的入口地址。C++ 引入了另外一个同指针相关的概念：引用。先看一个例子。

例 9.7　值传递应用。

```
#include <iostream.h>
void swap(int x, int y)
{
    int temp;
    temp=x;x=y;y=temp;
}
int main()
{
    int a=2, b=1;
    cout<<"a="<<a<<", b="<<b<<endl;
    swap(a, b);
    cout<<"a="<<a<<", b="<<b<<endl;
}
```

让我们来分析一下这个例子。首先在内存空间为 a、b 开辟两个存储单元并赋初值，然后调用 swap 函数，swap 函数为 x、y 开辟了存储空间，并将 a、b 的值传递给 x、y。x、y 的值互换了，在 swap 结束时，x、y 的生存周期结束，存储空间被收回。所以 a、b 的值并没有互换。此时输出：

```
a=2, b=1
a=2, b=1
```

可以使用指针传递的方式解决这个问题，我们改写上面的程序。

例 9.8　使用指针(地址)进行值传递。

```
#include <iostream.h>
void swap(int *x, int *y)
{
```

```
    int temp;
    temp=*x;      *x=*y;*y=temp;
}
int main()
{
    int a=2, b=1;
    cout<<"a="<<a<<", b="<<b<<endl;
    swap(&a, &b);
    cout<<"a="<<a<<", b="<<b<<endl;
}
```

程序首先在内存空间为 a、b 开辟两个存储单元并赋初值，然后调用 swap 函数，swap 函数为指针 x、y 开辟了存储空间，并将 a、b 的地址传递给 x、y。在 swap 函数中，对 x、y 的间接引用的访问就是对 a、b 的访问，从而交换了 a、b 的值。

那么 C++ 中还有没有更简单的方式呢？有，那就是引用。

引用是能自动进行间接引用的一种指针。自动间接引用就是不必使用间接引用运算符*，就可以得到一个引用值。我们可以这样理解，引用就是某一变量(目标)的一个别名，两者占据同样的内存单元，对引用的操作与对变量直接操作完全一样。

1. 引用的定义

定义引用的关键字是“type &”，它的含义是“type 类型的引用”。例如：

```
int a =5;
int &b=a ;
```

它创建了一个整型引用，b 是 a 的别名，a 和 b 占用内存同一位置。当 a 变化时，b 也随之变化，反之亦然。

引用的初始值可以是一个变量或另一个引用，以下的定义也正确。

```
int a =5;
int &b=a ;
int &b1=b;
```

2. 使用规则

(1) 定义引用时，必须立即初始化。

```
int a ;
int &b;          //错误，没有初始化
b=a ;
```

(2) 引用不可重新赋值。

```
int a, k;
int &b=a ;
b=&k;            //错误，重新赋值
```

(3) 引用不同于普通变量，下面的声明是非法的：

```
int &b[3];       //不能建立引用数组
```

```
int &*P;            //不能建立指向引用的指针
int &&r;            //不能建立指向引用的引用
```

(4) 当使用&运算符取一个引用的地址时，其值为所引用的变量的地址。

```
int num=50;
int &ref=num;
int *p=&ref;
```

则 p 中保存的是变量 num 的地址。

我们使用引用改写例 9.8。

例 9.9 引用传递。

```
#include <iostream.h>
void swap(int &x, int &y)
{
    int temp;
    temp=x;
    x=y;
    y=temp;
}
main()
{
    int a=2, b=1;
    cout<<"a="<<a<<", b="<<b<<endl;
    swap(a,b);
    cout<<"a="<<a<<", b="<<b<<endl;
    return 0;
}
```

当程序中调用函数 swap()时，实参 a、b 分别初始化引用 x 和 y，所在函数 swap()中，x 和 y 分别引用 a 和 b，对 x 和 y 的访问就是对 a 和 b 的访问，所以函数 swap()改变了 main()函数中变量 a 和 b 的值。

尽管通过引用参数产生的效果同按地址传递是一样的，但其语法更清楚简单。C++ 主张用引用传递取代地址传递的方式，因为前者语法容易且不易出错。

9.1.4 C++ 中的函数

C++ 对传统的 C 函数说明作了一些改进。这些改进主要是为了满足面向对象机制的要求，以及可靠性、易读性的要求。

1. 主函数 main

C 并无特殊规定 main()函数的格式，因为通常不关心返回何种状态给操作系统。然而，C++ 却要求 main()函数匹配下面两种原型之一：

```
void main()                                //无参数，无返回类型
int main(int argc, char * argv[ ])         //带参数，有返回类型，参数也可以省略
```

如果前面不写返回类型，那么 main()等价于 int main()。函数要求具有 int 返回类型，如例 9.9。

2. 函数原型

函数原型的概念在前面的章节已提及，函数原型实际上就是对函数的头格式进行说明，包含函数名、参数及返回值类型。

C 语言建议编程者为程序中的每一个函数建立原型，而 C++ 要求必须为每一个函数建立原型。有了函数原型编译程序方能进行强类型检查，从而确保函数调用的实参类型与要求的类型相符。早期的 C 正是缺乏这种强类型检查，很容易造成非法参数值传递给函数，因此造成程序运行时不可预料的错误。

函数原型的语法形式一般为

返回类型　函数名(参数表);

函数原型是一条语句，它必须以分号结束。它由函数的返回类型、函数名和参数表构成。参数表包含所有参数及它们的类型，参数之间用逗号分开。请看下面的例子。

例 9.10　C++ 中函数原型的声明。

```
#include <iostream.h>
void swap(int &m, int &n);     //函数原型的声明
void main()
{
    int a=5, b=10;
    cout<<"a="<<a<<" b="<<b<<endl;
    swap(a, b);
    cout<<"a="<<a<<" b="<<b<<endl;
}
void swap(int &m, int &n)
{
    int temp;
    temp=m;       m=n;n=temp;
}
```

在程序中，要求一个函数的原型出现在该函数的调用语句之前。这样，当一个函数的定义在后，而对它的调用在前时，必须将该函数的原型放在调用语句之前；但当一个函数的定义在前，对它的调用在后，一般就不必再单独给出它的原型了，如例 9.9 所示。

说明：

(1) 函数原型的参数表中可以不包含参数的名字，而是包含它们的类型，但函数定义的函数说明部分中的参数必须给出名字，而且不包含结尾的分号。例如：

```
void max(int , int );          //函数原型的声明
void max(int m, int n)         //函数定义的函数说明部分
{
    //…
}
```

(2) 原型说明中没有指出返回类型的函数(包括主函数 main)，C++ 默认该函数的返回类型是 int，因此以下的原型说明在 C++ 中是等价的：

```
fun(int a);
int fun(int a);
```

3. 内置函数

函数调用导致了一定数量的额外开销，如参数压栈、出栈等。有时正是这种额外开销迫使 C 程序员放弃使用函数调用，进行代码复制以提高效率。C++ 的内置函数正好解决这一问题。

当函数定义是由 inline 开头时，表明此函数为内置函数。编译时，使用函数体中的代码替代函数调用表达式，从而完成与函数调用相同的功能，这样能加快代码的执行，减少调用开销。例如：

```
inline int sum(int a, int b)     //内置函数
{   return   a+b;   }
```

值得注意的是：内置函数必须在它被调用之前定义，否则编译不会得到预想的结果。若内置函数较长，且调用太频繁时，程序将加长很多。因此，通常只有较短的函数才定义为内置函数，对于较长的函数，最好作为一般函数处理。

4. 缺省参数值

C++ 对 C 函数的重要的改进之一就是可以为函数定义缺省的参数值。例如：

```
int function(int x=2, int y=6);      //函数给出缺省的参数值
```

x 与 y 的值分别是 2 和 6。

当进行函数调用时，编译器按从左向右顺序将实参与形参结合，若未指定足够的实参，则编译器按顺序用函数原型中的缺省值来补足所缺少的实参。例如：

```
function(1, 2);        //x=1, y=2
function(1);           //x=1, y=6
function();            //x=2, y=6
```

一个 C++ 函数可以有多个缺省参数，并且 C++ 要求缺省参数必须连续的放在函数参数表的尾部，也就是说，所有取缺省值的参数都必须出现在不取缺省值的参数的右边。当调用具有多个缺省参数时，若某个参数省略，则其后的参数皆应省略而采用缺省值。当不允许出现某个参数省略时，再对其后的参数指定参数值。例如：

```
function( , 3)         //这种调用方式是错误的
```

5. 函数重载

在 C 语言中，函数名必须是唯一的，也就是说不允许出现同名的函数。当要求编写求整数、浮点数和双精度浮点数的立方数的函数时，若用 C 语言来处理，必须编写三个函数，这三个函数的函数名不允许同名。例如：

```
Icube(int i);          //求整数的三次方
Fcube(float f);        //求浮点数的三次方
Dcube(double i);       //求双精度浮点数的三次方
```

当使用这些函数求某个数的立方数时，必须调用合适的函数，也就是说，用户必须记

住这三个函数，虽然这三个函数的功能是相同的。

在 C++ 中，用户可以重载函数，只要函数参数的类型不同，或者参数的个数不同，两个或两个以上的函数可以使用相同的函数名。一般而言，重载函数应执行相同的功能。我们可用函数重载来重写上面的三个函数。

例 9.11　重载 cube 函数。

```
#include <iostream.h>
int cube (int i)
{ return i*i*i; }
float cube (float f)
{ return f*f*f; }
double cube (double d)
{ return   d*d*d; }
int main()
{
    int i=123;
    float f=4.5;
    double d=6.78;
    cout<<i<<'*'<<i<<'*'<<i<<'='<<cube (i)<<endl;
    cout<<f<<'*'<<f<<'*'<<f<<'='<<cube (f)<<endl;
    cout<<d<<'*'<<d<<'*'<<d<<'='<<cube (d)<<endl;
}
```

在 main()中三次调用了 cube()函数，实际上调用了三个不同的版本。由系统根据传送的参数类型的不同来决定调用哪个重载版本。

值得注意的是重载函数应在参数个数或参数类型上有所不同，否则编译程序将无法确定调用哪一个重载版本，即使返回类型不同，也不能区分。例如：

```
int fun(int x, int y);
float fun(int x, int y);
```

上面的重载就是错误的。

9.2　C++的输入与输出

C 语言提供了强有力的 I/O 函数，其功能强，灵活性好，是很多语言无法比拟的。但 C++ 为何还要定义自己的 I/O 系统，而不建议使用 C 语言原有的函数呢？

在 C 语言中进行 I/O 操作时，常会出现以下错误：

```
int i;
float f;
scanf("%f", i);
printf("%d", f);
```

这些错误 C 语言编译器是不能检查出来的，而在 C++ 中，可以将上面的操作写成：

```
int i;
float f;
cin>>i;
cout<<f;
```

cin 是标准的输入流，在程序中用于代表标准输入设备，即键盘。运算符“>>”是输入运算符，表示从标准输入流(即键盘)读取的数值传送给右方指定的变量。运算符“>>”允许用户连续读入一连串数据，两个数据间用空格、回车或 Tab 键进行分割。例如：

```
cin>>x>>y;
```

cout 是标准的输出流，在程序中用于代表标准输出设备，通常指屏幕。运算符“<<”是输出运算符，表示将右方变量的值显示到屏幕上。运算符“<<”允许用户连续输出数据。例如：

```
cout<<x<<y;
```

这里的变量应该是基本数据类型，不能是 void 型。

其实，可以在同一程序中混用 C 语言和 C++ 语言的 I/O 操作，继续保持 C 语言的灵活性。因而，在把 C 语言程序改为 C++ 语言程序时，并不一定要修改每一个 I/O 操作。

9.2.1　C++ 的流类结构

C++ 语言和 C 语言的 I/O 系统都是对流(tream)进行操作。流实际上就是一个字节序列。输入操作中，字节从输入设备(如键盘、磁盘、网络连接等)流向内存；输出操作中，字节从内存流向输出设备。

使用 C++ 式的 I/O 的程序必须包含头文件 iostream.h，对某些流函数可能还需要其他头文件，例如进行文件 I/O 时需要头文件 fstream.h。

1. iostream 库

iostream 库中具有 streambuf 和 ios 两个平行的类，这都是基本的类，分别完成不同的工作。streambuf 类提供基本流操作，但不提供格式支持。类 ios 为格式化 I/O 提供基本操作。

2. 标准流

iostream.h 说明了标准流对象 cin、cout、cerr 与 clog。cin 是标准输入流，对应于 C 语言的 stdin；cout 是标准输出流，对应于 C 语言的 stdout；cerr 是标准出错信息输出，clog 是带缓冲的标准出错信息输出。cerr 和 clog 流被连到标准输出上对应于 C 语言的 stderr。cerr 和 clog 之间的区别是 cerr 没有缓冲，发送给它的任何输出立即被执行，而 clog 只有当缓冲区满时才有输出。缺省时，C++ 语言标准流被连到控制台上。

9.2.2　格式化 I/O

习惯 C 语言的程序员，对 printf()等函数的格式化输入也一定很熟悉。用 C++ 语言的方法进行格式化 I/O 有两种方法：其一是用 ios 类的成员函数进行格式控制；其二是使用操作子。

1. 状态标志字

C++ 语言可以对每个流对象的输入输出进行格式控制，以满足用户对输入输出格式的需求。输入输出格式由一个 long int 类型的状态标志字确定。在 ios 类中定义了一个枚举，它的每个成员可以分别定义状态标志字的一个位，每一位都称为一个状态标志位。这个枚举定义如下：

```
enum
{  skipws=0x0001,          //跳过输入中的空白字符，可以用于输入
   left=0x0002,            //输出数据左对齐，可以用于输出
   right=0x0004,           //输出数据右对齐，可以用于输出
   internal=0x0008,        //数据符号左对齐，数据本身右对齐，可以用于输出
   dec=0x0010,             //转换基数为十进制形式，可以用于输入或输出
   oct=0x0020,             //转换基数为八进制形式，可以用于输入或输出
   hex=0x0040,             //转换基数为十六进制形式，可以用于输入或输出
   showbase= 0x0080,       //输出的数值数据前面带基数符号(0 或 0x)，可以用于输入或输出
   showpoint= 0x0100,      //浮点数输出带小数点，可以用于输出
   uppercase=0x0200,       //用大写字母输出十六进制数值，可以用于输出
   showpos= 0x0400,        //正数前面带“+”号，可以用于输出
   scientific=0x0800,      //浮点数输出采用科学表示法，可以用于输出
   fixed=0x1000,           //浮点数输出采用定点数形式，可以用于输出
   unitbuf=0x2000,         //完成操作后立即刷新缓冲区，可以用于输出
   stdio=0x4000,           //完成操作后刷新 stdout 和 stderr，可以用于输出
};
```

2. ios 类中用于控制输入输出格式的成员函数

在 ios 类中，定义了几个用于控制输入输出格式的成员函数，下面分别介绍。

(1) 设置状态标志。将某一状态标志位置为“1”，可以使用 setf()函数，其一般格式为

long ios::setf(long flags);

该函数设置参数 flags 所指定的标志位为 1，其他标志位保持不变，并返回格式更新前的标志。例如，要设置 showbase 标志，可使用如下语句：

```
stream.setf(ios::showbase);    //其中 stream 是所涉及的流
```

实际上，还可以一次调用 setf()来同时设置多个标志。例如：

```
cout.setf(ios::showpos | ios::scientific);        //使用按位或运算
```

例 9.12 设置状态标志。

```
#include <iostream.h>
int main()
{
    cout.setf(ios::showpos|ios::scientific);
    cout<<521<<"  "<<131.4521<<endl;
}
```

输出结果为

+521　+1.314521e+002

(2) 清除状态标志。清除标志可用 unsetf()函数，其原型与 setf()类似，使用时调用格式与 setf 相同，将参数 flags 所指定的标志位为 0。

(3) 取状态标志。用 flags()函数可得到当前标志值和设置新标志，分别具有以下两种格式：

long ios::flags(void);

long ios::flags(long flags);

前者用于返回当前的状态标志字，后者将状态标志字设置为 flag，并返回设置前的状态标志字。flags()函数与 setf()函数的差别在于：setf()函数是在原有的基础上追加设定的，而 flags()函数是用新设定替换以前的状态标志字。

(4) 设置域宽。域宽主要用来控制输出，设置域宽可以使用 width()函数，其一般格式为

int ios::width();

int ios::width(int len);

前者用来返回当前的域宽值，后者用来设置域宽，并返回原来的域宽。注意每次输出都需要重新设定输出宽度。

(5) 设置显示的精度。设置显示精度的函数一般格式为

int ios::precision(int num);

此函数用来重新设置浮点数所需的精度，并返回设置前的精度。默认的显示精度是 6 位。如果显示格式是 scientific 或 fixed，精度指小数点后的位数；如果不是，精度指整个数字的有效位数。

(6) 填充字符。填充字符函数的格式为

char ios::fill();

char ios::fill(char ch);

前者用来返回当前的填充字符，后者用 ch 重新设置填充字符，并返回设置前的填充字符。

下面举例说明以上这些函数的作用。

例 9.13　使用 ios 类中用于控制输入输出格式的成员函数。

```
#include<iostream.h>
main()
{
    cout<<"x_width="<<cout.width()<<endl;
    cout<<"x_fill="<<cout.fill()<<endl;
    cout<<"x_precision="<<cout.precision()<<endl;
    cout<<520<<"    "<<520.45678<<endl;
    cout<<"-------------------------"<<endl;
    cout<<"****x_width=10, x_fill=&, x_precision=4****"<<endl;
    cout.fill('&');
```

```
    cout.width(10);
    cout.setf(ios::scientific);
    cout.precision(4);
    cout<<520<<"    "<<520.45678<<endl;
    cout.setf(ios::left);
    cout.width(10);
    cout<<520<<"    "<<520.45678<<endl;
    cout<<"x_width="<<cout.width()<<endl;
    cout<<"x_fill="<<cout.fill()<<endl;
    cout<<"x_precision="<<cout.precision()<<endl;
}
```

程序运行结果如下：

```
x_width=0
x_fill=
x_precision=6
520     520.457
-------------------------
****x_width=10, x_fill=&, x_precision=4****
&&&&&&&520     5.2046e+002
520&&&&&&&     5.2046e+002
x_width=0
x_fill=&
x_precision=4
```

分析以上的程序运行结果可看出：

在缺省情况下，x_width 取值为“0”，这个“0”意味着无域宽，既按数据自身的宽度打印；x_fill 默认值为空格；x_precision 默认值为 6，这是因为没有设置输出格式是 scientific 或 fixed，所以 520.45678 输出为 520.457，整个数的有效位数为 6，后面省略的位数四舍五入；接下来设置 x_width 为 10，x_fill 为“&”x_precision 为 4，输出格式为 scientific。每次输出都需要重新设定输出宽度。由于输出格式为 scientific，精度设置为 4，指的是小数点后位数，所以输出为 5.2046e+002。

3. 用操作子进行格式化

上面介绍的格式控制每个函数的调用需要写一条语句，而且不能将它们直接嵌入到输入输出语句中去，使用起来不方便，因此可以用操作子来改善上述情况。操作子是一个对象，可以直接被插入符或提取符操作。控制函数可作为参数，直接参与 I/O 操作。

C++ 流类库所定义操作子如下：

dec，hex，oct：数值数据采用十进制或十六进制、八进制表示，可用于输入或输出。

ws：提取空白符，仅用于输入。

endl：插入一个换行符并刷新输出流，仅用于输出。

ends：插入空字符，仅用于输出。

flush：刷新与流相关联的缓冲区，仅用于输出。

setbase(int n)：设置数值转换基数为 n(n 的取值为 0、8、10、16)，0 表示使用缺省基数，即以十进制形式输出。

resetiosflags(long f)：清除参数所指定的标志位，可用于输入或输出。

setiosflags(long f)：设置参数所指定的标志位，可用于输入或输出。

setfill(int n)：设置填充字符，缺省为空格，可用于输入或输出。

setsprecision(int n)：设置浮点数输出的有效数字个数，可用于输入或输出。

setw(int n)：设置输出数据项的域宽，可用于输入或输出。

特别注意：使用操作子必须包含头文件 iomanip.h。

例 9.14　使用操作子进行格式化。

```
#include<iostream.h>
#include<iomanip.h>
main()
{
    cout<<setfill('^')<<setw(10)<<123<<setw(5)<<456<<endl;
    cout<<123<<setiosflags(ios::scientific)<<setw(15)<<123.456789<<endl;
    cout<<123<<setw(8)<<hex<<123<<endl;
    cout<<123<<setw(8)<<oct<<123<<endl;
    cout<<123<<setw(8)<<dec<<123<<endl;
    cout<<resetiosflags(ios::scientific)<<setprecision(4)<<123.456789<<endl;
    cout<<setiosflags(ios::left)<<setfill('*')<<setw(8)<<dec<<123<<endl;
    cout<<resetiosflags(ios::left)<<setfill('^')<<setw(8)<<dec<<456<<endl;
}
```

程序运行结果如下：

```
^^^^^^^123^^456
123^^1.234568e+002
123^^^^^^7b
7b^^^^^173
173^^^^^123
123.5
123*****
^^^^^456
```

案例一　学生类设计

1. 问题描述

设计一个学生类，具有姓名、年龄、目前学习的时间等信息，根据学制确定学生上学年限，毕业时打印学生姓名、年龄、修业年限等信息。

2. 问题分析

注意类和对象的定义方法、类成员的访问权限设置方法以及不同访问权限成员的访问方法、构造函数和析构函数的设计、内联函数使用方法、静态成员的使用和初始化、函数默认参数值的设定、C++ 注释的使用方法、输入输出以及相应格式的设置方法等相关知识的掌握。

3. C++ 代码

```
#include <iostream.h>
#include <iomanip.h>
#include <string.h>
class stu{                         // class 是定义类的关键字，stu 是类的名字
    private:                       //访问权限设置，后面的成员为私有，直到下一个权限设置进行更改
    char name[20];                 //学生姓名
    int age;                       //学生年龄
    static int studyyear;          // static 修饰 studyyear 后成为静态的类成员，为所有对象共享的数据，
                                     表示学习年数
    static int stunumber;          //静态的数据成员放在类中，不占用对象空间，stunumber 表示学生总数
    public:                        //访问权限设置，后面的成员为公有访问属性
    inline stu(char *xingming="", int nianling=6, int xuexinianshu=0)
    //构造函数在类内部定义，是内联函数，有默认参数，inline 是定义内联函数关键字
    {
        stunumber++;
        strcpy(name, xingming);
        age=nianling;
        studyyear=xuexinianshu;
    }
    stu(const stu& x)                  //复制构造函数在类内部定义
    {
        *this=x;
        stunumber++;
    }
    inline ~stu();                     //析构函数声明
    void set(char *xingming, int nianling, int xuexinianshu);//重新设置对象成员的函数
    void display();                    //显示对象成员的函数
    int getstudyyear();                //获取目前的学习年数
    static void addstudyyear()//静态成员函数，只能访问静态数据成员，实现学习时间增加
    {
        studyyear++;
    }
```

```
    void addage()              //成员函数，实现年龄增加
    {
        age++;
    }
}stuA("张三", 18, 0);          //类 stu 的封装，定义 stuA 是全局对象
inline stu::~stu()             //析构函数在类外定义
{
    stunumber--;
    cout<<this->name<<"经过"<<studyyear<<"年学习已经毕业！"<<endl;
    //cout 是输入流对象，使用需要头文件 iostream.h，this 是函数隐含的对象指针参数，指向调
用该函数的对象
}
void stu::set(char *xingming, int nianling, int xuexinianshu)
{
    strcpy(name, xingming);
    age=nianling;
    studyyear=xuexinianshu;
}
void stu::display()
{
    cout.setf(ios::left); //setf 是 cout 的成员函数，ios::left 是操作子，使用操作子需要 iomanip.h 文件
    cout<<setw(10)<<"学生总数"<<setw(10)<<"姓名"\
    <<setw(10)<<"年龄"<<setw(10)<<"学习年数"<<endl;     //\为续行符
    cout<<setw(10)<<stunumber<<setw(10)<<name<<setw(10)<<age<<setw(10)<<studyyear<<endl;
}
int stu::getstudyyear()
{
    return studyyear;
}
int stu::studyyear=0;          //静态数据成员的初始化必须放在类外进行
int stu::stunumber=0;
void main()
{
    int x;                     //动态变量 x 表示毕业需要的学制
    stuA.display();            //全局对象 stuA 的成员显示
    stu stuB("李四", 19, 0);   //stuB 是局部动态对象
    stuA.display();            //再次显示 stuA 的成员，注意分析成员值变化原因
    stuB.display();
    stu stuC=stu(stuB);        //stuC 是复制 stuB
```

```
    stuA.display();
    stuB.display();
    stuC.display();
    stuC.set("王五", 20, 0);          //stuC 重新设置
    stuC.display();
    cout<<"对象占有的空间字节数："<<sizeof(stuA)<<endl;
                                      //函数及静态数据成员在类中存放，不占用对象所用的空间
    cout<<"请输入毕业需要学制年数：";
    cin>>x;                           //cin 是输入流对象
    while(stuA.getstudyyear()<x)  //学习年数小于学制
    {
        stuA.addage();stuB.addage();stuC.addage();
        stu::addstudyyear();          //增加学习时间
        //静态成员函数调用可以不通过对象来进行，也可以通过对象来调用
    }
    cout<<"学习"<<x<<"年后…"<<endl;
    stuA.display();
    stuB.display();
    stuC.display();
}
```

4. 程序运行结果

```
学生总数  姓名    年龄    学习年数
1         张三    18      0
学生总数  姓名    年龄    学习年数
2         张三    18      0
学生总数  姓名    年龄    学习年数
2         李四    19      0
学生总数  姓名    年龄    学习年数
3         张三    18      0
学生总数  姓名    年龄    学习年数
3         李四    19      0
学生总数  姓名    年龄    学习年数
3         李四    19      0
学生总数  姓名    年龄    学习年数
3         王五    20      0
对象占有的空间字节数：24
请输入毕业需要学制年数：4
学习 4 年后…
学生总数  姓名    年龄    学习年数
```

```
3          张三      22      4
学生总数   姓名      年龄    学习年数
3          李四      23      4
学生总数   姓名      年龄    学习年数
3          王五      24      4
王五经过 4 年学习已经毕业！
李四经过 4 年学习已经毕业！
张三经过 4 年学习已经毕业！
```

9.3 类与对象的概念

C++ 是面向过程和面向对象的语言，既支持面向过程也支持面向对象编程。C++ 又称为带类的 C 语言。类是一组具有相同属性和行为的对象的统称，它为属于该类的全部对象提供了统一的抽象描述。对象是类的实例。类相当于 C 语言中的数据类型，对象相当于变量。

类需要程序员进行定义，类中除可以定义数据成员外，还可以定义对这些数据成员进行操作的函数——成员函数；类的成员也有不同的访问权限，这样就保证了数据的私有性。下面，我们将要介绍怎样定义类及类的成员。

9.3.1 类的定义

类的定义一般形式如下：

```
class 类名{
  [private:]
  私有的数据成员和成员函数
  public://外部接口
  公有的数据成员和成员函数
  protected:
  保护性的数据成员和成员函数
};
```

类的定义由头和体两个部分组成。类头由关键字 class 开头，然后是类名，其命名规则与一般标识符的命名规则一致，类体包括所有的细节，并放在一对花括号中。类的定义也是一个语句，所以要有分号结尾。

类体定义类的成员，它支持两种类型的成员：

(1) 数据成员：指定了该类对象的内部表示。

(2) 成员函数：指定该类的操作。

9.3.2 数据成员和成员函数

(1) 类的成员分私有成员、保护性成员和公有成员。

私有成员用 private 说明，私有成员是默认的访问属性，private 下面的每一行，不论是数据成员还是成员函数，都是私有成员。私有成员只能被该类的成员函数或本类的友元函数(关于友元函数的概念后面介绍)访问，这是 C++ 实现封装的一种方法，即把特定的成员定义为私有成员，就能严格的控制对它的访问，如果紧跟在类名称的后面声明私有成员，则关键字 private 可以省略，因为成员默认的访问权限是私有的，以保护数据的安全性。

公有成员用 public 说明，public 下面每一行都是公有成员，公有成员可被类外部的其他函数访问，它们是类的对外接口。

保护性成员用 protected 说明，protected 下面每一行都是保护性成员，保护成员不可被类外部的其他函数访问，只能被本类的成员函数和本类的派生类(关于派生类的概念后面介绍)的成员函数、本类的友元函数访问。

类声明中的 private、public、protected 关键字可以按任意顺序出现任意次。定义类的成员及访问属性称为类的封装，封装、继承、多态(继承和多态的概念后续章节介绍)是面向对象的三个基本特征。

(2) 成员函数。

成员函数的定义通常采用两种方式。第一种方式是在类声明中只给出成员函数的原型，而成员函数体在类的外部定义，如案例一中的 display()；成员函数的第二种定义方式是：将成员函数定义在类的内部，即定义为内联函数。这种情况又分成两种：一种直接在类中定义函数，如案例一中的 inline stu(char *xingming="", int nianling=6, int xuexinianshu=0)构造函数；第二种情况是定义内置函数时，将它放在类定义体外，但在该成员函数定义前插入 inline 关键字，使它仍然起内置函数的作用。如案例一中的 inline stu::~stu()的析构函数。

9.3.3　对象

1. 对象的定义

对象的定义可以采用以下的两种方式：

(1) 在声明类的同时，直接定义对象，就是在声明类的右花括号“}”后，直接写出属于该类的对象名表。如案例一中的 stuA("张三", 18, 0)。stuA 是使用全局类定义的全局对象。

(2) 先声明类，在使用时再定义对象。如案例一中 stu stuB("李四", 19, 0); stuB 是使用全局类定义的局部对象。

对象是类的实例，是类型为类的变量，也有对象数组、对象指针、对象形参、返回对象数据的函数等情况，这里不再一一叙述。

2. 对象的引用

对象的引用是指对对象成员的引用。不论是数据成员还是成员函数，只要是公有的，就可以被外部函数直接引用。引用的格式是：

对象名. 数据成员名

或

对象名. 成员函数名 (实参表)

由于成员函数中隐含了指向当前对象(是指调用成员函数的对象)的指针，成员函数可以直接引用对象的数据成员名。

类在函数外定义的称为全局类，在函数内部定义的称为局部类。同样，对象也有全局对象和局部对象的分类。全局对象只能由全局类来定义。

3. 关于 this 指针

在 C++ 中，定义了一个 this 指针，它是成员函数所属对象的指针，它指向类对象的地址，成员函数通过这个指针可以知道自己属于哪一个对象，也就是由哪一个对象来调用的成员函数。this 指针是一种隐含指针，它隐含于每个类的成员函数中，仅能在类的成员函数中访问，不需要定义就可以使用。因此，成员函数访问类中数据成员的格式也可以写成：

this->成员变量

下面定义一个类 Date。

```
class Date{
   private:
            int year, month, day;
   public:
            void setYear(int);void setMonth(int);void setDay(int);
};
```

该类的成员函数 setMonth 可用以下两种方法实现：

方法 1：

```
void Date::setMonth(int mn)                // 使用隐含的 this 指针
{   month = mn; }
```

方法 2：

```
void Date: :setMonth(int mn)               // 显式使用 this 指针
{   this->month = mn; }
```

虽然显式使用 this 指针的情况并不是很多，但是 this 指针有时必须显式使用。例如，下面的赋值语句是不允许的：

```
void Date::setMonth(int month)
{
    month = month;}
      //形参 month 和成员 month 同名时，默认指的是形参，相当于形参自己给自己赋值
```

为了给同名的数据成员赋值，可以用 this 指针来解决：

```
void Date::setMonth(int month)
{   this->month = month; // this->month 是类 Date 的数据成员，month 是函数 setMonth()的形参
}
```

例 9.15　this 指针示例。

```
#include<iostream.h>
class Point
```

```
{
    int x, y;
public:
    Point(int a, int b) { x=a; y=b;}
    void MovePoint( int a, int b){ this->x +=a; this-> y+= b;}
    void print(){ cout<<"x="<<x<<"y="<<y<<endl;}
};
void main( )
{
    Point point1(10, 10);
    point1.MovePoint(2, 2);
    point1.print( );
}
```

当一个对象调用成员函数时，该成员函数的 this 指针便指向这个对象。如果不同的对象调用同一个成员函数，则 C++ 编译器将根据该成员函数的 this 指针指向的对象来确定应该引用哪一个对象的数据成员。当在类的非静态成员函数中访问类的非静态成员的时候，编译器会自动将对象本身的地址作为一个隐含参数传递给函数。也就是说，即使你没有写上 this 指针，编译器在编译的时候也是加上 this 的，它作为非静态成员函数的隐含形参，对各成员的访问均通过 this 进行。当对象 point1 调用 MovePoint(2, 2)函数时，即将 point1 对象的地址传递给了 this 指针。MovePoint 函数的原型应该是 void MovePoint(Point *this, int a, int b);第一个参数是指向该类对象的一个指针，我们在定义成员函数时没看见是因为这个参数在类中是隐含的。这样 point1 的地址传递给了 this，所以在 MovePoint 函数中便显式的写成：void MovePoint(int a, int b) { this->x +=a; this-> y+= b;}。在实际编程中，由于不标明 this 指针的形式使用起来更加方便，因此大部分程序员都使用简写形式。

9.4 构造函数和析构函数

在 C++ 中，有两种特殊的成员函数，即构造函数和析构函数。

9.4.1 构造函数

C++ 中定义了一种特殊的初始化函数，称之为构造函数。创建对象时，自动调用构造函数。构造函数具有一些特殊的性质：

构造函数的名字必须与类名相同；构造函数可以有任意类型的参数，但不能具有返回类型；定义对象时，编译系统会自动地调用构造函数。

(1) 构造函数不能像其他成员函数那样被显式地调用，它是在定义对象的同时调用的，其一般格式为

类名 对象名(实参表);

如案例一中：

```
stu stuB("李四", 19, 0);
```

(2) 在实际应用中，通常需要给每个类定义构造函数。如果没有给类定义构造函数，则编译系统自动地生成一个缺省的构造函数。例如，如果没有给 stu 类定义构造函数，编译系统则为 stu 生成下述形式的构造函数：

```
stu:: stu ()
{  }
```

这个缺省的构造函数不带任何参数，它只为对象开辟一个存储空间，而不能给对象中的数据成员赋初值，这时的初始值是随机数，程序运行时可能会造成错误。因此给对象赋初值是非常重要的。给对象赋初值并不是只能采用构造函数这一途径，如案例一中 stuC.set("王五", 20, 0); 就是给对象 stuC 赋值的；这种通过显式调用成员函数来进行对象赋初值是完全允许的。但是这种方法存在一些缺陷，比如，对每一个对象赋初值都需要一一给出相应的语句，因此容易遗漏而产生错误。而构造函数的调用不需要写到程序中，是系统自动调用的，所以不存在遗忘的问题。两者相比，选择构造函数的方法为对象进行初始化比较合适。

(3) 构造函数可以是不带参数的。例如：

```
class abc{
private:
    int a;
public:
    abc()
    {
      cout<<"initialized"<<endl;
      a=5;
    }
};
```

此时，类 abc 的构造函数就没有带参数。在 main()函数中可以采用如下方法定义对象：

```
abc s;
```

在定义对象 s 的同时，构造函数 s.abc::abc()被系统自动调用执行，执行结果是：在屏幕上显示字符串“initialized”，并给私有数据成员 a 赋值 5。

(4) 构造函数也可以采用构造初始化表对数据成员进行初始化，例如：

```
class A{
    int i;
    char j;
    float f;
public:
    A(int x, char y, float z)
    { i=x;   j=y;   f=z; }
};
```

这个含有三个数据成员的类，利用构造初始化表的方式可以写成：

```
class A{
```

```
    int i;
    char j;
    float f;
public:
    A(int x, char y, float z):i(x), j(y), f(z)
    {  }
};
```

(5) 缺省参数的构造函数。在实际使用中，有些构造函数的参数值通常是不变的，只有在特殊情况下才需要改变它的参数值。这时可以将其定义成带缺省参数的构造函数，例如：

```
#include <iostream.h>
class Point {
    int xVal, yVal;
public:
    Point(int x=0, int y=0)
    { xVal = x;   yVal = y; }
    void display ()
    { cout<< xVal << "   " << yVal<<endl; }
};
```

在类 Point 中，构造函数的两个参数均含有缺省参数值，因此，在定义对象时可根据需要使用其缺省值。下面我们用 main()函数来使用它。

```
void main()
{
    Point p1;              //不传递参数，全部使用缺省值
    Point p2(2);           //只传递一个参数
    Point p3(2, 3);        //传递两个参数
}
```

在上面定义了三个对象 p1、p2、p3，它们都是合法的对象。由于传递参数的个数不同，使它们的私有数据成员取得不同的值。由于定义对象 p1 时，没有传递参数，所以 xVal 和 yVal 全取构造函数的缺省值为其赋值，因此均为 0。在定义对象 p2 时，只传递了一个参数，这个参数传递给构造函数的第一个参量，而第二个参量取缺省值，所以对象 p2 的 xVal 取值 2，yVal 取值 0。在定义对象 p3 时，传递了两个参数，这两个参数分别传给了 xVal 和 yVal，因此 xVal 取值 2，yVal 取值 3。

同一个函数名，由于使用的参数类型和个数不同，从而执行不同的函数体的，这种行为称之为函数的重载。

9.4.2　复制构造函数

复制构造函数是一种特殊的构造函数。它用于依据已存在的对象建立一个新对象。典型的情况是，将参数代表的对象逐域复制到新创建的对象中。

用户可以根据自己的需要定义复制构造函数，系统也可以为类产生一个缺省的复制构

造函数。

1. 自定义复制构造函数

自定义复制构造函数的一般形式如下：

```
classname(const classname &ob)
{
  //复制构造函数的函数体
}
```

其中，ob 是用来初始化的另一个对象的对象的引用。

下面是一个用户自定义的复制构造函数：

```
class Point{
    int xVal, yVal;
public:
    Point(int x, int y)              //构造函数
    { xVal=x; yVal=y; }
    Point(const Point &p)            //复制构造函数
    {
        xVal = 2*p.xVal;
        yVal =2*p.yVal;
    }
    //…
};
```

例如 p1、p2 为类 Point 的两个对象，且 p1 已经存在，则下述语句可以调用复制构造函数初始化 p2：

```
Point p2(p1);
```

下面给出使用自定义复制构造函数的完整程序。

例 9.16　自定义 Point 类复制构造函数。

```
#include <iostream.h>
class Point{
    int xVal, yVal;
public:
    Point(int x, int y)              //构造函数
    { xVal=x; yVal=y; }
    Point(const Point &p)            //复制构造函数
    {
        xVal = 2*p.xVal;
        yVal = 2*p.yVal;
    }
    void print()
```

```
    { cout<<xVal<<"    "<<yVal<<endl; }
};
void main()
{
    Point p1(30, 40);                //定义类 Point 的对象 p1
    Point p2(p1);                    //显示调用复制构造函数，创建对象 p2
    p1.print();
    p2.print();
}
```

本例在定义对象 p2 时，调用了自定义复制构造函数。程序运行结果如下：

```
30   40
60   80
```

本例除了显式调用复制构造函数外，还可以采用赋值形式调用复制构造函数。例如将主函数 main()改写成如下形式：

```
void main()
{
    Point p1(30, 40);
    Point p2=p1;                     //使用赋值形式调用复制构造函数，创建对象 p2
    p1.print();
    p2.print();
}
```

在定义对象 p2 时，虽然从形式上看是将对象 p1 赋值给了对象 p2，但实际上调用的是复制构造函数，在对象 p2 被创建时，将对象 p1 的值逐域复制给对象 p2，运行结果同上。

2. 缺省的复制构造函数

如果没有编写自定义的复制构造函数，C++ 会自动地将一个已存在的对象赋值给新对象，这种按成员逐一复制的过程是由缺省复制构造函数自动完成的。

例 9.17 将例 9.16 中的自定义的复制构造函数去掉。

```
#include <iostream.h>
class Point{
    int xVal, yVal;
public:
    Point(int x, int y)         //构造函数
    { xVal=x; yVal=y; }
    void print()
    { cout<<xVal<<"    "<<yVal<<endl; }
};
void main()
{
```

```
    Point p1(30, 40);           //定义类 Point 的对象 p1
    Point p2(p1);               //显示调用复制构造函数，创建对象 p2
    Point p3=p1;                //使用赋值形式调用复制构造函数，创建对象 p3
    p1.print();
    p2.print();
    p3.print();
}
```

程序运行结果如下：

```
30  40
30  40
30  40
```

由于上例没有用户自定义的复制构造函数，因此在定义对象 p2 时，采用了 Point p2(p1) 的形式后，显示调用的是系统缺省的复制构造函数。缺省的复制构造函数将对象 p1 的各个域的值都复制给了对象 p2 相应的域，因此 p2 对象的数据成员的值与 p1 对象相同。在定义对象 p3 时，采用了 Point p3=p1 的形式后，以赋值形式调用了系统缺省的复制构造函数，p1 的值逐域复制给对象 p3。

值得注意的是通常缺省的复制构造函数是能够胜任工作的，但若类中有指针类型时，按成员赋值的方法有时会产生错误。

9.4.3 析构函数

我们已经知道，当对象创建时，会自动调用构造函数进行初始化。当对象销毁时，也会自动调用析构函数进行一些清理工作以释放内存。与构造函数类似的是：析构函数也与类同名，但在类名前有一个“~”符号。析构函数也没有返回类型和返回值，但析构函数不带参数，不能重载，所以析构函数只有一个。

若一个对象中有指针数据成员时，该指针数据成员指向某一个内存块。在对象销毁前，往往通过析构函数释放该指针指向的内存块。例如，Set 类中 elems 指针指向一个动态数组，我们应该给 Set 类再定义一个析构函数，使 elems 指向的内存块能够在析构函数中被释放。

例 9.18　给 Set 类定义一个析构函数。

```
class Set
{
private:
    int *elems;                          // 集合元素
    int maxCard;                         // 集合最大尺寸
    int card;                            // 集合元素个数
public:
    Set (const int size);
    ~Set(void) {delete elems;}           // 析构函数
    //…
};
```

值得注意的是，每个类必须有一个析构函数。若没有显式的为一个类定义析构函数，编译系统会自动地生成一个缺省的析构函数。对于大多数类而言，缺省的析构函数就能满足要求。但是，如果在一个对象完成其操作之前需要做一些内部处理如释放内存空间，则应该显式的定义析构函数，例如：

```
class mystring {
    char *str;
public:
    mystring (char *s)
    {
        str=new char[strlen(s)+1];
        strcpy(str, s);
    }
    ~ mystring ()
    { delete str;}
    void get_str(char *);
    void sent_str(char *);
};
```

这是构造函数和析构函数常见的用法，即在构造函数中用运算符 new 为字符串分配存储空间，最后在析构函数中用运算符 delete 释放已分配的存储空间。

9.5 静 态 成 员

每一个类对象有其公有或私有的数据成员，每一个 public 或 private 函数可以访问其数据成员。有时，可能需要一个或多个公共的数据成员，能够被类的所有对象共享而且保持不变，我们把这类数据成员称为静态成员。在 C++ 中，我们可以定义静态(static)的数据成员和成员函数。如案例一中：类中每一个学生对象中对应的目前学生总数都是一致的，这里设置成为静态数据成员。static int stunumber;//静态的数据成员放在类中，不占用对象空间，stunumber 表示学生总数。

1. 静态数据成员

要定义静态数据成员，只要在数据成员的定义前增加 static 关键字。静态数据成员不同于非静态的数据成员，一个类的静态数据成员仅创建和初始化一次，且在程序开始执行的时候创建，然后被该类的所有对象共享；而非静态的数据成员则随着对象的创建而多次创建和初始化。

所有对象相应的 stunumber 值都是相同的，这说明它们都共享这一数据。也就是说，所有对象对于 stunumber 只有一个拷贝，这也是静态数据成员的特性。数据成员 name 是普通的数据成员，因此各个对象的 name 是不同的，它存放了各个对象的名字。

(1) 静态数据成员属于类(准确地说，是属于类中的所有对象集合)，而不像普通数据成员那样属于某一个对象，因此可以使用“类名::”访问静态的数据成员。

(2) 静态数据成员不能在类中进行初始化，因为在类中不给它分配内存空间，也不在对象中占据空间，对象占有的空间不包括静态的数据成员和所有的函数所占据的空间，如案例一中 sizeof(stuA)的值是 24。静态数据成员必须在类外的其他地方为它提供定义。一般在 main()开始之前，类的声明之后的特殊地带为它提供定义和初始化。缺省时，静态成员被初始化为零。

(3) 静态数据成员与静态变量一样，是在编译时创建并初始化。它在类的任何对象被建立之前就存在，它可以在程序内部不依赖于任何对象被访问。

(4) 静态数据成员的主要用途是同类的各个对象所公用的数据，如统计总数、平均数等共同的性质。

2. 静态成员函数

要定义静态成员函数，只要在成员函数的定义前增加 static 关键字即可。同静态数据成员类似，静态成员函数属于整个类，是该类所有对象共享的成员函数。

注意：静态成员函数仅能访问静态的数据成员，不能访问非静态的数据成员，也不能访问非静态的成员函数。如案例一中：static void addstudyyear()//静态成员函数，只能访问静态数据成员，实现学习时间增加

这是由于静态的成员函数没有 this 指针。类似于静态的数据成员，公有的、静态的成员函数在类外的调用方式为

类名::成员函数名(实参表)

不过，也允许用对象调用静态的成员函数。如案例一中：如 stuA.addstudyyear();。

案例二　点和圆类设计

1. 问题描述

设计一个圆类，有圆心、半径、面积、周长等属性，设置适当的输出格式，计算圆的面积和周长并输出。

2. 问题分析

注意掌握组合类的定义和设计方法、组合类中构造函数和析构函数调用次序。

3. C++ 代码

```
#include <iostream.h>
#include <iomanip.h>
const float Pi=3.14;        //定义常量 Pi，以确定要计算的面积和周长的精度
class Point{                //圆心所使用的点类的设计
    public:
    int x, y;               //圆心坐标
    inline Point(int x=0, int y=0)
    {
        this->x=x;
```

```
        this->y=y;
        cout<<"点已经构建"<<endl;
    }
    inline ~Point();
    void set(int x=0, int y=0);
    void display();
    int getx(){return x;}
    int gety(){return y;}
};
inline Point::~Point()
{
    cout<<"点已经释放"<<endl;
}
void Point::set(int x, int y)
{
    this->x=x;
    this->y=y;
    cout<<"点已经重新设置"<<endl;
}
void Point::display()
{
    cout.setf(ios::left);
    cout<<setw(10)<<"横坐标"<<setw(10)<<"纵坐标"<<endl;
    cout<<setw(10)<<x<<setw(10)<<y<<endl;
}

class Circle{                  //组合类圆的设计
    private:
    Point O;                   //对象 O 是圆心，一个点类的对象，内嵌在圆类中
    float R;                   //圆的半径
    float Area, Perimeter;     //圆的面积和周长
    public:
    inline Circle(int x=0, int y=0, float R=0)
    {
        this->R=R;
        this->Area=Pi*R*R;
        this->Perimeter=2*Pi*R;
        cout<<"圆已经构建"<<endl;
    }
```

```
    inline Circle::~Circle()
    {
        cout<<"圆已经释放"<<endl;
    }

    void set(int x=0, int y=0, float R=0)             //圆类的成员设置函数
    {
        this->O.x=x;
        this->O.y=y;
        this->R=R;
        this->Area=Pi*R*R;
        this->Perimeter=2*Pi*R;
        cout<<"圆已经重新设置"<<endl;
    }
    void display()                                    //圆类的成员显示函数
    {
        cout.setf(ios::left);
        cout<<setw(10)<<"横坐标"<<setw(10)<<"纵坐标"<<setw(10)<<"半径"<<setw(12)<<"面积
"<<setw(12)<<"周长"<<endl;
        cout<<setw(10)<<O.x<<setw(10)<<O.y<<setw(10)<<R<<setw(12)<<Area<<setw(12)
<<Perimeter<<endl;
    }
    float getR(){return R;}
    float getArea(){return Area;}
    float getPerimeter(){return Perimeter;}
};
void main()
{
    Circle A;
    A.display();
    A.set(10, 10, 1);
    A.display();
}
```

4. 程序运行结果

```
点已经构建
圆已经构建
横坐标    纵坐标    半径      面积        周长
```

```
0       0       0       0       0
圆已经重新设置
横坐标  纵坐标  半径    面积    周长
10      10      1       3.14    6.28
圆已经释放
点已经释放
```

9.6 组合类的对象及其构造函数和析构函数的调用

在类定义中定义的数据成员一般都是基本的数据类型，但是类中的成员也可以是对象，称为对象成员，这样的类称为组合类。使用对象成员要注意的问题是构造函数的定义方式，即类内部对象的初始化问题。

1. 组合类的对象

凡有对象成员的类，其构造函数和不含对象成员的构造函数有所不同，例如有以下的类：

```
class X{
    类名1  成员名1
    类名2  成员名2
    …
    类名n  成员名n
};
```

一般来说，类X的构造函数的定义形式为

```
X::X(参数表0): 成员名1(参数表1), …, 成员名n(参数表n){
    //构造函数体
};
```

冒号后面的部分是对象成员的初始化列表，各对象成员的初始化列表用逗号分隔，参数表i(i为1到n)给出了初始化对象成员所需要的数据，它们一般来自参数表0。下面给出一个例子加以说明。

例9.19 将string类对象作为Student类成员。

```
#include <iostream.h>
#include <string.h>
class string{
    char *str;
public:
    string(char *s)
    {
        str=new char[strlen(s)+1];
        strcpy(str, s);
```

```
    }
    void print()
    {   cout<<str<<endl; }
    ~string()
    {   delete str; }
};
class Student{
    string name; //name 为类 Student 的对象成员
    int age;
public:
    Student(char *st, int ag):name(st)     //定义类 Student 的构造函数
    {
        age=ag;
    }
    void print()
    {
        name.print();
        cout<<"age:"<<age<<endl;
    }
};
void main()
{
    Student g("wangfei", 19);
    g.print();
}
```

说明：

(1) 声明一个含有对象成员的类，首先要创建各成员对象。本例在声明类 Student 中，定义了对象成员 name：

```
string name;
```

(2) Student 类对象在调用构造函数进行初始化的同时，也要为对象成员进行初始化，因为它也是属于此类的成员。因此在写类 Student 的构造函数时，也缀上了为对象成员的初始化：

```
Student(char *st, int ag):name(st)
```

于是在调用 Student 的构造函数进行初始化时，也给对象成员 name 赋上了初值。

注意：在定义类 Student 的构造函数时，必须缀上其对象成员的名字 name，而不能缀上类名，若写成：

```
Student(char *st, int ag):string(st)
```

是不允许的，因为在类 Student 中是类 string 的对象 name 作为成员，而不是类 string 作为其成员。

2. 组合类的构造函数和析构函数的调用

组合类的构造函数调用顺序：先调用内嵌对象的构造函数(按内嵌时的声明顺序，先声明者先构造)，然后调用本类的构造函数(析构函数的调用顺序相反)。案例二点和圆的构造里，圆构建时先调用了内嵌对象圆心点的构造函数，再调用自身构造函数，圆析构是先调用了自身析构函数输出“圆已经释放”，再调用内嵌对象圆心点的析构函数输出“点已经释放”。若调用默认构造函数(即无形参的)，则内嵌对象的初始化也将调用相应的默认构造函数。

案例三　教师和学生类的设计和使用

1. 问题描述

设计一个学生类，具有姓名、学习成绩等私有的信息，学生可以设置自己成绩，再定义一个教师类，教师类对象也可以修改学生的成绩。

2. 问题分析

注意本例类的前向声明方法、类声明友元类的方法、友元类 teacher 对本类 stu 的访问方法。

3. C++ 代码

```
#include <iostream.h>
#include <string.h>
class teacher;              //类 teacher 的前向声明
class stu{
private:                    //访问权限设置，后面的成员为私有，直到下一个权限设置进行更改
    float score;            //学生成绩
public:                     //访问权限设置，后面的成员为公有访问属性
    char name[20];          //学生姓名
void set(char *xingming, float chengji);        //重新设置对象成员的函数
void display();             //显示对象成员的函数
friend class teacher;       //声明 class teacher 为本类的友元类
inline stu(char *xingming="")                   //构造函数在类内部定义，是内联函数，有默认参数
{
    strcpy(name, xingming);
}

};//学生类 stu 的封装
void stu::set(char *xingming, float chengji)
{
    strcpy(name, xingming);
```

```
        score=chengji;
    }
    void stu::display()
    {
        cout<<name<<"的成绩"<<score<<endl;
    }

    class teacher{
    public:                             //访问权限设置，后面的成员为公有访问属性
        char name[20];                  //教师姓名
    inline teacher(char *xingming="")   //构造函数在类内部定义，是内联函数，有默认参数
    {    strcpy(name, xingming);}
    void set(class stu &A);             //重新设置对象成员的函数
    };                                  //教师类 teacher 的封装

    void teacher::set(class stu &A)     //在类外实现设置友元类对象成员的函数
    {   cout<<"请输入"<<A.name<<"的新成绩"<<endl;
        cin>>A.score;
    }
    void main()
    {   stu A("zhang");
        teacher B("li");
        A.set("zhang", 60);
        A.display();
        B.set(A);
        A.display();
    }
```

4. 程序运行结果

```
zhang 的成绩 60
请输入 zhang 的新成绩
88
zhang 的成绩 88
```

9.7　友元与类的前向引用

类的主要特点之一是数据封装，即类的私有成员只能在类定义的范围内使用，也就是说私有成员只能通过它的成员函数来访问。但是有时候需要在类的外部访问类的私有成员，在 C++ 中使用友元可实现这个目标。

友元既可以是不属于任何类的一般函数，也可以是另一个类的成员函数，还可以是整个的一个类(这样，这个类中的所有成员函数都可以成为友元函数)。

9.7.1　友元函数

友元函数不是当前类的成员函数，而是独立于当前类的外部函数，但它可以访问该类的所有对象的成员，包括私有成员和公有成员。

在类定义中声明友元函数时，须在其函数名前加上关键字 friend。友元函数可以定义在类内部，也可以定义在类的外部。

下面是一个使用友元函数的例子。

例 9.20　定义 Student 类的友元函数 disp()。

```
#include <iostream.h>
#include <string.h>
class Student{
    char *name;
    int age;
public:
    Student(char *n, int d)
    {
        name=new char[strlen(n)+1];
        strcpy(name, n);
        age=d;
    }
    friend void disp(Student &);           //声明友元函数
    ~Student()
    {   delete name; }
};
void disp(Student &x)                      //定义友元函数
{
    cout<<"Student\'s name is:"<<x.name<<", age:"<<x.age<<"\n";
}
void main()
{
    Student e("Liu Li", 18);
    disp(e);                               //调用友元函数
}
```

程序运行结果如下：

```
Student's name is: Liu Li, age: 18
```

从上面的例子可以看出，友元函数可以访问类对象的各个私有数据。若在类 Student 的声明中将友元函数的声明语句去掉，那么函数 disp 对类对象私有数据的访问将变为非法。

说明：

(1) 友元函数虽然可以访问类对象的私有成员，但它毕竟不是成员函数。因此，在类的外部定义友元函数时，不必像成员函数那样在函数名前加上“类名::”。

(2) 友元函数一般带有一个该类的入口参数。因为友元函数不是类的成员，所以它不能直接引用对象成员的名字，也不能通过 this 指针引用对象的成员，它必须通过作为入口参数传递进来的对象名或对象指针来引用该对象的成员。

(3) 当一个函数需要访问多个类时，友元函数非常有用，普通的成员函数只能访问其所属的类，但是多个类的友元函数能够访问相应的所有类的数据。

例如有 Student 和 Teacher 两个类，现要求打印出所有的学生和教师的名字和年龄，我们只需一个独立的函数 printdata()就能够完成，但它必须同时定义为这两个类的友元函数。下面给出示例程序。

例 9.21　定义 Student 和 Teacher 两个类的友元函数 disp()。

```
#include <iostream.h>
#include <string.h>
class Teacher;                                    //向前引用
class Student{
    char name[10];
    int age;
public:
    Student(char n[], int d)
    {
        strcpy(name, n);
        age=d;
    }
    friend void disp(const Student x, const Teacher y);
                                                  //声明函数 disp 为类 Student 的友元函数
};

class Teacher{
    char name[10];
    int age;
public:
    Teacher(char n[], int d)
    {
        strcpy(name, n);
        age=d;
    }
    friend void disp(const Student x, const Teacher y);   //声明函数 disp 为类 Teacher 的友元函数
};
```

```
void disp(const Student x, const Teacher y)
{
    cout<<"Student\'s name is:"<<x.name<<", age:"<<x.age<<"\n";
    cout<<"Teacher\'s name is:"<<y.name<<", age:"<<y.age<<"\n";
}
void main()
{
    Student g("Liu Li", 18);
    Teacher b("Zhang San", 20);
    disp(g, b);                                   //调用友元函数 disp
}
```

程序运行结果如下：

```
Student's name is: Liu Li, age: 18
Teacher's name is: Zhang San, age: 20
```

程序中的第 3 行是由于第 13 行的要求而存在的。因为友元函数带了两个不同的类的对象，其中一个是类 Teacher 的对象，而类 Teacher 要在后面语句中才被声明。为了避免编译时的错误，编程时必须通过向前引用告诉 C++ 类 Teacher 将在后面定义。在向前引用类声明之前，可以使用该类声明参数，这样第 13 行就不会出错了。

disp()是程序中的一个独立函数，可以被 main()或其他任意函数调用。但由于它被定义成类 Student 和类 Teacher 的友元函数，所以它能够访问这两个类中的私有数据。

(4) 友元函数通过直接访问对象的私有成员，提高了程序运行的效率。在某些情况下，如运算符被重载时，需要用到友元。但是友元函数破坏了数据的隐蔽性，相当于给类开了个“后门”，这违背了面向对象的程序设计思想，因此使用友元函数应十分谨慎。

9.7.2　友元成员

除了一般的函数可以作为某个类的友元外，一个类的成员函数也可以作为另一个类的友元，这种成员函数不仅可以访问自己所在类对象中的私有成员和公有成员，还可以访问 friend 声明语句所在类对象中的私有成员和公有成员，这样能使两个类相互合作、协调工作，完成某一任务。下面给出一个友元成员的例子。

例 9.22　类 Student 的 disp()函数为类 Teacher 的友元。

```
#include <iostream.h>
#include <string.h>
class Teacher;                          //向前引用
class Student{
    char name[10];
    int age;
public:
    Student(char n[], int d)
    {
```

```
            strcpy(name, n);
            age=d;
        }
        void disp(Teacher &y);          //声明 disp 为类 Student 的成员函数
};

class Teacher{
        char name[10];
        int age;
public:
        Teacher(char n[], int d)
        {
            strcpy(name, n);
            age=d;
        }
        friend void Student::disp(Teacher &y);
                                        //声明类 Student 的成员函数 disp 为类 Teacher 的友元函数
};
void Student::disp(Teacher &y)      //定义友元函数 disp
{
        cout<<"Student\'s name is:"<<name<<", age:"<<age<<"\n";        //访问本类对象成员
        cout<<"Teacher\'s name is:"<<y.name<<", age:"<<y.age<<"\n";    //访问类对象成员
}
void main()
{
        Student g("Liu Li", 18);
        Teacher b("Zhang San", 20);
        g.disp(b);
}
```

说明：一个类的成员函数作为另一个类的友元函数时，必须先定义这个类。例如例 9.22 中，类 Student 的成员函数 Student::disp(Teacher &y)为类 Teacher 的友元函数，并且在声明友元函数时，要加上成员函数所在类的类名。

9.7.3　友元类

不仅函数可以作为一个类的友元，一个类也可以作为另一个类的友元。这种友元类的说明方法是在另一个类声明中加入语句“friend 类名(即友元函数的类名);”，此语句可以放在公有部分也可以放在私有部分。下面的例子中，声明了两个类 Teacher 和 Student，类 Teacher 声明为类 Student 的友元，因此类 Teacher 的成员函数都成为类 Student 的友元函数，它们都可以访问类 Student 的私有成员。

例 9.23 类 Teacher 声明为类 Student 的友元。

```
#include <iostream.h>
#include <string.h>
class Teacher;                     //向前引用
class Student{
    char name[10];
    int age;
public:
    Student(char n[], int d)
    {
        strcpy(name, n);
        age=d;
    }
    void disp(Teacher &y);
};

class Teacher{
    char name[10];
    int age;
    friend Student;                //声明类 Student 是类 Teacher 的友元
public:
    Teacher(char n[], int d)
    {
        strcpy(name, n);
        age=d;
    }
};
void Student::disp(Teacher &y)
{
    cout<<"Student\'s name is:"<<name<<", age:"<<age<<"\n";          //访问本类对象成员
    cout<<"Teacher\'s name is:"<<y.name<<", age:"<<y.age<<"\n";      //访问友类对象成员
}
void main()
{
    Student g("Liu Li", 18);
    Teacher b("Zhang San", 20);
    g.disp(b);
}
```

特别说明，友元关系是单向的，不具有交换性，也不具有传递性。

9.7.4　类的前向引用声明

类应该先声明，后使用。如果需要在某个类的声明之前，引用该类，则应进行前向引用声明。前向引用声明只为程序引入一个标识符，但具体实现在其他地方。

案例三中“class teacher;//类 teacher 的前向声明”就是 class stu 类中需要“friend class teacher;//声明 class teacher 为本类的友元类”，而 class teacher 具体实现在后面。

一般情况下如果有两个类互相声明为友元类，实现时必然有一个在前而另一个在后，这时，需要在第一个类之前进行第二个类的前向声明，这样在第一个类中声明第二个类为友元时才不会出现错误。

本 章 小 结

本章先介绍了 C++ 对 C 进行的扩展，包括新增的关键字、注释、类型转换、灵活的变量声明、const、struct、作用域分辨运算符、C++ 的动态内存分配、引用、主函数、函数定义、内置函数、缺省参数值、重载函数、C++ 的输入与输出流等知识点，并给出了相应的实例。

本章后面讲述了 C++ 语言中面向对象编程的基本概念和基本方法。通过 class 关键字可以定义类，类的成员包括数据成员和成员函数两种。用户定义了新的类之后，就可以定义该类的对象。C++ 中还定义了一个 this 指针，它仅能在类的成员函数中访问，它指向该成员函数所在的对象，即当前对象。

C++ 有两种特殊的成员函数，即构造函数和析构函数。它们分别负责对象的创建和初始化以及清除工作。复制构造函数的形参是对本类对象的引用，它用一个对象来初始化另一个对象。如果编程者没有显式定义构造函数(包括复制构造函数)，则 C++ 编译器就隐式定义缺省的无参的构造函数。

为了实现类的所有对象对一个或多个类成员的共享，可以定义静态数据成员和静态成员函数。一个类的静态数据成员仅创建和初始化一次，且在程序开始执行的时候创建，然后被该类的所有对象共享；而非静态的数据成员则随着对象的创建而多次创建和初始化。与静态数据成员类似，静态成员函数也是属于类的。静态成员函数仅能访问静态的数据成员，不能访问非静态的数据成员，也不能访问非静态的成员函数，这是因为静态的成员函数没有 this 指针。

习　题　九

一、选择题

1. 下面不是构造函数的特征的是(　　)。

   A. 构造函数可以重载　　B. 构造函数可以设置缺省参数

   C. 构造函数的函数名与类名相同　　D. 构造函数必须指定类型说明

2. 下面有关析构函数的说法正确的是(　　)。

A. 析构函数可以有返回值

B. 析构函数可以有形参

C. 析构函数可以重载

D. 析构函数的作用是在对象被撤销时收回先前分配的内存空间

3. 下面对友元函数描述正确的是(　　)。

A. 友元函数的实现必须在类的内部定义

B. 友元函数一定是其他类的成员函数

C. 友元函数破坏了类的封装性和隐藏性

D. 友元函数不能访问类的私有成员

二、填空题

1. 对于类中定义的成员，其默认的访问权限是________________。

2. 静态数据成员能够被类的所有对象______，静态数据成员初始化必须在_____进行。

3. 完成下面的类定义。

```
class myfriends{
      int age;
public:
      myfriends (int);
      int GetAge();
};
________:: myfriends (_________ x)
{   age=x; }
int myclass::GetAge ()
{   __________;   }
```

三、简答题

1. 面向对象的三个特征及其概念是什么？

2. 构造函数与析构函数的功能是什么？

3. 静态成员包含哪两类成员？静态成员和对象的关系是什么？如何通过对象访问静态成员？

4. 什么是友元，对一个类实现友元的三种方式是什么？

5. 复杂对象的构造函数和析构函数执行的顺序是什么？

四、编程题

1. 编写一个程序，通过设计类 Student 来实现学生数据的输入输出。学生的基本信息包括：学号、姓名、性别、年龄和 C++ 成绩，并设计构造函数和设置、显示学生信息的成员函数。

2. 定义一个类 Student 记录学生计算机课程的成绩。要求使用静态成员变量和静态成员函数计算全班学生计算机课程的最高成绩和平均成绩。

3. 定义一个复数类 Complex，用友元函数实现该类的加、减运算。

第十章　继承性与派生类

案例一　雇员类设计

1. 问题描述

设计一个雇员类，包括基础员工、销售员工、经理以及销售经理；基础员工每月有基本工资和等级，等级上升则基本工资提升；销售员工除了基本工资以及等级和基础员工一致外，还有销售业绩工资为销售额的10%；经理除了基本工资以及等级和基础员工一致外，还有每月固定的管理基本工资；销售经理除了基本工资以及等级和基础员工一致外，还有销售业绩工资为销售额的10%和每月固定的管理基本工资。

2. 问题分析

注意掌握本例中虚基类的声明方法、虚基类的意义、派生类对虚基类中同名函数的覆盖；注意输出时显示的多重派生情况下的虚基类和派生类构造函数以及析构函数调用次序。

3. C++ 代码

```
#include <iostream.h>
#include <string.h>
#include <iomanip.h>
class employee{//虚基类
protected:
    char name[20];
    int idnum;
    int grade;
    float salary;
    static int totalnum;
public:
    employee(char *name="");
    ~employee();
    char* getname()            {return name;}
    inline int getgrade()      {return grade;}
    float inline    getsalary() {return salary;}
    inline void promote(int g){grade=g;}
```

```
    void getpay(char *name="");
    void display();
};
inline employee::employee(char *name)
{
    totalnum++;
    strcpy(this->name, name);
    idnum=totalnum;
    grade=0;
    salary=3000;
    cout<<this->name<<"基础员工已经聘任"<<endl;
}
inline employee::~employee()
{
    cout<<name<<"基础员工已经离职"<<endl;
    totalnum--;
}
void employee::getpay(char *name)
{
    strcpy(this->name, name);
    salary=salary+grade*1000;
    cout<<"员工信息已经重新设置"<<endl;
}
void employee::display()
{
    cout.setf(ios::left);
    cout<<setw(10)<<"姓名"<<setw(10)<<"编号"<<setw(10)<<"级别"<<setw(10)<<"工资"<<endl;
    cout<<setw(10)<<name<<setw(10)<<idnum<<setw(10)<<grade<<setw(10)<<salary<<endl;
}
int employee::totalnum=1000;                    //静态成员初始化
class salesperson:virtual public employee{      //派生类 salesperson，单一继承，虚基类
protected:
    float sales;                                //当月销售额
public:
    salesperson();
    ~salesperson();
    void getpay(char *name="", float sales=0);
};
inline salesperson::salesperson()
```

```
{
    this->sales=0;
    cout<<name<<"销售员工已经聘任"<<endl;
}
inline salesperson::~salesperson()
{
    cout<<name<<"销售员工已经离职"<<endl;
}
void salesperson::getpay(char *name, float sales)     //同名函数 getpay 覆盖基类 employee::getpay
{
    strcpy(this->name, name);
    this->sales=sales;
    salary=salary+grade*1000+sales*0.1;
    cout<<"销售员工信息已经重新设置"<<endl;
}
class manager:virtual public employee{   //派生类 manager，单一继承 employee，虚基类
protected:
    float monsalary;//固定月薪
public:
     manager();
     ~manager();
     void getpay(char *name="");
};
inline manager::manager()
{
    monsalary=5000;
    cout<<name<<"经理已经聘任"<<endl;
}
inline manager::~manager()
{
    cout<<name<<"经理已经离职"<<endl;
}
void manager::getpay(char *name) //manager::getpay 覆盖基类 employee 中的同名函数 getpay
{
    strcpy(this->name, name);
    salary=salary+monsalary+grade*1000;
    cout<<"经理信息已经重新设置"<<endl;
}
```

```
class salesmanager: public salesperson, public manager{   //多重继承，虚基类
public:
    salesmanager();
    ~salesmanager();
    void getpay(char *name="", float sales=0);
};
inline salesmanager::salesmanager()
{
    salary=8000;
    cout<<name<<"销售经理已经聘任"<<endl;
}
inline salesmanager::~salesmanager()
{
    cout<<name<<"销售经理已经离职"<<endl;
}
void salesmanager::getpay(char *name, float sales)  //同名函数覆盖
{
    strcpy(this->name, name);
    salary=salary+monsalary+grade*1000+sales*0.1;
    cout<<"销售经理信息已经重新设置"<<endl;
}

void main()
{
    char name[20]; int grade; float sales;
    employee A;
    salesperson B;
    manager C;
    salesmanager D; //注意输出时显示的多重派生情况下的虚基类和派生类构造函数和析构
                        函数调用次序
    cout<<"请输入员工的姓名:";
    cin>>name;
    cout<<"请输入"<<name<<"的提升级别:";
    cin>>grade;
    A.promote(grade);
    A.getpay(name);
    A.display();
    cout<<"请输入销售员工的姓名:";
    cin>>name;
```

```
    cout<<"请输入"<<name<<"的提升级别:";
    cin>>grade;
    cout<<"请输入"<<name<<"的销售业绩:";
    cin>>sales;
    B.promote(grade);
    B.getpay(name, sales);
    B.display();
    cout<<"请输入经理的姓名:";
    cin>>name;
    cout<<"请输入"<<name<<"的提升级别:";
    cin>>grade;
    C.promote(grade);
    C.getpay(name);
    C.display();
    cout<<"请输入销售经理的姓名:";
    cin>>name;
    cout<<"请输入"<<name<<"的提升级别:";
    cin>>grade;
    cout<<"请输入"<<name<<"的销售业绩:";
    cin>>sales;
    D.promote(grade);
    D.getpay(name, sales);D.display();
}
```

4. 程序运行结果

```
基础员工已经聘任
基础员工已经聘任
销售员工已经聘任
基础员工已经聘任
经理已经聘任
基础员工已经聘任
销售员工已经聘任
经理已经聘任
销售经理已经聘任
请输入员工的姓名:zhang
请输入 zhang 的提升级别:2
员工信息已经重新设置
姓名      编号      级别      工资
zhang     1001      2         5000
请输入销售员工的姓名:wang
```

```
请输入wang的提升级别:3
请输入wang的销售业绩:80000
销售员工信息已经重新设置
姓名      编号      级别      工资
wang      1002      3         14000
请输入经理的姓名:li
请输入li的提升级别:4
经理信息已经重新设置
姓名      编号      级别      工资
li        1003      4         12000
请输入销售经理的姓名:zhao
请输入zhao的提升级别:4
请输入zhao的销售业绩:96000
销售经理信息已经重新设置
姓名      编号      级别      工资
zhao      1004      4         26600
zhao销售经理已经离职
zhao经理已经离职
zhao销售员工已经离职
zhao基础员工已经离职
li经理已经离职
li基础员工已经离职
wang销售员工已经离职
wang基础员工已经离职
zhang基础员工已经离职
```

上一章我们学习了类，类是进行面向对象程序设计的基础。它能够定义数据和对数据的操作，并通过不同的访问权限，将类的接口和内部实现分开，支持信息的封装和隐藏。本章中，我们将介绍继承的用法。

代码复用是C++最重要的性能之一，它是通过类继承机制来实现的。通过类继承，我们可以复用基类的代码，并可以在继承类中增加新代码或者覆盖基类的成员函数，为基类成员函数赋予新的意义，实现最大限度的代码复用。

10.1　类的继承与派生

10.1.1　继承与派生的概念

现实世界中的许多事物是具有继承性的。人们一般用层次分类的方法来描述它们的关系。如图10.1是一个简单的交通工具分类图。

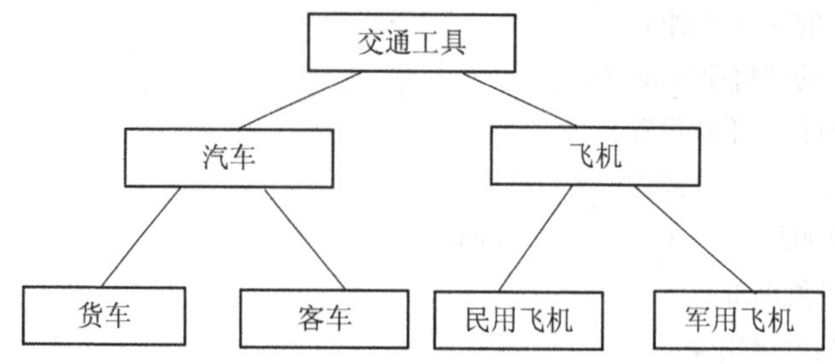

图 10.1　简单的交通工具分类图

在这个图中建立了一个层次结构，最高层是最普遍的，具有所有层次最一般的特征；下面每一层都比它的前一层更具体，低层含有高层的所有特性，同时也增加了一些内容，与高层有细微的不同。它们之间是基类和派生类的关系，可以说交通工具类派生了汽车类，也可以说汽车类继承了交通工具类。继承与派生是一种现象的不同说法，例如，确定某一交通工具是客车后，没有必要指出它是汽车，因为客车本身就是从汽车派生出来的，它继承了这一特性。同样也不必指出它是交通工具，因为客车都是交通工具。

继承是 C++ 的一种重要机制，这一机制使得程序员可以在已有类的基础上建立新类。从而扩展程序功能、体现类的多态性特征。

面向对象程序设计允许声明一个新类作为某一个类的派生。派生类(也称子类)可以声明新的属性(成员)和新的操作(成员函数)。继承可以重用父类代码而专注于为子类编写新代码。我们称最初的类为基类，根据基类生成的新类称为派生类(子类)，这种派生可以是多层次的。

下面我们通过例子进一步说明为什么要使用继承。

现有一个 person 类，它包含 name(姓名)、age(年龄)、sex(性别)等数据成员与成员函数 display()，如下所示：

```
class person{
private:
    char name[10];
    int age;
    char sex;
public:
    void display ();
};
```

假如现在要声明一个 employee 类，它包含 name(姓名)、age(年龄)、sex(性别)、department(部门)、salary(工资)等数据成员与成员函数 display ()，如下所示：

```
class employee{
private:
    char name[10];
    int age;
    char sex;
```

```
        char department[20];
        float salary;
    public:
        void display ();
    };
```

从以上两个类的声明中可以看出，这两个类中的数据成员和成员函数有许多相同的地方。只要在 person 类的基础上再增加成员 department 和 salary，再对 display ()成员函数稍加修改就可以定义出 employee 类。现在这样定义两个类，代码重复太严重。为了提高代码的可重用性，就必须引入继承机制，将 employee 类说明成 person 类的派生类，那些相同的成员在 employee 类中就不需要再定义了，简化了程序设计。

```
    //下面定义一个派生类(employee 类)
    class employee:public person{
    private:
        char department[20];
        float salary;
    public:
        //需要增加的其他数据成员或函数成员
    };
```

10.1.2　派生类的声明

声明一个派生类的一般格式为

```
class 派生类名:派生方式 基类名{
    …//派生类新增的数据成员和成员函数
}
```

这里，“派生类名”就是要生成的新的类名，新类名可由用户任意给出，只要符合标识符的命名规则即可。“基类名”是一个已经定义过的类。“派生方式”可以是关键字 public、private 或 protected。如果使用了 private，则称派生类从基类私有派生；如果使用了 public，则称派生类从基类公有派生；如果使用了 protected，则称派生类从基类保护派生。

公有派生、私有派生和保护派生方式有以下特点：

(1) 公有派生：基类的公有成员和保护成员作为派生类的成员时，它们都保持原有的状态，而基类的私有成员仍然是私有的(这种私有性，不同于派生类自身的私有成员，派生类的新增成员函数不能访问它，派生类可以调用继承自基类的非私有成员函数，也就是可调用基类原来的公有或派生函数来访问它，见表 10.1)。

(2) 私有派生：基类的公有成员和保护成员都作为派生类的私有成员，并且不能被这个派生类的子类所访问。基类的私有成员仍然是私有的。缺省继承方式为 private。

(3) 保护派生：基类的所有公有成员和保护成员都成为派生类的保护成员，并且只能被它的派生类成员函数或友元访问，基类的私有成员仍然是私有的。

表 10.1 给出了这几种派生方式的访问特性。

表 10.1　公有派生、私有派生和保护派生的访问属性

派生方式	基类中的访问属性	派生类中的访问属性
公有派生(public)	public	public
	protected	protected
	private	不可访问
私有派生(private)	public	private
	protected	private
	private	不可访问
保护派生(protected)	public	protected
	protected	protected
	private	不可访问

下面，我们给出一个实例来说明派生类对基类的访问属性。

例 10.1　派生类对基类的访问属性。例程代码如下：

```
#include <iostream.h>
class A
{
public:
    void fa();
protected:
    int a1;
private:
    int a2;
};

class B:public A
{
public:
    void fb();
protected:
    int b1;
private:
    int b2;
};

class C:public B
{
public:
    void fc();
};
```

针对该程序，我们提出如下问题：

(1) B 中成员函数 fb()能否访问基类 A 中的成员 fa()、a1、a2?

(2) B 的对象 B1 能否访问 A 的成员？

(3) C 的成员函数 fc()能否访问直接基类 B 中的成员 fb()、b1、b2?

(4) 派生类 C 的对象 C1 是否可以访问直接基类 B 的成员？能否访问间接基类 A 的成员 fa()、a1、a2?

根据表 10.1，对以上问题的回答如下：

(1) B 中成员函数 fb()可以访问 fa()、a1，不可访问 a2;

(2) B 的对象 B1 可以直接访问 A 的成员 fa()，不可访问 a1、a2;

(3) C 的成员函数 fc()可以访问 fb()、b1、fa()、a1，不可访问 a2、a2;

(4) 派生类 C 的对象 C1 可以直接访问 fb()、fa()，其他的都不可以直接访问。

下面我们分别讨论私有派生、公有派生和保护派生的一些特性。

1. 私有派生

1) 私有派生类对基类成员的访问

由私有派生得到的派生类，对它的基类的公有成员只能是私有继承。也就是说基类的所有公有成员和保护性成员都只能成为私有派生类的私有成员，这些私有成员能够被派生类的成员函数访问，但是基类私有成员不能被派生类成员函数访问。下面是一个私有派生类对基类成员的访问的例子。

例 10.2　私有派生类对基类成员的访问。

```
#include <iostream.h>
class Base{                          //声明一个基类
    int x;
public:
    void setx(int n)
    {x=n;}
    void displayx()
    {cout<<x<<endl;}
};
class Derived:private Base{          //声明一个私有派生类
    int y;
public:
    void sety(int n)
    { y=n; }
    void displayxy()
    {cout<<x<<y<<endl;}              //非法，派生类不能访问基类的私有成员
};
```

例中首先定义了一个类 Base，它有一个私有数据 x 和两个公有成员函数 setx()和 displayx()。将 Base 类作为基类，派生出一个类 Derived。派生类 Derived 私有继承了基类

的成员，Base 类的私有成员 x 在 Derived 类中不可访问，Base 类的公有成员函数在 Derived 类中是私有的属性，可访问。

如果将例中函数 displayxy()改成如下形式：

```
void displayxy()
{
    displayx();
    cout<<y<<endl;
}
```

则正确。可见基类中的私有成员既不能被外部函数访问，也不能被派生类成员函数访问，只能被基类自己的成员函数访问。因此，我们在设计基类时，总要为它的私有数据成员提供公有成员函数作为接口，以使派生类和外部函数可以间接使用这些数据成员。

2) 外部函数对私有派生类继承来的成员的访问

私有派生时，基类的所有成员在派生类中都成为私有成员，外部函数不能访问。通过下面的例子来说明外部函数对私有派生类继承来的成员的访问特性。

例 10.3　外部函数对私有派生类继承来的成员的访问特性。

```
#include <iostream.h>
class Base{
    int x;
public:
    void setx(int n)
    { x=n;}
    void displayx()
    { cout<<x<<endl;}
};
class Derived:private Base{
    int y;
public:
    void sety(int n)
    { y=n; }
    void displayy()
    { cout<<y<<endl; }
};
main()
{   Derived obj;
    obj.setx(10);       //非法
    obj.sety(20);       //合法
    obj.displayx();   //非法
    obj.displayy();   //合法
}
```

例中派生类 Derived 继承了基类 Base 的成员。但由于是私有派生，所以基类 Base 的公有成员 setx()和 displayx()被 Derived 私有继承后，成为 Derived 的私有成员，只能被 Derived 的成员函数访问，不能被外界函数访问。在 main()函数中，定义了派生类 Derived 的对象 obj，由于 sety()和 displayy()在类 Derived 中是公有函数，所以对 obj.sety()和 obj.displayy()的调用是没有问题的，但是对 obj.setx() 和 obj.displayx()的调用是非法的，因为这两个函数在类 Derived 中已成为私有成员，不能通过 Derived 的对象来调用，可以通过 Derived 的对象中设计的公有成员函数来访问基类的保护性或公有性的成员。

2. 公有派生

在公有派生时，基类成员的可访问性在派生类中维持不变，基类中的私有成员在派生类中仍是私有成员，不允许外部函数和派生类中的成员函数直接访问，派生类的公有成员函数内部可以通过调用基类的公有性或基类的保护性函数来访问基类的私有成员，外部函数可以调用基类对象的公有性函数来访问基类的私有成员。基类中的公有成员和保护成员在派生类中仍是公有成员和保护成员，派生类的成员函数可以直接访问，外部函数仅可访问基类中的公有成员和派生类的公有成员。

下面我们看一个有关公有派生的例子。

例 10.4 声明公有派生。

```
#include <iostream.h>
class Base{
    int x;
public:
    void setx(int n)
    { x=n;}
    void displayx()
    { cout<<x<<endl;}
};
class Derived:public Base{
    int y;
public:
    void sety(int n)
    { y=n; }
    void displayy()
    { cout<<y<<endl; }
};
main()
{
    Derived obj;
    obj.setx(10);            //合法
    obj.sety(20);            //合法
```

```
    obj.displayx();          //合法
    obj.displayy();          //合法
}
```

在派生类中声明的名字可以屏蔽基类中声明的同名的名字，即如果在派生类的成员函数中直接使用该名字的话，则表示使用派生类中声明的名字，例如：

```
class X{
public:
    int f();
};
class Y:public X{
public:
    int f();
    int g();
};
void Y::g()
{
    f();            //表示被调用的函数是 Y::f()，而不是 X::f()
}
```

对于派生类的对象的引用，也有相同的结论，例如：

```
Y obj;
obj.f();            //被调用的函数是 Y::f()
```

如果要使用基类中声明的名字，则应使用作用域运算符限定，例如：

```
Obj.X::f();         //被调用的函数是 X::f()
```

3. 保护派生

前面讲过，无论私有派生还是公有派生，派生类无权访问它的基类的私有成员，派生类要想使用基类的私有成员，只能通过调用基类的成员函数的方式来实现，也就是使用基类所提供的接口来实现。这种方式对于需要频繁访问基类私有成员的派生类而言，使用起来非常不便，每次访问都需要进行函数调用。C++ 提供了具有另外一种访问属性的成员——protected 成员，该成员可以让派生类访问基类的保护成员。保护成员可以被派生类的成员函数访问，但是对于外界是隐藏的，外部函数不能访问它。保护派生时基类的所有公有成员和保护成员都成为派生类的保护成员，并且只能被它的派生类成员函数或友元访问，基类的私有成员仍然是私有的。

下面给出保护派生的例子。

例 10.5　声明保护派生。

```
#include <iostream.h>
class Base{
    int x;
public:
    void setx(int n)
```

```
    { x=n;}
    void displayx()
    { cout<<x<<endl;}
};
class Derived:protected Base{
    int y;
public:
    void sety(int n)
    { y=n; }
    void displayy()
    { cout<<y<<endl; }
};
main()
{
    Derived obj;
    obj.setx(10);          //非法，setx(int n)在派生类对象 obj 中是保护性函数，外界无法访问
    obj.sety(20);          //合法
    obj.displayx();        //非法，原因同 obj.setx(10);
    obj.displayy();        //合法
}
```

本例中派生类 Derived 继承了基类 Base 的成员。但由于是保护派生，所以基类 Base 的公有成员 setx()和 displayx()被 Derived 保护继承后，成为 Derived 的保护成员，只能被 Derived 的成员函数访问，不能被外界函数访问。在 main()函数中，定义了派生类 Derived 的对象 obj，由于 sety()和 displayy()在类 Derived 中是公有函数，所以对 obj.sety()和 obj.displayy()的调用是没有问题的，但是对 obj.setx() 和 obj.displayx()的调用是非法的，因为这两个函数在类 Derived 中已成为保护成员。

10.2　派生类的构造函数和析构函数

构造函数不能被继承。若派生类无构造函数，则执行其基类的默认构造函数。否则，派生类的构造函数除了对自己新的成员初始化外，还必须调用基类的构造函数来对基类的数据成员初始化。由于构造函数可以带参数，所以派生类必须根据基类的情况来决定是否需要定义构造函数。

10.2.1　构造和析构的次序

通常情况下，当创建派生类对象时，首先执行基类的构造函数，随后再执行派生类的构造函数；当撤销派生类的对象时，则先执先派生类的析构函数，随后再执行基类的析构函数。

下列程序的运行结果，反映了基类和派生类的构造函数与析构函数的执行顺序。

例 10.6　基类和派生类的构造函数和析构函数的执行顺序。

```
#include <iostream.h>
class Base{
public:
    Base()
    { cout<<"基类的构造函数"<<endl;}
    ~Base()
    { cout<<"基类的析构函数"<<endl;}
};
class Derived: public Base{
public:
    Derived()
   { cout<<"派生类的构造函数"<<endl;}
    ~Derived()
    { cout<<"派生类的析构函数"<<endl;}
};
main()
{
    Derived obj;
}
```

程序运行结果如下：

```
基类的构造函数
派生类的构造函数
派生类的析构函数
基类的析构函数
```

10.2.2　派生类构造函数和析构函数的构造规则

当基类的构造函数没有参数，或没有显示定义构造函数时，派生类可以不向基类传递参数，如果派生类自身不需要初始化自身成员，甚至可以不定义构造函数。但由于派生类不能继承基类中的构造函数和析构函数，当基类含有带参数的构造函数时，派生类必须定义构造函数，以提供把参数传递给基类构造函数的途径。

在 C++ 中，派生类构造函数的一般格式为

```
派生类构造函数名(参数表):基类构造函数名(参数表)
{
    //…
}
```

其中基类构造函数的参数，通常来源于派生类构造函数的参数表，也可以用常数值。下面给出一个派生类构造函数给基类构造函数传递参数的例子。

例 10.7 派生类构造函数给基类构造函数传递参数。

```
#include <iostream.h>
class Base{
    int x;
public:
    Base(int a)
    { cout<<"基类的构造函数"<<endl; x=a; }
    ~Base()
    { cout<<"基类的析构函数"<<endl;}
    void displayx()
    { cout<<x<<endl; }
};
class Derived:public Base{
    int y;
public:
    Derived(int a, int b):Base(a)   //派生类的构造函数，要缀上基类的构造函数
    { cout<<"派生类的构造函数"<<endl; y=b;}
    ~Derived()
    { cout<<"派生类的析构函数"<<endl;}
    void displayy()
    { cout<<y<<endl;}
};
main()
{
    Derived obj(10, 20);
    obj.displayx();
    obj.displayy();
}
```

程序运行结果如下：

```
基类的构造函数
派生类的构造函数
10
20
派生类的析构函数
基类的析构函数
```

当派生类中含有对象成员时，派生类必须负责该对象成员的构造，其构造函数的一般形式为

派生类构造函数名(参数表):基类构造函数名(参数表), 对象成员名 1(参数表),…, 对象成员名 n(参数表)

```
{
    //…
}
```

其中基类构造函数，对象成员的参数，通常来源于派生类构造函数的参数表，也可以用常数值。在定义含有对象成员的派生类对象时，构造函数执行顺序如下：

(1) 基类的构造函数；

(2) 对象成员的构造函数；

(3) 派生类的构造函数。

撤销这个对象时，析构函数的执行顺序与构造函数正好相反。下面给出一个例子进一步说明含有对象成员的派生类构造函数的执行情况。

例 10.8　含有对象成员的派生类构造函数的执行情况。

```
#include <iostream.h>
class Base{
    int x;
public:
    Base(int a)
    { cout<<"基类的构造函数"<<endl; x=a;}
    ~Base()
    { cout<<"基类的析构函数"<<endl;}
    void displayx()
    { cout<<x<<endl; }
};
class Derived:public Base{
public:
    Base d;              //d 为基类对象，作为派生类的对象成员
    Derived(int a, int b):Base(a), d(b)
                         //派生类的构造函数，缀上基类构造函数和对象成员的构造函数
    { cout<< "派生类的构造函数"<<endl; }
    ~Derived()
    { cout<<"派生类的析构函数"<<endl;}
};
main()
{
    Derived obj(10, 20);
    obj.displayx();
    obj.d.displayx();
}
```

程序运行结果如下：

```
基类的构造函数
```

基类的构造函数

派生类的构造函数

10

20

派生类的析构函数

基类的析构函数

基类的析构函数

说明：

(1) 当基类构造函数不带参数时，派生类不一定要定义构造函数，然而当基类的构造函数哪怕是只带有一个参数，它所有的派生类都必须定义构造函数，甚至构造函数的函数体可能为空，仅起参数传递的作用。

(2) 若基类使用缺省构造函数或不带参数的构造函数，则在派生类中定义构造函数时可略去"：基类构造函数名(参数表)"，若派生类也不需要构造函数，则可以不定义构造函数。

(3) 每个派生类只需负责其直接基类的构造。

10.3　多 重 继 承

前面介绍的派生类只有一个基类，这种派生称为单一继承；当一个派生类具有多个基类时，这种派生方式称为多重继承。如图 10.2 所示就是一个多重继承的例子。该例中玩具枪有玩具和枪两个基类，因此同时具备玩具和枪的特性。

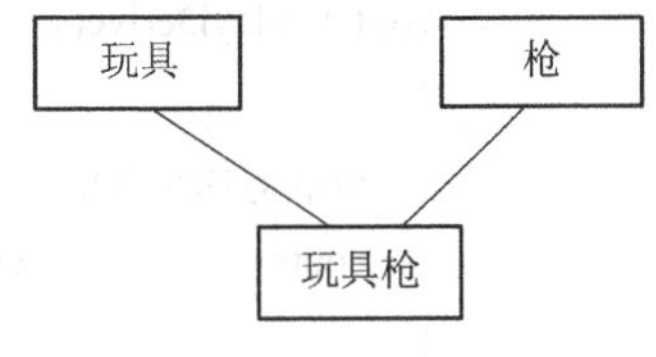

图 10.2　多重继承的例子

10.3.1　多重继承的声明

在 C++ 中，声明具有两个以上基类的派生类与声明单一继承的形式相似，其声明的一般形式如下：

class 派生类名：派生方式 1 基类名 1, …, 派生方式 n 基类名 n{

//派生类新定义成员

};

冒号后面的部分称基类表，各基类之间用逗号分隔，其中派生方式缺省为 private。在多重继承中，各种派生方式对于基类成员在派生类中的可访问性与单一继承的规则相同。

例 10.9　声明多重派生。

```
#include<iostream.h>
class Base1{
    int a;
public:
    void setBase1(int x)
    {a=x;}
    void displayBase1()
```

```
	{ cout<<"a="<<a<<endl;}
};
class Base2{
	int b;
public:
	void setBase2(int y)
	{b=y;}
	void displayBase2()
	{ cout<<"b="<<b<<endl;}
};
class Derive:public Base1, private Base2{
	int c;
public:
	void setDerive(int x, int y)
	{
		c=x;
		setBase2(y);
	}
	void displayDerive()
	{
		displayBase2();
		cout<<"c="<<c<<endl;
	}
};
void main()
{
	Derive obj;
	obj.setBase1(3);
	obj.displayBase1();
	obj.setBase2(4);            //非法
	obj.displayBase2();         //非法
	obj.setDerive(6, 8);
	obj.displayDerive();
}
```

上面的程序中，类 Base1 和类 Base2 是两个基类，Derive 从 Base1 和 Base2 多重派生。从派生方式看，类 Derive 从 Base1 公有派生，而从 Base2 私有派生。根据派生的规则，类 Base1 的公有成员在类 Derive 中仍是公有成员，类 Base2 的公有成员在类 Derive 中是私有成员，所以在 main()函数中不能访问。

对基类的访问必须是无二义性的。多重继承时，若基类具有同名数据成员或函数，则要防止出现二义性。例如下例就具有二义性。

例 10.10 多重继承时存在二义性的情况。

```
#include<iostream.h>
class Base1{
public:
    void display()
    {}
};
class Base2{
public:
    void display()
    {}
};
class Derive:public Base1, private Base2{
public:
    void displayDerive ()
    {}
};
void main()
{
    Derive obj;
    obj.display();        //二义性错误，不知调用的是 Base1 的 display()还是 Base2 的 display()
}
```

编译时就会提示下面的错误：'Derive::display' is ambiguous。

那么如何避免多重继承时存在的二义性呢？使用成员名限定可以消除二义性，例如：

```
obj. Base1::display();
obj. Base2::display();
```

10.3.2 多重继承的构造函数

多重继承构造函数的定义形式与单继承构造函数的定义形式相似，只是 n 个基类的构造函数之间用逗号分隔，在多个基类之间，则严格按照派生类声明时从左到右的顺序来排列先后。多重继承构造函数定义的一般形式如下：

派生类构造函数名(参数表)：基类构造函数名 1(参数表)，基类构造函数名 2(参数表)，…，基类构造函数名 n(参数表)

{

//派生类中其他数据成员初始化

}

例 10.11 多重继承构造函数。

```
#include<iostream.h>
class Base1{
```

```
    int a;
public:
    Base1(int x)
    {a=x;}
    void displayBase1()
    { cout<<"a="<<a<<endl;}
};
class Base2{
    int b;
public:
    Base2(int y)
    {b=y;}
    void displayBase2()
    { cout<<"b="<<b<<endl;}
};
class Derive:public Base1, public Base2{
    int c;
public:
    Derive(int x, int y, int z):Base1(x), Base2(y)    //派生类 Derive 的构造函数，缀上基类
                                                      // Base1 和 Base2 的构造函数
    {c=z; }
    void displayDerive()
    {cout<<"c="<<c<<endl; }
};
void main()
{
    Derive obj(1, 2, 3);
    obj.displayBase1();
    obj.displayBase2();
    obj.displayDerive();
}
```

10.4 虚　基　类

10.4.1 虚基类及其使用的原因

当引用派生类的成员时，首先在派生类自身的作用域中寻找这个成员，若没有找到，则在它的基类中寻找。若一个派生类是从多个基类派生出来的，而这些基类又有一个共同的基类，则在这个派生类中访问这个共同的基类中的成员时，可能会产生二义性。

例 10.12　多重派生产生二义性的情况。

```
#include<iostream.h>
class Base{
protected:
    int a;
public:
    Base()     {a=5;}
};
class Base1:public Base{
public:
    Base1()     {cout<<"Base1 a="<<a<<endl;}
};
class Base2:public Base{
public:
    Base2()     {cout<<"Base2 a="<<a<<endl;}
};
class Derived:public Base1, public Base2{
public:
    Derived()
    {cout<<"Derived a="<<a<<endl;}
};
main()
{
    Derived obj;
}
```

上述程序中，类 Base 是一个基类，从 Base 派生出类 Base1 和类 Base2，这是两个单一继承；从类 Base1 和类 Base2 共同派生出类 Derived，这是一个多重继承。类的层次关系如图 10.3 所示。

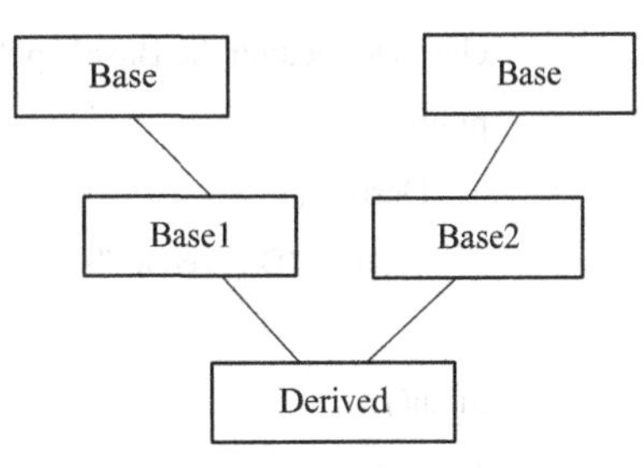

图 10.3　例 10.12 中类的层次关系图

上述程序是有错误的，问题出在派生类 Derived 的构造函数定义中，它试图输出一个它有权访问的变量 a，表面上看来这是合理的，但实际上它对 a 的访问存在二义性，即函数中的变量 a 的值可能是从类 Base1 的派生路径上来的，也有可能是从类 Base2 的派生路径上来的，这里没有明确的说明。

二义性检查在访问控制权限或类型检查之前进行，访问控制权限不同或类型不同不能解决二义性问题。为了解决这种二义性问题，C++ 引入了虚基类的概念。

10.4.2　虚基类的定义

在例 10.12 中，如果类 Base 只存在一个拷贝，那么对 a 的引用就不会产生二义性。在 C++ 中，如果想使这个公共的基类只产生一个拷贝，则可以将这个基类说明为虚基类。这就要求从类 Base 派生新类时，使用关键字 virtual 引出。

我们在下面的例子中用虚基类重新定义例 10.12 中的类。

例 10.13　定义虚基类。

```
#include<iostream.h>
class Base{
protected:
    int a;
public:
    Base()
    {a=5;}
};
class Base1: virtual public Base{//声明 Base 为虚基类
public:
    Base1()
    {cout<<"Base1 a="<<a<<endl;}
};
class Base2:virtual public Base{//声明 Base 为虚基类
public:
    Base2()
    {cout<<"Base2 a="<<a<<endl;}
};
class Derived:public Base1, public Base2{
public:
    Derived()
    {cout<<"Derived a="<<a<<endl;}
};
main()
{
    Derived obj;
}
```

在上述程序中，从类 Base 派生出类 Base1 和类 Base2 时，使用了关键字 virtual，把 Base 声明为 Base1 和 Base2 的虚基类，这样，从 Base1 和 Base2 派生出的类 Derived 只有一个基类 Base，从而可以消除二义性。图 10.4 就是例 10.13 采用虚基类后的类层次图。

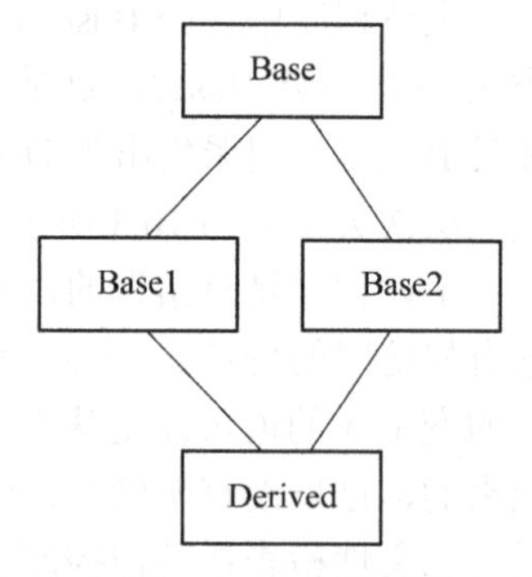

图 10.4　例 10.13 中类的层次关系图

10.4.3　虚基类的初始化

虚基类的初始化与一般的多重继承的初始化在语法上是一样的，但构造函数的调用顺序不同。虚基类构造函数的调用顺序是这样规定的：

(1) 若同一层次中包含多个虚基类，则这些虚基类的构造函数按对它们说明的先后次序调用。

(2) 若虚基类由非虚基类派生而来，则仍然先调用基类构造函数，再调用派生类的构造函数。

(3) 若同一层次中同时包含虚基类和非虚基类函数，则应先调用虚基类的构造函数，再调用非虚基类的构造函数，最后调用派生类的构造函数，例如：

```
class X: public Y, virtual public Z{
    //…
}
X obj;
```

定义类 X 的对象 obj 时，将产生如下调用顺序：

```
Z();
Y();
X();
```

下面的程序说明了含虚基类的派生类构造函数的执行顺序。

例 10.14　含虚基类的派生类构造函数的执行顺序。

```
#include<iostream.h>
class Base{
protected:
    int a;
public:
    Base(int xa)
    { a=xa;cout<<"Base 的构造函数"<<endl;}
};
class Base1:virtual public Base{
    int b;
public:
    Base1(int xa, int xb):Base(xa)
    {b=xb;cout<<"Base1 的构造函数"<<endl;}
};
class Base2:virtual public Base{
    int c;
public:
    Base2(int xa, int xc):Base(xa)
    {c=xc;cout<<"Base2 的构造函数"<<endl;}
};
class Derived:public Base1, public Base2{
    int d;
public:
    Derived(int xa, int xb, int xc, int xd):Base(xa), Base1(xa, xb), Base2(xa, xc)
```

```
    {d=xd;cout<<"Derived 的构造函数"<<endl; }
};
main()
{
    Derived obj(1, 2, 3, 4);
}
```

程序运行结果如下：

```
Base 的构造函数
Base1 的构造函数
Base2 的构造函数
Derived 的构造函数
```

不难看出，上述程序中虚基类 Base 的构造函数只执行了一次。显然，当 Derived 的构造函数调用了虚基类 Base 的构造函数之后，类 Base1 和类 Base2 对 Base 构造函数的调用被忽略了。这也是初始化虚基类和初始化非虚基类不同的地方。

在上述程序中，Base 是一个虚基类，它有一个带参数的构造函数，因此要求在派生类 Base1、Base2 和 Derived 的构造函数的初始化表中，都必须带有对 Base 构造函数的调用。

如果 Base 不是虚基类，在派生类 Derived 的构造函数的初始化表中调用 Base 的构造函数是错误的，但是当 Base 是虚基类且只有带参数的构造函数时，就必须在类 Derived 的构造函数的初始化表中调用类 Base 的构造函数，情况如上例所示。

本 章 小 结

继承的重要性是支持程序代码复用，它不仅能够从已存在的类中派生出新类，新类不仅能够继承基类的成员，而且可以通过覆盖基类成员函数，产生新的行为。

本章介绍了 C++ 中继承的概念与用法；单一继承和多重继承的概念；派生类的构造函数和析构函数的构造规则；虚基类的引入和用法等。最后，通过实例分析，结合第九章和第十章的内容，介绍了如何进行面向对象的程序设计。

习　题　十

一、选择题

1. 派生类的对象对它的基类成员中可以访问的是(　　)。

   A. 公有继承的公有成员　　B. 公有继承的私有成员

   C. 公有继承的保护成员　　D. 私有继承的公有成员

2. 下列有关构造函数执行顺序说法正确的是(　　)。

   A. 当派生类创建对象时，先执行派生类的构造函数，随后再执行基类的构造函数

   B. 当派生类创建对象时，先执行基类的构造函数，随后再执行派生类的构造函数

C. 当派生类创建对象时，只执行派生类的构造函数

D. 当派生类创建对象时，只执行基类的构造函数

3. 下列虚基类的声明中正确的是(　　)。

A. class X: virtual public Y　　B. class virtual X: public Y

C. class X: public virtual Y　　D. virtual class X: public Y

4. 基类的(　　)不能为派生类的成员访问，基类的(　　)在派生类中的性质和继承的性质一样，基类的(　　)在私有继承时在派生类中成为私有成员函数，在公有和保护继承时在派生类中仍为保护成员函数。

A. 公有成员　　B. 私有成员　　C. 私有成员函数

D. 保护成员函数　　E. 保护成员　　F. 公有成员函数

二、填空题

1. 派生类对基类的继承有三种方式：________、________、________。

2. 类继承中，缺省的继承方式是__________。

3. 若类 Y 是类 X 的私有派生类，类 Z 是类 Y 的派生类，则类 Z______可以访问类 X 的保护成员和公有成员。

三、简答题

1. 什么是继承与派生？如何定义派生类？有几种派生方式？不同派生方式下，派生类对基类不同成员的访问方式如何？

2. 多重派生中派生类的构造函数和析构函数的执行顺序如何？

3. 什么是虚基类？为什么引入虚基类？虚基类构造函数的调用顺序是怎样的？

四、编程题

1. 建立普通的基类 Person，公有数据成员姓名、年龄、性别，保护性派生类 Teacher，增加私有成员专业、职称。分别设计各类的构造函数、析构函数、设置函数、显示函数。

2. 虚基类 Person，公有数据成员姓名、年龄、性别，分别派生 Teacher 类和 Cadre 类，Teacher 类和 Cadre 类派生出 Teacher_Cadre 类。要求：

(1) Teacher 类和 Cadre 类有姓名、性别、年龄、电话等数据成员；

(2) Teacher 类还包含职称，Cadre 类还包含职务。Teacher_Cadre 类新增数据成员工资；

(3) 分别设计各类的构造函数、析构函数、设置函数、显示函数。

第十一章　多态性与虚函数

案例一　函数重载

1. 问题描述

设计程序实现同一个函数 Area 根据提供参数的个数不同，分别实现圆和矩形面积的计算。

2. 问题分析

注意本案例中函数重载时的依据是什么，函数的类型、参数个数、参数类型等的不同。本例中函数重载(计算面积的函数，输入一个数，视为圆形；输入两个数，视为矩形，分别计算面积)

3. C++ 代码

```
#include <iostream.h>
#define PI 3.14
float Area(float r)
{return PI*r*r;}
float Area(float a, float b)
{return a*b;}
void main()
{
    float r, a, b;              //r 作为圆的半径，a、b 分别作为矩形的长和宽。
    cout<<"请输入圆的半径";
    cin>>r;
    cout<<"请输入矩形的长：";
    cin>>a;
    cout<<"请输入矩形的宽：";
    cin>>b;
    cout<<"圆的面积为："<<Area(r)<<"　矩形的面积为："<<Area(a, b)<<endl;
// Area(r)和 Area(a, b)参数个数和类型不同
}
```

4. 程序运行结果

请输入圆的半径 19

请输入矩形的长：5

请输入矩形的宽：4

圆的面积为：1133.54　矩形的面积为：20

11.1　多态性概述

用同一个名字来访问不同函数的性质被称作多态性。也就是说不同对象收到相同的消息时，产生不同的动作，比如让狗和鱼不同的两个对象移动，则狗会走，鱼会游。使用多态性，一些相似功能的函数可用同一个名字来定义，这不仅使得概念上清晰，还可达到动态链接的目的，实现运行时的多态性。

在 C++ 中，多态性的实现和联编这一概念有关。一个源程序经过编译、链接，成为可执行文件的过程就是联编。联编分为两类：静态联编和动态联编。静态联编，也称前期联编，是指在运行之前就完成的编译；动态联编，也称后期联编，是指在程序运行时才完成的编译。

静态联编支持的多态性称为编译时多态性，也称静态多态性。在 C++ 中，编译时多态性是通过函数重载和运算符重载实现的。动态联编支持的多态性称为运行时多态性，也称动态多态性。在 C++ 中，运行时多态性是通过继承和虚函数来实现的。

11.2　函数重载

编译时的多态性可以通过函数重载来实现。函数重载有两种情况：一是参数有所差别的重载，意义在于它能用同一个名字访问一组相关的函数，在前面我们已经做过介绍；再一个是函数所带参数完全相同，只是它们属于不同的类，这些类之间一般有继承和派生关系。

例 11.1　在基类和派生类中函数重载。

```
#include<iostream.h>
class Base{//基类
    int x, y;
public:
    Base(int a, int b)
    { x=a; y=b;}
    void display()//基类中的 display()函数
    {
        cout<<"执行基类中的 display()函数"<<endl;
        cout<<x<<", "<<y<<endl;
    }
};
class Derived:public Base{//派生类 Derived，Base 公有派生出 Derived 类
```

```
    int z;
public:
    Derived(int a, int b, int c):Base(a, b)
    {     z=c; }
    void display()          //派生类中的 display()函数
    {
        cout<<"执行派生类中的 display()函数"<<endl;
        cout<<z<<endl;
    }
};
main()
{
    Base b(20, 20);
    Derived d(8, 8, 30);
    b.display();          //执行基类中的 display()函数
    d.display();          //执行派生类中的 display()函数
    d.Base::display();    //执行基类中的 display()函数
}
```

在基类和派生类中进行函数重载时，用以下两种方法可以在编译时区别重载函数：

(1) 使用对象名加以区分。例如：b.display()和 d.display()分别调用类 Base 和 Derived 的 display()函数。派生类中会隐藏基类中与派生类同名的成员。

(2) 使用“类名::”加以区分。例如：d.Base::display()调用的是 Base 的 display()函数。

案例二　运算符重载

1. 问题描述

将运算符“+”重载为复数的成员函数(复数的加法运算)。

2. 问题分析

注意掌握运算符如何重载为类的成员函数方式以及运算符的调用方式。

3. C++ 代码

```
#include <iostream.h>
class complex{
public:
    double real;
    double imag;
    complex(double r=0, double i=0)          // complex 的构造函数
    { real=r; imag=i;}
};
```

```
complex operator+(complex co1, complex co2)          //运算符+重载为类的成员函数
{
    complex temp;
    temp.real=co1.real+co2.real;
    temp.imag=co1.imag+co2.imag;
    return temp;
}
main()
{
    complex com1(3.1, 2.4), com2(1.3, 5.3), total1, total2;
    total1=operator+(com1, com2);               //调用运算符函数 operater+()的第一种方式
    cout<<"real1="<<total1.real<<"   "<<"imag1="<<total1.imag<<endl;
    total2=com1+com2;                           //调用运算符函数 operater+()的第二种方式
    cout<<"real2="<<total2.real<<"   "<<"imag2="<<total2.imag<<endl;
}
```

4. 程序运行结果

```
real1=4.4   imag1=7.7
real2=4.4   imag2=7.7
```

11.3　运算符重载

在 C++中，除了可以对函数重载外，还可以对大多数运算符实现重载。自定义的类运算往往用运算符重载函数来实现。运算符重载可以扩充语言的功能，就是将运算符扩充到用户定义的类型上去。运算符重载通过创建运算符函数 operator()来实现。为了操作相应类的所有数据成员，可以将运算符重载成类的成员函数，也可以是类的友元函数。

11.3.1　运算符重载的规则

如果有一个复数类 complex：

```
class complex{
public:
    double real;
    double imag;
    complex(double r=0, double i=0)
    { real=r; imag=i;}
};
```

若要把 complex 的两个对象相加，下面的语句是不能实现的：

```
complex obj1(3.1, 2.2), obj2(1.3, 4.2), total;
total=obj1+obj2;   //错误
```

不能实现的原因是类 complex 的类型不是基本数据类型，而是用户自定义的数据类型，“+”只能实现基本数据类型的加法运算，C++ 无法直接将两个自定义的类对象进行相加。

为了表达方便，人们希望能对自定义的类型进行运算，希望内部运算符(如“+”“-”“*”“/”等)在特定的类对象上以新的含义进行解释，即实现运算符的重载。

C++ 为运算符重载提供了一种方法，使用以下形式进行运算符重载：

type operator@(参数表);

其中，@表示要重载的运算符，type 是返回类型。

说明：

(1) 除了“.”“*”“::”“？：”“#”“##”，其他运算符都可以重载。

(2) delete、new、指针、引用也可以重载。

(3) 运算符函数可以定义为内置函数。

(4) 用户定义的运算符无法改变运算符原有的优先次序。

(5) 不可以定义系统定义的运算符集之外的运算符。

(6) 不能改变运算符的语法结构。

在案例二中可以看出，我们定义了一个 operator+()函数实现了 complex 对象的相加。在调用该函数时，可以采用显式调用和隐式调用。operator+()函数是一个非类成员，所以将 complex 类的数据成员 real 和 imag 定义成了公有函数，以方便 operator+()函数的访问。这样破坏了 complex 的数据私有性。因此在重载运算符时通常重载为类的成员函数或友元函数。

11.3.2　运算符重载为成员函数

成员运算符定义的两种语法形式如下：

```
class X{
   //…
   type operator@(参数表);
   //…
};
type X::operator@(参数表)
{
   //函数体
}
```

其中，type 为函数的返回类型，@为所要重载的运算符符号，X 是重载此运算符的类名，参数表中罗列的是该运算符所需要的操作数，和一般函数的形参定义一致。

在成员运算符函数的参数表中，若运算符是单目的，则参数表为空(调用成员函数的对象作为操作数)；若运算符是双目的，则参数表中有一个操作数(调用成员函数的对象作为另一个操作数)。

1. 双目运算符重载

对双目运算符而言，成员运算符函数的参数表中只有一个参数，它作为运算符的右操作数，此时当前对象作为运算符的左操作数，它是通过 this 指针隐含地传递给函数的。调用时可采用以下两种方式：

```
A@B;              //隐式调用，AB 都是运算符操作对象
A.operator@(B); //显式调用
```

下面是一个双目运算符的例子。

例 11.2　双目运算符重载为成员函数。

```
#include<iostream.h>
class complex{
private:
    double real;
    double imag;
public:
    complex(double r=0.0, double i=0.0);
    complex operator+(complex c);              //重载"+"运算符为复数成员函数
    complex operator-(complex c);              //重载"-"运算符为复数成员函数
    void display();
};
complex::complex(double r, double i)
{   real=r; imag=i;}
complex complex::operator +(complex c)
{
    complex temp;
    temp.real=real+c.real;
    temp.imag=imag+c.imag;
    return temp;
}
complex complex::operator -(complex c)
{
    complex temp;
    temp.real=real-c.real;
    temp.imag=imag-c.imag;
    return temp;
}
void complex::display()
{
    cout<<real;
    if(imag>0) cout<<"+";
    if(imag!=0)cout<<imag<<"i\n";
}
```

```
main()
{
    complex A1(1.9, 6.9), A2(0.9, 0.9), A3, A4, A5, A6;
    A3=A1+A2;                  //对 operator +()隐式调用
    A4=A1-A2;                  //对 operator -()隐式调用
    A1.display();
    A2.display();
    A3.display();
    A4.display();
}
```

程序运行结果如下：

```
1.9+6.9i
0.9+0.9i
2.8+7.8i
1+6i
```

2. 单目运算符重载

对单目运算符而言，成员运算符函数的参数表中没有参数，此时当前对象作为运算符的一个操作数。调用时可采用以下两种方式：

```
@A;                 //隐式调用
A.operator@();      //显式调用
```

下面是一个单目运算符的例子。

例 11.3　单目运算符重载为成员函数。

```
#include<iostream.h>
class MyClass{
    int x,y;
public:
    MyClass(int i=0, int j=0);
    void print();
    MyClass operator++();                  //定义单目运算符函数
};
MyClass::MyClass(int i, int j)
{x=i;y=j;}
void MyClass::print()
{ cout<<"    x:"<<x<<", y:"<<y<<endl;}
MyClass MyClass::operator ++()             //前置++
{
    ++x;    ++y;
    return *this;
```

```
}
main()
{
    MyClass ob(10, 20);
    ob.print();
    ++ob;                    //隐式调用
    ob.print();
    ob.operator ++();        //显式调用
    ob.print();
}
```

程序运行结果如下：

```
x:10, y:20
x:11, y:21
x:12, y:22
```

11.3.3 运算符重载为友元函数

在 C++ 中，还可以把运算符函数定义成某个类的友元函数，称为友元运算符函数。

1. 友元运算符函数定义的语法形式

友元运算符函数在类内声明形式如下：

friend type operator@(参数表);

类外函数实现形式如下：

```
type operator@(参数表)
{
        //函数体
}
```

与成员函数不同，友元运算符函数是不属于任何类对象的，它没有 this 指针。若重载的是双目运算符，则参数表中需要两个操作数；若重载的是单目运算符，则参数表中需要一个操作数。

2. 双目运算符重载

当用友元函数重载双目运算符时，两个操作数都要传递给运算符函数，调用时可采用以下两种方式：

```
A@B;                    //隐式调用
operator@(A,B);         //显式调用
```

双目友元运算符函数 operator@所需要的两个操作数都在参数表中由对象 A 和 B 显式调用。下面我们给出一个例子。

例 11.4　双目运算符重载为友元函数代码如下：

```
#include<iostream.h>
class complex{
```

```
private:
    double real;
    double imag;
public:
    complex(double r=0.0, double i=0.0);
    friend complex operator+(complex a, complex b);        //重载“+”运算符为复数类友元函数
    friend complex operator-(complex a, complex b);        //重载“-”运算符为复数类友元函数
    void display();
};
complex::complex(double r, double i)
{   real=r; imag=i;}
complex operator+(complex a, complex b)
{
    complex temp;
    temp.real=a.real+b.real;
    temp.imag=a.imag+b.imag;
    return temp;
}
complex operator -(complex a, complex b)
{
    complex temp;
    temp.real=a.real-b.real;
    temp.imag=a.imag-b.imag;
    return temp;
}
void complex::display()
{
    cout<<real;
    if(imag>0) cout<<"+";
    if(imag!=0)cout<<imag<<"i\n";
}
main()
{
    complex A1(1.9, 6.9), A2(0.9, 0.9), A3, A4
    A3=A1+A2;
    A4=A1-A2;
    A1.display();
    A2.display();
    A3.display();
```

```
    A4.display();
}
```

程序运行结果如下：

```
1.9+6.9i
0.9+0.9i
2.8+7.8i
1+6i
```

3. 单目运算符重载

当用友元函数重载单目运算符时，需要一个显式的操作数，调用时可采用以下两种方式：

```
@A;             //隐式调用
operator@(A);   //显式调用
```

下面我们给出一个应用例子。

例 11.5　单目运算符重载为友元函数，代码如下：

```
#include<iostream.h>
class MyClass{
    int x, y;
public:
    MyClass(int i=0, int j=0);
    void print();
    friend MyClass operator++(MyClass &op);        //定义单目运算符"++"函数为友元函数
};
MyClass::MyClass(int i, int j)
{x=i;y=j;}
void MyClass::print()
{ cout<<"    x:"<<x<<", y:"<<y<<endl;}
MyClass operator ++( MyClass &op)                  //前置++
{
    ++op.x;
    ++op.y;
    return op;
}
main()
{
    MyClass ob(10, 20);
    ob.print();
    ++ob;                                          //隐式调用：前置++
    ob.print();
```

```
        operator ++(ob);                        //显式调用；前置++
        ob.print();
    }
```

需要注意的是，使用友元函数重载“++”“--”这样的运算符，可能会出现一些问题。我们回顾一下例 11.3 用成员函数重载“++”的成员运算符函数的情况。

```
    MyClass MyClass::operator ++()              //前置++
    {
        ++x;
        ++y;
        return *this;
    }
```

由于所有的成员都有一个 this 指针，this 指针指向该函数所属类对象的指针，因此对私有数据 x 和 y 的任何修改都将影响实际调用运算符函数的对象。因此例 11.3 的执行是完全正确的。但是如果像下面那样用友元函数按以下方式改写例 11.5 的运算符函数，将不会改变 main()函数中对象 ob 的值。

```
    MyClass operator ++( MyClass op)            //前置++
    {
        ++op.x;
        ++op.y;
        return op;
    }
```

为了解决以上问题，使用友元函数重载单目运算符“++”和“--”时，应采用引用参数传递操作数，如例 11.5，这样形参的任何改变都影响实参，从而保持了两个运算符的原义。

11.3.4 “++”和“--”的重载

我们知道，运算符“++”和“--”作前缀和后缀是有区别的。但是在 C++ v2.1 之前的版本重载“++”或“--”时，不能显示区分是前缀方式还是后缀方式；在 C++ v2.1 及以后的版本中，编辑器可以通过在运算符函数表中是否插入关键字 int 来区分这两种方式。

对于前缀方式 ++ob，可以使用运算符函数重载为：

```
    ob.operator++();                //成员函数重载；前置++
    operator++(X &ob);              //友元函数重载，X 为要操作的类型；前置++
```

对于后缀方式 ob++，可以使用运算符函数重载为：

```
    ob.operator++(int);             //成员函数重载；后置++
    operator++(X &ob, int);         //友元函数重载；后置++
```

调用时，参数 int 一般被传递给值 0。我们看如下例子。

例 11.6　运算符“++”和“--”作前缀和后缀重载。

```
    #include<iostream.h>
    #include<iomanip.h>
    class MyClass{
```

```
    int x1, x2, x3;
public:
    void init(int a1, int a2, int a3);
    void print();
    MyClass operator ++();                       //成员函数重载"++"前缀方式原型
    MyClass operator ++(int);                    //成员函数重载"++"后缀方式原型
    friend MyClass operator --(MyClass &);       //友元函数重载"--"前缀方式原型
    friend MyClass operator --(MyClass &, int);  //友元函数重载"--"后缀方式原型
};
void MyClass::init(int a1, int a2, int a3)
{x1=a1; x2=a2; x3=a3;}
void MyClass::print()
{   cout<<"   x1:"<<x1<<"   x2:"<<x2<<"   x3:"<<x3<<endl;}
MyClass MyClass::operator ++()
{
    ++x1; ++x2; ++x3;
    return *this;
}
MyClass MyClass::operator ++(int)
{
    MyClass old;old=*this;
    x1++; x2++; x3++;
    return old;
}
MyClass operator--(MyClass &op)
{
    --op.x1; --op.x2; --op.x3;
    return op;
}
MyClass operator--(MyClass &op, int)
{
    MyClass old;old=op;
    op.x1--; op.x2--; op.x3--;
    return old;
}
main()
{
    MyClass obj1, obj2, obj3, obj4;
    obj1.init(4, 2, 5);
```

```
        obj2.init(2, 5, 9);
        obj3.init(8, 3, 8);
        obj4.init(3, 6, 7);
        ++obj1;
        obj2++;
        --obj3;
        obj4--;
        obj1.print();
        obj2.print();
        obj3.print();
        obj4.print();
        cout<<"--------------------"<<endl;
        obj1.operator ++();
        obj2.operator ++(0);
        operator--(obj3);
        operator--(obj4, 0);
        obj1.print();
        obj2.print();
        obj3.print();
        obj4.print();
    }
```

程序运行结果如下：

```
x1:5   x2:3   x3:6
x1:3   x2:6   x3:10
x1:7   x2:2   x3:7
x1:2   x2:5   x3:6
--------------------
x1:6   x2:4   x3:7
x1:4   x2:7   x3:11
x1:6   x2:1   x3:6
x1:1   x2:4   x3:5
```

案例三　虚函数使用

1. 问题描述

设计玩具和玩具车，玩具车由玩具派生，设计输出函数来实现玩具车信息输出。

2. 问题分析

注意掌握虚函数的定义方法、派生类同名成员函数的二义性避免方法、声明成虚函数后同名函数覆盖。

3. C++ 代码

/*本程序分别定义一个 toy 基类和 toy 类的派生类 toycar；主函数定义一个基类指针分别指向基类和派生类的对象，通过该指针调用两个类中的虚函数和普通函数，呈现不同结果*/

```
#include <iostream.h>
class toy
{
public:
    virtual void showname()          //定义虚函数 showname()
    {
        cout<<"This is a toy.\n";
    }
    void Askingprice()               //定义 Askingprice()
    {
        cout<<"How much is this toy?\n";
    }
};
class toycar:public toy
{
public:
    void showname()                  //重新定义虚函数 showname()
    {
        cout<<"This is a toycar.\n";
    }
    void Askingprice()               //定义 Askingprice()
    {
        cout<<"How much is this toycar?\n";
    }
};
void main()
{
    toy ob1, *op1;
    toycar ob2, *op2;
    op1=&ob1;               //基类指针指向基类对象
    op1->showname();        //调用基类指针指向的基类对象的虚成员函数
    op1->Askingprice();     //调用基类指针指向的基类对象的成员函数
    op1=&ob2;               //基类指针指向派生类对象
    op1->showname();        //调用基类指针指向的派生类对象的虚成员函数，注意输出
    op1->Askingprice();     //调用基类指针指向的派生类对象的成员函数，比较和上面输出不同
    op2=&ob2;               //派生类指针指向派生类对象
```

```
    op2->showname();          //调用派生类指针指向的派生类对象的虚成员函数，注意输出
    op2->Askingprice();//调用派生类指针指向的派生类对象的成员函数，比较和上面输出不同
}
```

4. 程序运行结果

```
This is a toy.
How much is this toy?
This is a toycar.
How much is this toy?
This is a toycar.
How much is this toycar?
```

11.4 虚　函　数

虚函数是重载的另一种表现形式。虚函数允许函数调用与函数体之间的联系在程序运行时才建立，也就是在运行时才决定如何动作，即所谓的动态联编。

11.4.1 引入派生类后的对象指针

引入派生类后，由于派生类是由基类派生出来的，因此指向基类和派生类的指针也是相关的。其特点如下：

(1) 声明为指向基类对象的指针可以指向它的公有派生的对象，但不允许指向它的私有派生对象。

(2) 允许将一个声明为指向基类的指针指向其公有派生类的对象，但是不能将一个声明为指向派生类对象的指针指向其基类的对象。

(3) 声明为指向基类对象的指针，当其指向其公有派生类对象时，只能用它来直接访问派生类中从基类继承来的成员，而不能直接访问公有派生类中定义的成员。

例 11.7 基类指针指向派生类。

```
#include <iostream.h>
class Base{
    int a, b;
public:
    Base(int x, int y)
    {
        a=x;
        b=y;
    }
    void display()
    {
        cout<<"Base--------\n";
```

```
        cout<<a<<"  "<<b<<endl;
    }
};
class Derived:public Base{
    int c;
public:
    Derived(int x, int y, int z):Base(x, y)
    {   c=z;  }
    void display()
    {
        cout<<"Derived---------\n";
        cout<<c<<endl;
    }
};
void main()
{
    Base ob1(10, 20), *op;
    Derived ob2(30, 40, 50);
    op=&ob1;
    op->display();
    op=&ob2;
    op->display();
}
```

程序运行结果如下：

```
Base--------
10    20
Base--------
30    40
```

从程序运行的结果可以看出，虽然执行了语句 op=&ob2 后，指针 op 已经指向了对象 ob2，但是它所调用的函数仍然是其基类对象的 display()，显然这不是我们所希望的，我们希望这时调用的函数是 Derived 的 display()。为了达到这个目的，我们可以将函数 display() 声明为虚函数。

11.4.2　虚函数的定义及使用

在例 11.7 中，使用对象指针的目的是表达一种动态多态性，即当时针指向不同对象时执行不同的操作，但该例中并没有起到这种作用。要想实现这种动态多态性，我们引入虚函数的概念。

虚函数就是在基类中被关键字 virtual 说明，并在派生类中重新定义的函数。在派生类中重新定义时，其函数原型，包括返回类型、函数名、参数个数与参数类型的顺序，都必

须与基类中的原型完全相同。虚函数这种机制是在派生类中会将继承自基类的同名虚函数进行覆盖，原有继承的函数将不复存在，以崭新的形式覆盖原函数；如果不是虚函数，将不会覆盖，产生新的同名函数，在派生类中引用新的同名函数，会隐藏基类的同名函数，在派生类中还可以调用基类隐藏的同名函数，只是要在该函数前面加基类的域标识符。虚函数只能在类中使用，属于类的成员函数，但不能是构造函数。另外，虚函数属于动态联编。

我们使用虚函数改写例 11.7。

例 11.8　使用虚函数实现动态多态性。

```
#include <iostream.h>
class Base{
    int a, b;
public:
    Base(int x, int y)
    {
        a=x;
        b=y;
    }
    virtual void display()          //定义虚函数 display()
    {
        cout<<"Base--------\n";
        cout<<a<<"   "<<b<<endl;
    }
};
class Derived:public Base{
    int c;
public:
    Derived(int x, int y, int z):Base(x, y)
    {   c=z;  }
    void display()                  //重新定义虚函数 display()
    {
        cout<<"Derived---------\n";
        cout<<c<<endl;
    }
};
void main()
{
    Base ob1(10, 20), *op;
    Derived ob2(30, 40, 50);
    op=&ob1;
```

```
    op->display();
    op=&ob2;
    op->display();
}
```

程序运行结果如下：

```
Base--------
10   20
Derived---------
50
```

从程序运行的结果可以看出，执行了语句“op=&ob2;”后，基类指针 op 已经指向了对象 ob2，它所调用的函数仍然是 Derived 的 display()，达到了我们的要求。

说明：

(1) 在基类中，用关键字 virtual 可以将其 public 或 protected 部分的成员函数声明为虚函数。在派生类对基类中声明的虚函数进行重新定义时，关键字 virtual 可以写也可以不写。

(2) 虚函数被重新定义时，其函数的原型与基类中的函数原型必须完全相同。

(3) 一个虚函数无论被公有继承多少次，它仍然保持虚函数的特性。

(4) 虚函数必须是其所在类的成员函数，而不能是静态成员函数，因为虚函数调用要靠特定的对象来决定该激活哪个函数。但是虚函数可以在另一个类中被声明为友元函数。

11.4.3　虚析构函数

构造函数不能是虚函数，但析构函数可以是虚函数。我们看一个例子。

例 11.9　析构函数定义不当造成内存泄漏。

```
#include "iostream.h"
class A
{
public:
    int *a;
    A() { a=new(int); }
    virtual void func1(){}
    ~A() {delete a; cout<<"delete a"<<endl; }
};
class B:public A
{
public:
    int *b;
    B() {b=new(int); }
    virtual void func1(){}
    ~B() { delete b; cout<<"delete b"<<endl; }
```

```
};

void main()
{
    A *pb=new B();
    delete pb;
}
```

程序运行结果如下：

```
delete a
```

在 main 函数中，创建了一个 B 类对象。当 B 对象创建时，调用的是 B 类的构造函数。但是，当对象析构时，却调用的是 A 类的析构函数，B 类的析构函数没有被调用，因而发生了内存泄漏，这是我们不希望看到的。造成这种问题的原因是：当 A 类指针指向的内存单元(即 B 类对象的数据)被释放时，编译器看到指针类型是 A 类的，所以调用 A 类的析构函数。其实，这个时候我们需要调用指针所指向的对象类型的析构函数是 B 类析构函数。虚函数能够满足这个要求。因此，这里我们要使用虚析构函数来解决上面遇到的问题。

例 11.10 虚析构函数的使用。

```
#include "iostream.h"
class A
{
public:
    int *a;
    A() { a=new(int); }
    virtual void func1(){}
    virtual ~A() {delete a; cout<<"delete a"<<endl; }
};
class B:public A
{
public:
    int *b;
    B() {b=new(int); }
    virtual void func1(){}
    virtual ~B() { delete b; cout<<"delete b"<<endl; }
};

void main()
{
    A *pb=new B();
    delete pb;
}
```

程序运行后得到我们所希望的结果：

```
delete b
delete a
```

从以上程序中我们还可以看到：虚析构函数的工作过程与普通虚函数不同，普通虚函数只是调用相应层上的函数，而虚析构函数是先调用相应层上的析构函数，然后逐层向上调用基类的析构函数。

案例四　纯虚函数与抽象类

1. 问题描述

定义一个抽象基类 shape，由它派生出两个派生类：ciecle(圆形)、triangle(三角形)，用一个函数 displayarea 分别输出以上两个图形的面积。要求用基类的指针，分别使它指向一个派生类的对象。

2. 问题分析

注意掌握纯虚函数的定义方法和使用特点。

3. C++ 代码

```
/*本程序分别定义一个 shape 基类及其纯虚函数 displayarea 和 shape 类的两个派生类 circle 与 triangle，并分别在两个类中实现 displayarea；主函数定义一个基类指针分别指向基类和派生类的对象，通过该指针调用两个派生类对象中的虚函数*/
#include <iostream.h>
class shape
{
public:
    virtual void displayarea()=0;           //定义纯虚函数 displayarea()
};
class circle:public shape
{
private :
    float R;
public:
    circle(float r)
    {
        R=r;
    }
    void displayarea()                      //定义实现 void displayarea()
    {
        cout<<"圆面积为："<<3.14*R*R<<endl;
    }
```

```
};

class triangle:public shape
{
private :
    float H, W;
public:
    triangle(float h, float w)
    {
        H=h;W=w;
    }
    void displayarea()                    //定义实现 void displayarea()
    {
        cout<<"三角形面积为："<<0.5*H*W<<endl;
    }
};
void main()
{
    shape *pshape;
    circle cir(10);
    pshape=&cir;
    pshape->displayarea();
    triangle tri(20, 10);
    pshape=&tri;
    pshape->displayarea();
}
```

4. 程序运行结果

圆面积为：314

三角形面积为：100

11.5　纯虚函数与抽象类

有时，基类往往表示一种抽象的概念，它并不与具体的事物相联系。如案例四中，shape是一个基类，从shape可以派生出三角形和圆形，这个类体系中的基类shape体现了一个抽象的概念，显然，在shape中定义一个求面积的函数是无意义的。但是我们可以将其说明为虚函数，为它的派生类提供一个公共的界面，各派生类根据所表示的图形的不同重新定义这些虚函数，以提供求面积的各自版本。为此，C++引入了纯虚函数和抽象类的概念。

纯虚函数是一个在基类中说明的虚函数，它在基类中没有定义，但要求在它的派生类中定义自己的版本，或重新说明为纯虚函数。

纯虚函数的一般形式如下：

virtual type 函数名(参数表)=0;

例 11.11　使用纯虚函数求三角形和矩形的面积。

```
#include <iostream.h>
class shape{
protected:
   double width, height;
public:
   void set_values (double a, double b)
   { width=a; height=b; }
   virtual double area ()=0;                //纯虚函数
};
class CRectangle: public shape
{
public:
   double area (void)                       //重新定义虚函数 area()
   { return (width * height); }
};
class CTriangle: public shape
{
public:
   double area (void)               //重新定义虚函数 area()
   { return (width * height / 2); }
};
int main ()
{
   CRectangle rect;
   CTriangle trgl;
   CPolygon * ppoly1 = &rect;
   CPolygon * ppoly2 = &trgl;
   ppoly1->set_values (4, 5);
   ppoly2->set_values (4, 5);
   cout << ppoly1->area() << endl;
   cout << ppoly2->area() << endl;
}
```

如果一个类至少有一个纯虚函数，那么就称该类为抽象类。因此，上述程序中定义的类 shape 就是一个抽象类。对于抽象类的使用有以下几点规定：

(1) 由于抽象类中至少包含一个没有定义功能的纯虚函数，因此抽象类只能用作其他

类的基类，不能建立抽象类对象。

(2) 抽象类不能用作参数类型、函数返回类型或显式转换的类型。但可以声明指向抽象类的指针或引用，此指针可以指向它的派生类，进而实现多态性。

(3) 如果在抽象类的派生类中没有重新说明纯虚函数，而派生类只是继承基类的纯虚函数，则这个派生类仍然还是一个抽象类。

下面分析一个例子，看后面的定义语句正确与否：

```
class shape{
        //…
public:
        //…
    virtual void display()=0;
};
    shape s1;              //错误，不能建立抽象类的对象
    shape *ptr;            //正确，可以声明指向抽象类的指针
    shape f();             //错误，抽象类不能作为函数的返回类型
    shape g(shape s);      //错误，抽象类不能作为函数的参数类型
    shape &h(shape &);     //正确，可以声明抽象类的引用
```

本 章 小 结

多态性是面向对象程序设计的又一重要特征。本章主要陈述了静态多态性和动态多态性的概念与应用，静态多态性通过函数重载和运算符重载实现，动态多态性主要通过虚函数实现。

函数重载能用同一个名字访问一组相关的函数，减轻程序员记忆函数名的负担。

运算符重载是对已有的运算符赋予新的含义，使得已有运算符可对用户自定义类的类型进行运算。运算符重载的实质就是函数重载。

虚函数能够实现动态多态性。若将基类的同名函数设置为虚函数，使用基类类型指针就可以访问到该指针正在指向的派生类的同名函数。这样，通过基类类型的指针，就可以导致属于不同派生类的不同对象产生不同的行为，从而实现了运行时的多态性。

习 题 十 一

一、选择题

1. 下面基类中的成员函数表示纯虚函数的是(　　)。

   A. virtual void disp(int);　　B. void disp(int)=0;

   C. virtual void disp(int)=0 ;　　D. virtual void disp(int){};

2. 下面的描述中，正确的是(　　)。

A. virtual 可以用来声明虚函数

B. 含有纯虚函数的类是不可以用来创建对象的，因为它是虚基类

C. 即使基类的构造函数没有参数，派生类也必须建立构造函数

D. 静态数据成员可以通过成员初始化列表来初始化

二、填空题

1. 在程序运行之前就完成的联编称为______________；而在程序运行时才完成的联编称为______________。

2. 抽象类不能_______________，但可以______________________。

三、简答题

1. 什么是多态性？常见的实现多态性的方式有哪几种？

2. 什么是函数重载？编译时的多态性通过什么可以获得？

3. 什么是虚函数？运行时的多态性通过使用什么可以获得？

4. 什么是抽象类？抽象类能用来声明对象吗？

四、编程题

1. 设计计算图形周长的函数，输入一个参数，视为圆形，输入两个参数，视为长方形，分别计算图形的周长。

2. 设计复数类型 complex，将“+”和“-”重载为 complex 的成员函数，实现复数类 complex 的加和减。

3. 应用抽象类，求圆、圆内接正方形面积和周长。

第十二章　模　　板

案例一　选择排序模板

1. 问题描述

设计程序可以使用选择排序分别对整型、双精度类型、字符串型数据进行排序，根据不同情况可进行升序和降序的排列并输出。

2. 问题分析

注意掌握模板函数的定义、使用方法。

3. C++ 代码

```
#include <iostream>     // C++ 头文件
#include <string>       // C++ 头文件
using namespace std;    //名称空间
template<typename T>
void Selection_sort(T array[], int size, int riseOrfall)
//array 为存储数据的数组；size 为数组长度；riseOrfall 为排序标识，小于 0 降序，大于等于 0
增序；整个函数功能为，根据标志对不同数据类型数组排序
{
    T temp;                     //temp 是进行数据交换的中间变量
    int k;
    if(riseOrfall>=0)           //下面增序排列
    {
        for(int i=0; i<size-1; i++)
        {
            k=i;
            for(int j=i+1; j<size; j++)
                if(array[k]>array[j])
                    k=j;
                if(k!=i)
                    {temp=array[k];array[k]=array[i];array[i]=temp;}
        }
    }
```

```
    else                    //下面降序排列
    {
        for(int i=0; i<size-1; i++)
        {
            k=i;
            for(int j=i+1; j<size; j++)
                if(array[k]<array[j])
                    k=j;
                if(k!=i)
                  {temp=array[k];array[k]=array[i];array[i]=temp;}
        }
    }
}

void main()
{
    int iarray[3]={-202, 289, 0};
    double darray[5]={3.14, 9.8, -128, 1314, 520};
    string sarray[4]={"dayanta", "xikeda", "lintong", "xian"};
    cout<<"整型数组为：";
    for(int i=0; i<3; i++)
         cout<<iarray[i]<<"     ";
    Selection_sort(iarray, 3, 1);
    cout<<endl<<"增序为：";
    for(i=0; i<3; i++)
         cout<<iarray[i]<<"     ";
    cout<<endl<<"实型数组为：";
    for(i=0; i<5; i++) cout<<darray[i]<<"     ";
    Selection_sort(darray, 5, -1);
    cout<<endl<<"降序为：";
    for(i=0; i<5; i++) cout<<darray[i]<<"     ";
         cout<<endl<<"字符串数组为：";
    for(i=0; i<4; i++) cout<<sarray[i]<<"     ";
    Selection_sort(sarray, 4, -1);
    cout<<endl<<"降序为：";
    for(i=0; i<4; i++) cout<<sarray[i]<<"     ";
    cout<<endl;
}
```

4. 程序运行结果

```
整型数组为：-202    289    0
增序为：-202    0    289
实型数组为：3.14    9.8    -128    1314    520
降序为：1314    520    9.8    3.14    -128
字符串数组为：dayanta    xikeda    lintong    xian
降序为：xikeda    xian    lintong    dayanta
```

C++ 最重要的特性之一就是代码重用，为了实现代码重用，代码必须具有通用性。通用代码应该不受数据类型的影响，并且可以自动适应数据类型的变化。这种程序设计类型称为参数化程序设计。模板是 C++ 支持参数化程序设计的工具，通过它可以实现参数化多态性。所谓参数化多态性，是将一段程序所处理的对象类型参数化，就可以使这段程序能够处理某个类型范围内的各种类型的对象。使用模板可以使程序员建立具有通用类型的函数库和类库，缩短程序的长度，在某种程度上也增加了程序的灵活性。由于 C++ 语言的程序结构主要是由函数和类构成的，因此，模板也具有两种不同的形式：函数模板和类模板。

12.1 函 数 模 板

大多数情况下，算法可以处理多种数据类型。但是用函数实现算法时，即使设计为重载函数，也只是使用相同的函数名，函数体仍然需要分别定义。我们先来看看下面这个交换两个数字的函数 swap(x, y)的实现过程。其中，x 和 y 可以是整型、浮点型，当然也可以是用户定义的数据类型。C++ 是强类型语言，参数 x 和 y 的类型在编译时就必须声明。因此我们需要对不同的数据类型分别定义不同的版本。例如，有以下程序：

```
//整型数交换函数
void swap(int &a, int &b)
{
    int temp;
    temp =a;
    a=b;
    b= temp;
}
//浮点数交换函数
void swap(float &a, float &b)
{
    float temp;
    temp =a;
    a=b;
    b= temp;
}
```

还有双精度型、字符类型等的重载版本，程序代码完全一致。能不能为这些函数只写一套代码呢？C++ 提供了模板机制可以解决上述问题。使用模板，把数据类型本身作为一个参数，这样就可以使用一套代码完成不同数据类型的数据交换，实际上也使编程趋于标准化。

函数模板的声明格式如下：

```
template <class T>
返回值类型  模板函数名 (参数表)
{
  //函数体
}
```

其中 template 是声明模板的关键字， <class T>为模板参数列表，它给出数据类型参数 T。使用函数模板时，必须将其实例化，如将 T 实例化为 float 型等。根据函数模板的定义，交换函数 swap()的函数模板就可定义为

```
template <class T>
void swap(T &a, T &b)
{
    T temp;
    temp =a;
    a=b;
    b= temp;
}
```

这里我们定义的模板含义是，无论模板参数 T 的实例是 float 型、int 型或其他类型，都可以通过这一个函数模板来实现值的交换。

例 12.1 用模板实现两数交换函数 swap( )。

```
#include <iostream.h>
template <class T>
void swap(T &a, T &b)
{
    T temp;
    temp=a;
    a=b;
    b=temp;
}
void main( )
{
    int a=10, b=20;
    cout<<"a="<< a << ", b=" << b;
    swap(a, b);
    cout<<" 交换后 ";
```

```
    cout<<"a="<< a << ", b=" << b <<endl;
    cout<< endl;
    float c=1.2f, d=3.4f ;
    cout<<"c="<< c << ", d=" << d;
    swap(c, d);
    cout<<" 交换后 ";
    cout<<"c="<< c << ", d=" << d <<endl;
    cout<<endl;
}
```

程序运行结果如下：

```
a=10，b=20 交换后 a=20，b=10
c=1.2，d=3.4 交换后 c=3.4，d=1.2
```

在上面的程序中，我们分别调用了两次 swap( )函数，一次是以整型参数调用的：

```
swap(a, b);     //a, b 为 int 型
```

编译器从调用 swap( )时的实参类型推导出函数模板的类型参数。由于实参 a 和 b 为 int 型，所以推导出函数模板中类型参数 T 为 int。当类型参数的含义确定后，编译器将以函数模板为样板，生成一个模板函数：

```
void swap(int &a, int &b)
{
    int temp;
    temp=a;
    a=b;
    b=temp;
}
```

实现两个整型数据的交换。

同样地，用调用语句：

```
swap(c, d);     //c,d 为 float 型
```

可将函数模板的参数 T 实例化为 float 型，生成参数为 float 型的 swap( )函数，从而实现了 float 型数据的交换。

注意区分两个术语——函数模板和模板函数，其中函数模板是指一类函数的抽象，即带类型参数的函数；而模板函数则是类型参数实例化之后的函数。它们俩之间的关系就好像类与对象的关系。

在 C++ 编译时，函数模板和它同名的重载函数的匹配顺序为：

(1) 先去匹配函数模板的重载函数，如果参数完全匹配，则调用重载函数。

(2) 如果重载函数的参数类型不匹配，则去匹配函数模板，将其实例化产生一个匹配的模板函数，如果匹配成功，则调用此模板函数。

(3) 否则，编译器尝试通过类型转换，来检验调用是否和重载函数匹配，如果是，则调用重载函数。

如果上述三个操作都没有找到匹配的函数，那么编译器会给出调用错误的信息。

案例二 对象数组类定义

1. 问题描述

设计程序能够动态定义数组类型和长度，能够进行存储、修改、读取数组中任意位置的元素。

2. 问题分析

注意类模板定义和使用方法。

3. C++ 代码

```
#include <iostream>            // C++ 头文件
using namespace std;           //名称空间
struct stu
{
    int number;
    char name[20];
    char depart[20];
};
template<typename T>
class objArray
{
private:
    T* item;
    int lenth;
public:
    objArray(int s);
    T getdata(int n);
    void setdata(T x, int n);
};
template<typename T>
objArray<T>::objArray(int s)
{
    if(s>0)
    {
        item=new T[s];
        lenth=s;
    }
    else
    {
```

```
        cout<<"不能初始化数组"<<endl;
        exit(1);
    }
}
template<typename T>
T objArray<T>::getdata(int n)
{
    if(n<0||n>=lenth)
    {
        cout<<"不能获取数据。"<<endl;
        exit(1);
    }
    return item[n];
}
template<typename T>
void objArray<T>::setdata(T x, int n)
{
    if(n<lenth&&n>=0)
        item[n]=x;
    else
    {
        cout<<"数据不存在。"<<endl;
        exit(1);
    }
}
void main()
{
    objArray<int>a1(3);
    objArray<stu>a2(3);
    cout<<"请输入 3 个数建立整型数组"<<endl;
    int x;
    for(int i=0; i<3; i++)
    {
        cin>>x;
        a1.setdata(x, i);
    }
    cout<<"你想读取第几个数据：";
    cin>>x;
    cout<<"数组中第"<<x<<"个数据为："<<a1.getdata(x-1)<<endl<<endl;
```

```
    stu s[3]={20200801, "张帅", "信计 20", 20200701, "王平", "软工 20", 20200601, "李峰","计科 20"};
    for(i=0; i<3; i++)
        a2.setdata(s[i], i);
    cout<<"学生信息数组有三条信息:"<<endl;
    for(i=0; i<3; i++)
    {
        cout<<a2.getdata(i).number<<", "<<a2.getdata(i).name<<", "<<a2.getdata(i).depart<<endl;
    }
    cout<<"你想修改第几个学生的数据(1-3):";
    cin>>x;
    stu temp;
    cout<<"学号:";cin>>temp.number;
    cout<<"姓名:";cin>>temp.name;
    cout<<"班级:";cin>>temp.depart;
    a2.setdata(temp, x-1);
    cout<<"学生信息数组有三条信息:"<<endl;
    for(i=0; i<3; i++)
    {cout<<a2.getdata(i).number<<", "<<a2.getdata(i).name<<", "<<a2.getdata(i).depart<<endl;}
}
```

4. 程序运行结果

```
请输入 3 个数建立整型数组
3
5
4
你想读取第几个数据：2
数组中第 2 个数据为：5
学生信息数组有三条信息:
20200801，张帅，信计 20
20200701，王平，软工 20
20200601，李峰，计科 20
你想修改第几个学生的数据(1-3):2
学号:20200501
姓名:赵四
班级:网工 20
学生信息数组有三条信息:
20200801，张帅，信计 20
20200501，赵四，网工 20
20200601，李峰，计科 20
```

12.2　类　模　板

类似于函数模板，类模板就是将类的成员数据的类型进行参数化，为类定义一个模板。使用类模板可使用户可以为类声明一种模式，使得类中的某些数据成员、某些成员函数的参数、某些成员函数的返回值能取任意类型(包括系统预定义的和用户自定义的)。类是对一组对象的公共性质的抽象，而类模板则是对不同类的公共性质的抽象，因此类模板是属于更高层次的抽象。由于类模板需要一种或多种类型参数，所以类模板也常常称为参数化类。

定义类模板的格式为

```
template <class T>
class 类模板名
{
    //成员定义
};
```

其中，template <class T>的意义和函数模板相同。我们来看看下面堆栈类实现的例子。

无论堆栈中存放的是整数型、浮点数或者是其他类型的元素，它在所有类型上进行的操作都是一样的，如入栈、出栈等等。使用模板类，可以将元素的类型作为类的类型参数来处理，减少了代码的重复。

例 12.2　堆栈类模板 Stack 的使用。

```
#include <iostream.h>
template <class T>                    //定义堆栈类的模板
class Stack
{
    T*    data;
    int   top;                        //栈顶
    int   size;                       //堆栈的尺寸
    int   IsEmpty()                   //判断堆栈是否为空
    {return (top<0)?   1:0; }
    int   IsFull()                    //判断堆栈是否已满
    {return (top==size)?   1:0;}
public:
    Stack(int n)                      //初始化堆栈
    {
        data=new T[n];
        size=n;
        top=0;
    }
    ~Stack()
```

```
    {delete[ ] data;    }
    void push(T a);                    //压入操作
    T pop();                           //弹出操作
};
//堆栈类 Stack 的实现，实现压入、弹出操作
template <class T>                     //类模板的成员函数的实现
void Stack<T>::push(T a)
{
    if (IsFull() )
    {cout<<"Full of Stack"<<endl;    }
    else
    {*(data+top++)=a;    }
}
template <class T>                     //类模板的成员函数的实现
T   Stack<T>::pop()
{
    if (IsEmpty() )
    {cout<<"Empty of Stack"<<endl;}
    return(*(data + --top));
}
//测试堆栈类模板 Stack
void main( )
{
    cout<<"----整数堆栈----\n";
    Stack<int>    x(5);                //定义一个可以放 5 个整型元素的堆栈
    x.push(1);
    x.push(2);
    cout<<x.pop( )<<endl;
    x.push(3);
    x.push(4);
    cout<<x.pop( )<<endl;
    cout<<x.pop( )<<endl;
    cout<<x.pop( )<<endl<< endl;
    cout<<"----浮点数堆栈----\n";
    Stack<float>    y(6);              //定义一个可以放 6 个浮点型元素的堆栈
    y.push(2.1f);
    y.push(3.4f);
    cout<<y.pop( )<<endl;
    y.push(5.2f);
```

```
        y.push(2.5f);
        cout<<y.pop( )<<endl;
        cout<<y.pop( )<<endl;
        cout<<y.pop( )<<endl<< endl;
        cout<<"----字符串堆栈----\n";
        Stack<char *>    z(2);              //定义一个可以放 2 个字符元素的堆栈
        z.push("C++");
        z.push("template");
        cout<<z.pop( )<<endl;
        cout<<z.pop( )<<endl<< endl;
    }
```

程序运行结果如下：

```
----整数堆栈----
2
4
3
1
----浮点数堆栈----
3.4
2.5
5.2
2.1
----字符串堆栈----
template
C++
```

在上面的程序中，分别用堆栈类模板实现了三个堆栈模板类的操作，分别为整型堆栈、浮点型堆栈和字符型堆栈。注意在类模板实例化时，其参数类型是通过下面的格式明确指出的。如果我们把参数类型实例化为 int 型：

```
Stack<int>    x(5);
```

这样，在编译时，系统就将类型参数 T 用 int 来替换，其他类模板实例化类似，模板类型参数列表可以有多个参数。

注意类模板和模板类的关系同函数模板与模板函数的关系一样。

本 章 小 结

模板是 C++ 支持参数化多态性的工具。函数模板实现了类型参数化，将函数处理的数据类型作为参数，提高了代码的可重用性。类模板则使用户可以为类定义一种模式，使得类中的某些数据成员、某些成员函数的参数、某些成员函数的返回值能取任意类型(包括系统预定义的和用户自定义的)。

本章讨论了模板的概念、函数模板和模板函数的定义与应用、类模板与模板类的定义与应用，并给出了具体的应用实例。

习 题 十 二

一、选择题

1. 类模板的模板参数(　　)。

A. 只可作为数据成员的类型　　B. 只可作为成员函数的返回类型

C. 只可作为成员函数的参数类型　　D. 以上三者皆可

2. 一个(　)允许用户为类定义一种模式，使得类中的某些数据成员及某些成员函数的返回值能取任意类型。

A. 函数模板　　B. 模板函数　　C. 类模板　　D. 模板类

3. 下列对模板的声明，正确的是(　　)。

A. template<T>　　B. template<class T1, T2>

C. template<class T1, class T2>　　D. template<class T1;class T2>

二、填空题

以下程序的执行结果是__________　。

```
#include<iostream.h>
template <class G>
G min(G x, G y)
{
    return (x<y?x:y);
}
void main()
{
    cout<<min(3, 5)<<", "<<min(7.5, 4.8)<<endl;
}
```

三、简答题

什么是模板？分成哪几类？各有什么功能？

四、编程题

1. 编写一个函数模板，实现三个数的最大数。

2. 用函数模板实现两点(点的坐标的数据类型可分别是整数和实数)间的距离。

参 考 文 献

[1] 谭浩强. C 语言程序设计. 4 版. 北京：清华大学出版社，2010.

[2] 罗建军. 计算机程序设计基础：精讲多练 C/C++ 语言. 北京：清华大学出版社，2009.

[3] 杨琦. C/C++ 语言程序设计案例教程. 北京：清华大学出版社，2010.

[4] 廖湖生. C 语言程序设计案例教程. 北京：人民邮电出版，2010.

[5] 文东. C 语言程序设计基础与项目实训. 北京：科学出版，2010.

[6] 龚尚福. C/C++ 语言程序设计. 西安：西安电子科技大学出版社，2012.

[7] 曹哲. C 语言程序设计. 北京：机械工业出版社，2013.

[8] 郑莉. C++ 语言程序设计. 3 版. 北京：清华大学出版社，2006.

[9] 王立柱. C 语言程序设计. 2 版. 北京：机械工业出版社，2016.

[10] Bjarne Stroustrup. C++ 程序设计原理与实现. 王刚，等，译. 北京：机械工业出版社，2010.